Java编程精要

陈荣鑫 编著

清华大学出版社

北京

内 容 简 介

本书全面涵盖 Java 编程的主要知识点，包含 Java 基础、面向对象、支撑技术及应用等组成部分。其中，Java 基础部分包含编写面向过程代码所需的基本语法内容；面向对象部分除了 Java 面向对象设计的基本语法内容以外，还包括设计模式等进阶内容；支撑技术部分包含异常处理、集合框架等内容；应用部分包含图形界面、文件与流、数据库、多线程、网络和 Java Web 等应用的编程内容。

本书旨在帮助读者构建完整的 Java 知识框架，培养良好的面向对象编程技能。全书的内容阐述简明扼要，希望为读者带来良好的学习体验。

本书可作为高等院校计算机相关专业程序设计课程的教材，也可作为软件开发人员的培训教程，还可作为广大 Java 爱好者的参考资料。

图书在版编目(CIP)数据

Java 编程精要 / 陈荣鑫编著. --北京：清华大学
出版社，2024. 8. --ISBN 978-7-302-66887-9

Ⅰ. TP312.8

中国国家版本馆 CIP 数据核字第 2024LE6102 号

责任编辑：贾　斌　张爱华
封面设计：刘　键
责任校对：李建庄
责任印制：沈　露

出版发行：清华大学出版社
　　　　网　　　址：https://www.tup.com.cn，https://www.wqxuetang.com
　　　　地　　　址：北京清华大学学研大厦 A 座　　　　邮　　编：100084
　　　　社 总 机：010-83470000　　　　邮　　购：010-62786544
　　　　投稿与读者服务：010-62776969，c-service@tup.tsinghua.edu.cn
　　　　质量反馈：010-62772015，zhiliang@tup.tsinghua.edu.cn
　　　　课件下载：https://www.tup.com.cn，010-83470236
印 装 者：三河市龙大印装有限公司
经　　销：全国新华书店
开　　本：185mm×260mm　　　　印　　张：21　　　　字　　数：510 千字
版　　次：2024 年 8 月第 1 版　　　　印　　次：2024 年 8 月第 1 次印刷
定　　价：69.00 元

产品编号：105532-01

前 言

　　Java 是当前主流的一种通用编程语言,在桌面应用、企业级应用、Web 应用、移动应用及大数据处理等领域的软件开发中广泛应用。由于 Java 具有面向对象、跨平台、安全简单等重要优势,长期以来位居受欢迎编程语言排行榜前列。与同为主流的高级程序设计语言C 或 C++ 相比,Java 功能强大,应用更简便,可作为学习程序设计的入门语言,也是学习面向对象基本设计思想的推荐语言。

　　本书是面向广大 Java 初学者及 Java 爱好者的教程,旨在帮助读者构建完整的 Java 知识框架,培养良好的面向对象编程技能,其特色体现在内容和形式两方面。

　　(1) 在内容上:本书全面涵盖 Java 编程的主要知识点,为读者展现完整的 Java 知识体系。本书包含 Java 的技术核心和 Java 的应用拓展,具体包含了设计模式、Java Web 编程等内容。其中,设计模式拓展了面向对象设计的内容;Java Web 编程则拓展了 Java 应用的内容。本书的内容结构层次清晰,便于学习内容的组合,可适应各种教学学时方案。

　　(2) 在形式上:本书表达精简,便于阅读与理解;案例精简,易于掌握,便于拓展。精简带来的益处有三方面:一是突出重点,强调基本原理,尽量不含手册性质的细节内容;二是由于精简,使得本书可以容纳全面的 Java 知识,却不显得长篇累牍;三是通过化繁为简,希望为读者带来良好的学习体验。

　　本书的内容大体分为两大模块:技术核心模块和应用拓展模块。技术核心模块包含三篇内容:基础篇(第 1～3 章)、面向对象篇(第 4～7 章)和支撑技术篇(第 8、9 章)。应用拓展模块包含应用篇(第 10～15 章),内容涉及 Java 在不同领域的开发应用。本书的内容结构如下图所示。

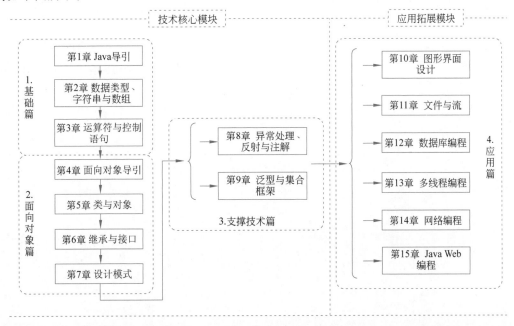

第 1 章是 Java 导引,第 2 章介绍 Java 的数据类型、字符串与数组,第 3 章介绍 Java 的运算符与控制语句,第 2、3 章的内容实质为面向过程的 Java 编程基础介绍。第 4 章开始进入面向对象知识的学习,第 5 章介绍类与对象,第 6 章介绍继承与接口,包括抽象类和匿名类等内容,第 5、6 章是 Java 面向对象编程的核心内容。第 7 章对面向对象知识进行拓展,是面向对象设计的进阶内容,介绍面向对象设计原则,以及几种常见的设计模式。第 8 章介绍 Java 的异常处理、反射与注解,第 9 章介绍泛型与集合框架,学习使用功能强大的数据结构,第 8、9 章的内容是有效进行 Java 编程的支撑技术。后续第 10～15 章是 Java 的具体应用部分,介绍各种 Java 功能包的使用,其中第 10 章介绍图形界面设计,第 11 章介绍文件与流,第 12 章介绍数据库编程,第 13 章介绍多线程编程,第 14 章介绍网络编程,第 15 章介绍 Java Web 编程。

本书的第 1～9 章为技术核心模块部分,建议读者完整地学习;其中第 1～7 章内容前后有较为明显的依赖关系,建议依序学习。第 10～15 章为应用拓展模块部分,由于其中各章内容基本上相对独立,读者可根据具体需求选择学习,而学习顺序也可自行调整。由于本书的内容脉络清晰,讲授者可根据学时条件灵活组织教学内容。

为了便于教学,本书提供了教学大纲、教学课件、随书代码、习题参考答案、课程设计指导等丰富的教学资源,读者可扫描以下二维码获取。

教学资源

本书得到集美大学教育教学改革项目(编号 C150332)的资助。此外,本书的顺利出版离不开清华大学出版社编校人员的辛勤劳动,作者在此一并表达诚挚的谢意!

由于作者水平有限,书中难免存在疏漏之处,恳请广大读者及同行批评指正,也欢迎各位提出宝贵的意见和建议。

作 者

2024 年 4 月于厦门集美

目 录

第

1 章

Java导引

内容提要:

☑ Java 概览	☑ 开发环境
☑ Java 的发展史	☑ 开发过程

本章将开启 Java 学习之旅,读者在了解 Java 的基本情况之余,还应在第一时间熟悉 Java 开发环境,学会开发工具的使用,为后续的学习做好准备。本章首先介绍 Java 概况,包括其应用情况、语言特点、JVM 等相关技术以及发展史;然后介绍 Java 的开发环境和 Java 应用程序的开发过程。

1.1 Java 概览

1.1.1 Java 语言

Java 是一门面向对象的计算机编程语言。Java 语言因其功能强大、简单易用和适应广泛等优势,在当今的软件设计领域中广受欢迎,成为业界一门主流的开发语言。Java 语言以其纯粹的面向对象特性,为面向对象的设计提供了优雅的描述手段,也成为面向对象语言的典范。

1.1.2 Java 的应用情况

Java 是互联网信息时代的产物,也成为推动互联网发展的强大工具。Java 是当今业界使用最为广泛的网络编程语言,Java 程序具有"一次编写,多次运行"的特点,使其能在 Linux、macOS、Solaris SPARC 以及 Windows 等各类平台上大显身手。Java 强大的功能使其从嵌入式系统、桌面系统到服务器系统无所不在。通过权威的编程语言排行榜,可以了解 Java 的应用情况。

TIOBE 开发语言排行榜是根据来自世界范围内的开发工程师、课程和供应商的数量,并使用搜索引擎(如 Google、Bing、Yahoo!、百度等)以及 Wikipedia、Amazon、YouTube 等统计出的排名数据,反映出某种编程语言在某个时间点的热门程度。TIOBE 排行榜每月更新一次,其结果作为当前业界程序语言的使用流行程度的有效指标。从图 1.1(改编自 TIOBE 官方网站)历年来编程语言的流行情况来看,Java 语言基本上处在年平均排行的前列。

Programming Language	2021	2016	2011	2006	2001
C	1	2	2	1	1
Java	2	1	1	2	3
Python	3	5	6	7	23
C++	4	3	3	3	2
C#	5	4	5	6	8
JavaScript	6	7	10	9	6
PHP	7	6	4	4	18
R	8	16	41	-	-
SQL	9	-	-	-	-

图 1.1   TIOBE 历年编程语言排行

RedMonk 开发语言排行榜则由一家专注于软件开发者的行业分析公司从 2011 年开始提供。该排行榜通过追踪编程语言在著名代码托管网站 GitHub 和 IT 技术网站 Stack Overflow 上的代码使用情况与讨论数量,统计分析后进行排序,旨在深入了解潜在的语言采用趋势。该榜单一年发布两次。从图 1.2(改编自 RedMonk 官方网站)可见,近年来 Java 排行处在领先位置。

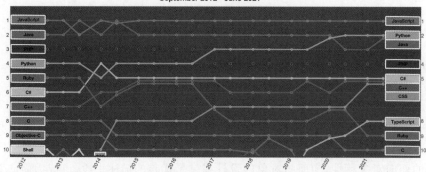

图 1.2   RedMonk 历年编程语言排行

为了适应不同的应用需求,现实应用体系中 Java 存在三种开发与运行平台,分别是 Java SE、Java EE 和 Java ME 平台,其中 Java SE 是各平台的基础。三种平台如下。

1. Java SE

Java SE(旧称 J2SE)即 Java 标准版或 Java 标准平台,可用于开发客户端的应用程序,包括可独立运行的桌面程序和嵌入 Web 页面的 Applet 程序。

2. Java EE

Java EE(旧称 J2EE)即 Java 企业版或 Java 企业平台,可用于开发服务器端的应用程序,如 Java Servlet、JSP(Java Server Pages)等。

3. Java ME

Java ME(旧称 J2ME)即 Java 微型版或 Java 微型平台,可用于开发移动设备的应用程序,如手机、平板设备等。

随着移动互联和大数据时代的来临,Java广泛地应用在软件的开发和应用领域中。Java拥有的庞大的开源生态环境,为各种开发提供了强有力的支撑,例如当前热门应用领域中的Android开发和大数据应用。

在Android应用方面,Android是一个开源的、基于Linux的移动设备操作系统,主要使用于移动设备,如智能手机和平板电脑等。Android系统运行的虚拟机源自Java虚拟机。由于Java简单高效,Android SDK包含了许多功能强大的Java库可供开发者使用,因此Java是很多开发者创建Android应用的首选语言。

在大数据领域方面,著名的大数据处理平台Hadoop是一个由Apache基金会所开发的分布式系统基础架构。开发者可以在不了解分布式底层细节的情况下,编写分布式程序,充分利用集群的威力进行高速运算和存储。该平台采用Java开发,开发者可以很方便地采用Java进行基于Hadoop的应用开发。Hadoop相关的大数据处理软件生态包括NoSQL分布数据库HBase、分布式协调服务Zookeeper、可扩展的Workflow系统Ooize、数据查询工具Hive、机器学习库Mahout等,均采用Java语言开发。另外一个大数据处理平台Apache Spark是专门为大规模数据处理而设计的快速通用的计算引擎,该平台采用Scala语言开发,而Scala的运行基础仍然是JVM(Java Virtual Machine,Java虚拟机),Scala语言与Java语言可以无缝集成,二者可以共享程序库和API。

1.1.3 Java的特点

Java是一种跨平台、适合网络计算环境的面向对象编程语言。正如Java设计者编写的白皮书所描述的那样,Java具体有以下特性:简单性、面向对象、分布式、解释型、可靠、安全、平台无关、可移植、高性能、多线程、动态性等。以下介绍Java的面向对象、平台无关、分布式、可靠与安全、多线程等重要特性。

1. 面向对象

Java语言采用的是面向对象编程范式,这和传统的面向过程的编程语言如C语言有很大区别。在面向对象设计过程中,现实世界中任何实体都可以看作对象,对象之间通过发送消息来相互作用。此外,现实世界中任何实体都可归属于某类事物,任何对象都是某一类事物的实例。传统的过程式编程语言是以过程为中心、以算法为驱动,用公式简单表示,面向过程编程语言为:程序=算法+数据。而面向对象的编程语言则是以对象为中心、以消息为驱动,用公式表示为:程序=对象+消息。面向对象的编程方式更加符合人们的思维模式,因此有助于解决复杂的问题。

2. 平台无关

平台无关指开发的应用程序不用修改就可在不同的软硬件平台上运行。平台无关反映了语言的体系结构中立性。Java通过JVM来实现平台无关性。JVM是一种描述抽象机器的软件系统,它运行在具体操作系统之上,本身具有一套虚机器指令,并有自己的栈、寄存器组等。应用软件采用Java语言编写完,通过Java编译器将Java源程序编译为JVM的字节码(bytecode)后,任何一台机器只要配备了JVM就可以运行这个程序,而不管该字节码是在何种平台上生成的。此外,Java采用的是基于IEEE标准的数据类型。通过JVM保证数据类型的一致性,也确保了Java应用程序的可移植性。

3. 分布式

Java 提供了多种技术以支持分布式应用开发,包括远程方法调用(RMI)、Java 消息服务(JMS)、Java 对象序列化和分布式事务处理等。其中,RMI 是 Java 分布式应用开发的核心技术,是 Java 语言的一个远程过程调用(RPC)协议。RMI 能够让一个 JVM 中的对象调用另一个 JVM 中的对象的方法。Java 提供了一整套网络类库,开发者可以利用这些类库进行各种复杂的分布式应用开发。开发者还可以运用许多成熟的 Java 分布式计算框架(如 Apache Hadoop、Apache Flink 等)来实现高性能的分布式计算。

4. 可靠与安全

Java 最初设计目的是应用于电子类消费产品,要求有较高的可靠性。Java 虽源于 C++,但它消除了许多 C++ 不可靠因素,可防止多种编程错误。第一,Java 是强类型的语言,要求显式的方法声明,这保证了在程序编译阶段就发现方法调用错误,使得程序更加可靠;第二,Java 不支持指针操作,这就杜绝了内存的非法访问;第三,Java 的自动单元收集防止了内存泄漏等动态内存分配导致的问题;第四,Java 运行时实施检查,可以发现数组和字符串访问的越界;第五,Java 提供了强大的异常处理机制,程序员可以把错误控制逻辑和业务代码分离,简化了异常和错误处理。

Java 在面向网络应用程序开发时,具备较高的安全性。Java 采用沙箱(sandbox)安全模型,沙箱机制就是将 Java 代码限定在 JVM 特定的运行范围中,并且严格限制代码对本地系统资源的访问,通过这样的措施来保证对代码的有效隔离,防止对本地系统造成破坏。不同级别的沙箱对这些资源访问的限制也可以不一样,开发者可以为 Java 程序运行指定沙箱,定制相应的安全策略。

5. 多线程

线程(thread)是操作系统能够进行运算调度的最小单位。它被包含在进程之中,是进程中的实际运作单位,它又被称作轻量进程。C 和 C++ 采用单线程体系结构,开发多线程应用需要引入外置的库;而 Java 本身就提供了对多线程的支持。Java 在两方面支持多线程。一方面,Java 环境本身就是多线程的。若干个系统线程运行负责必要的无用单元回收,系统维护等系统级操作;另一方面,Java 语言内置多线程控制,可以大大简化多线程应用程序开发。Java 提供了一个类 Thread,由它负责启动运行,终止线程,并可检查线程状态。Java 的线程还包括一组同步原语,这些原语负责对线程实行并发控制。利用 Java 的多线程接口和类体系,开发者可以方便地开发高性能的多线程应用程序。

1.1.4　JVM、JRE、JDK 和 Java 之间的关系

Java 的相关软件体系示意如图 1.3 所示。其中,JVM 是整个 Java 实现跨平台的最核心的部分,能够运行 Java 字节码形式的目标程序。JRE(Java Runtime Environment,Java 运行环境)是运行 Java 程序所必需的环境的集合,包含 JVM 的标准实现,以及 Java 核心类库。JDK(Java Development Kit)即 Java 开发工具,是提供给 Java 开发者的产品,包括 JRE、Java 开发实用工具和 Java 基础类库。Java 在没有特指的情况下一般指 Java 语言,用该语言编写的程序编译后生产 Java 字节码,可以运行在 JVM 上。

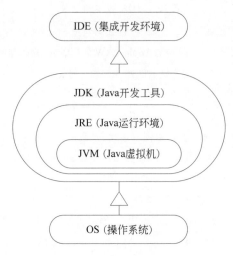

图 1.3 Java 的相关软件体系示意

1.2 Java 的发展史

1.2.1 Java 的起源

20 世纪 90 年代,随着消费级单片机在家电产品中的日益广泛应用,各家公司竞相开发基于单片机的嵌入式应用以提高产品的智能性。Sun 公司的 James Gosling 和同事们在采用传统 C++ 来开发嵌入式应用时发现,由于 C++ 程序过于复杂和庞大,难以适应资源有限的单片机;此外,C++ 也难以适应单片机硬件的多样性。他们决定设计一种新语言,具有 C++ 面向对象的优点,同时又有简单且能跨平台运行等特点;此外他们还定义了该语言运行的二进制机器码指令系统,后来发展成字节码指令系统。由于办公室外有一棵他们非常喜欢的橡树,他们把这种新语言取名为 Oak(橡树)。然而 Oak 这个名字当时已被另外一家公司注册了,这个名字不能再用了。1995 年,在公司命名征集会上,有人提议改名为 Java,据说该名字是提议人从喝咖啡时获得灵感的,Java 是印度尼西亚爪哇岛的英文名,该岛因盛产咖啡而闻名。大家接受了这个提议,从此 Java 这个名字沿用至今。

1.2.2 JDK 版本的发展

Java 自 1995 年诞生后,Sun 公司相继推出了 JDK 1.0,JDK 1.1,JDK 1.2。1998 年 12 月,JDK 1.2 的发布成为 Java 语言发展的里程碑,Java 开发平台也首次被分为 J2SE、J2EE 和 J2ME 三种。不久,Sun 公司又将 Java 改名为 Java 2,从此,Java 语言逐步流行起来。

2005 年,Sun 公司将 Java 2 中的 2 去掉,J2SE 更名为 Java SE,当时推出的 JDK 1.6 更名为 Java SE6。2009 年,Oracle 公司收购了 Sun 公司,这对 Java 的进一步发展起到了推动作用。JDK 版本的发展如表 1.1 所示,其中,JDK 8、JDK 11 和 JDK 17 是长期支持版本(Long-Term Support,LTS),可在较长的时间内获得安全、维护和功能的更新支持。考虑 JDK 11 是个 LTS 产品,其特点是成熟、稳定和良好的兼容性,在当前业界广泛使用,本书的案例在运行验证时采用 JDK 11 作为运行平台,也可适应更高版本的 JDK 环境。

表 1.1   JDK 版本的发展

主 要 版 本	重要新特征	发行日期
JDK 1.0	提供第一个虚拟机、Applet、AWT 工具包、编译和解释工具	1996 年 1 月
JDK 1.1	具有 AWT、内部类、JDBC、RMI、反射	1997 年 2 月
J2SE 1.2	有 JIT 解析器、精确内存管理、提升 GC 性能	1998 年 12 月
J2SE 1.3	Hotspot 发布默认的虚拟机	2000 年 5 月
J2SE 1.4	XML 处理、断言、正则表达式、异常链	2002 年 2 月
Java SE 5.0(JDK 5)	泛型、注解、装箱、枚举、可变长参数、foreach 循环	2004 年 9 月
Java SE 6.0(JDK 6)	具有脚本语言支持、JDBC 4.0	2006 年 12 月
Java SE 7.0(JDK 7)	动态语言增强、NIO 2.0	2011 年 7 月
Java SE 8.0(JDK 8)	(LTS 版本)Lambda 表达式、语法增强、Java 类型增强	2014 年 3 月
Java SE 9.0(JDK 9)	模块化、改进的 Stream API 和 Process API、JShell 命令	2017 年 9 月
Java SE 10.0(JDK 10)	局部变量类型推导	2018 年 3 月
Java SE 11.0(JDK 11)	(LTS 版本)提供 Z 垃圾收集器、HTTP 客户端 API	2018 年 9 月
Java SE 12.0(JDK 12)	Switch 表达式、优化 GC	2019 年 3 月
Java SE 13.0(JDK 13)	动态 CDS 归档	2019 年 9 月
Java SE 14.0(JDK 14)	引入模式匹配	2020 年 3 月
Java SE 15.0(JDK 15)	引入密封类	2020 年 9 月
Java SE 16.0(JDK 16)	密封类、文本块、隐藏类	2021 年 3 月
Java SE 17.0(JDK 17)	(LTS 版本)密封类和接口、模块化 Java、内联类、新运算符	2021 年 9 月
Java SE 18.0(JDK 18)	使用 UTF-8 编码	2022 年 3 月
Java SE 19.0(JDK 19)	引入 FFM API、Vector API	2022 年 9 月

1.2.3   JDK 与 OpenJDK 的比较

JDK 或称 Oracle JDK,即 Oracle 官方实现版。JDK 是完全由 Oracle 公司开发、采用 Sun 许可证、基于 Java 标准版规范实现的产品,包含以二进制产品的形式发布的 Java 运行环境(JRE)、Java 开发工具和 API。

OpenJDK 则是 Java SE 的开源和免费实现版本,它根据 GNU GPL 许可证授权。OpenJDK 于 2006 年由 Sun 公司开始开发,最初于 2007 年发布;目前开发方包括 Oracle、OpenJDK 和 Java Community 等。目前在大多数 Linux 发行版本里,内置或者通过软件源安装的 JDK 通常为 OpenJDK 版本。

一般来说,在性能和稳定性方面,JDK 比 OpenJDK 要好些。

1.3   开发环境

1.3.1   JDK 的安装与配置

在 Oracle 官方网站下载 Java SDK 软件包,注意应当根据机器的运行环境,如操作系统的类型、操作系统的位数,选择下载合适的版本。Windows 系统版本的 JDK 在安装时直接单击可执行安装文件,根据提示设置安装路径。建议不要用默认的安装路径 C:\Program Files,而应当手工指定路径,最好指定一个不带空格、不用中文名称、带有版本信息的目录,如 C:\jdk-11.0.13。

为了使得命令行控制台在任何一个目录位置都能方便地访问到各种 Java 命令工具,需要设置系统的 Path 环境变量。设置方法是:右击 Windows 桌面的"计算机"图标,在弹出的快捷菜单中选择"属性"菜单项,在弹出的对话框中选择"高级系统设置"选项,然后在新弹出的对话框的"高级"标签页中单击"环境变量"按钮,选中新对话框中的"系统变量/Path",单击"编辑"按钮进行编辑,Path 的变量值是一个用分号分隔的多个目录信息字符串,在 Path 的变量值处补上 Java 命令工具所在目录,如 C:\jdk-11.0.13\bin,修改完毕后确认。

打开一个命令行控制台窗口,输入 java -version 命令进行验证,如果能正确输出 Java 的版本信息,则说明 JDK 安装和配置成功,如图 1.4 所示。

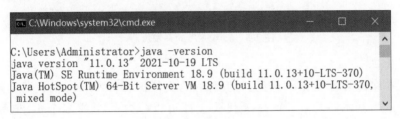

图 1.4 查看 JDK 版本信息

JDK 提供了 Java 应用开发所需的各种有用工具。常用工具包括编译工具 javac、字节码运行工具 java、打包工具 jar、API 帮助文档生成工具 javadoc、反汇编工具 javap 等。通过在控制台输入工具命令,可以列出该工具详细的参数及用法帮助。

1.3.2 IDE 的安装与配置

IDE(集成开发环境)整合了程序代码编写、编译工具、运行工具和调试工具,为应用程序的开发提供了极大方便。有多种优秀的 IDE 可以选择用于 Java 应用开发,如 NetBeans、IntelliJ IDEA、JCreator、JDeveloper、Eclipse 和 Visual Studio Code 等。其中,NetBeans、Eclipse 是免费开源软件,JDeveloper 是免费非开源软件,而 IntelliJ IDEA、JCreator 有免费社区版,也有付费商业版。由于 Eclipse 功能强大,且免费开源,是最受欢迎的 IDE 之一,推荐采用 Eclipse 来开发 Java 应用。从 Eclipse 官方网站下载 Eclipse 软件包,注意需要根据机器的运行环境,如操作系统的类型、操作系统的位数和 JDK 的版本,选择下载合适的版本。

安装 Eclipse 时,如果下载的是可执行文件形式的安装包,则直接单击文件按提示进行安装即可;如果下载的是压缩文件形式的安装包,则解压到指定的目录下即可。

1.4 开发过程

1.4.1 基本开发步骤

Java 应用程序的开发步骤主要包括编写代码、编译和运行这三个阶段。整个过程中可能需要进行多次程序调试排错。整个开发流程如图 1.5 所示。

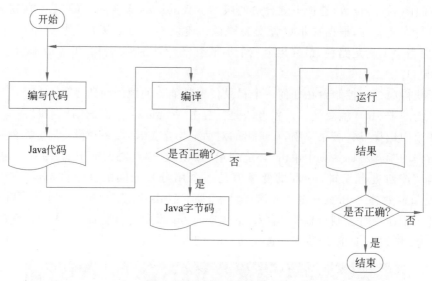

图 1.5　Java 程序的开发流程

1. 编写代码

利用文本编辑器编写 Java 代码,将其保存为文件扩展名为.java 的代码文件。Java 代码以类(class)为基本单位,一个 Java 代码文件可以包含一个或多个类,但只能有一个public 类。如果 Java 代码文件中包含了一个 public 类,那么该代码文件的文件名必须和public 类的类名一致。一个可运行的 Java 程序需要包含一个带有 main()主方法的类(Java中的方法类似 C 等语言中的函数),注意 main()方法的原型为 public static void main(String[] args),各种修饰符不能省略。一个简单的 Java 程序如例 1.1 所示,该程序用于在控制台输出一个问候字符串。为了便于进行代码解析,每行代码都带有行号。运行结果附在代码之后。

【例 1.1】　**MyHello.java**

```
1:   public class MyHello {
2:       public static void main(String[] args) {
3:           String strJava="Java 编程!";
4:           System.out.println("Hello!"+strJava);
5:       }
6:   }
/* 运行结果:
Hello!Java 编程!
*/
```

为了提高代码的可读性,开发者应当在代码中适当增加注释。Java 的注释有两类:一是实现型注释,即在代码编写时常用的注释,包括形如/ * … * /的块注释和形如//…的行注释,这些和 C/C++ 语言中使用的注释类似;二是文档型注释,形如/ * * … * /,虽与块注释很像,但这类注释可用于生成到 HTML 帮助文档中,是 Java 所特有的。

Java 程序的编写风格有两种:行尾风格和独行风格。行尾风格又称为 Kernighan 风格,即左大括号"{"在上一行的行尾,而右大括号"}"独占一行,如例 1.1 的代码。独行风格又称为 Allmans 风格,即左右大括号各自独占一行。例 1.1 的代码用独行风格编写如下:

```
public class MyHello
{
    public static void main(String[] args)
{

        String strJava="Java 编程!";
        System.out.println("Hello!"+strJava);
    }
}
```

独行风格虽然结构清晰,但由于左括号占用了新一行,对于较长代码时,往往会出现大量的左括号行,反而造成了代码的可读性下降。因此推荐采用行尾风格来编写 Java 代码,这样代码更为紧凑,提高了可读性。

2. 编译

编译后,生成以扩展名为.class 的字节码文件。如例 1.1 程序编译后生成 MyHello.class。字节码是在 Java 虚拟机环境中的可执行代码。可以通过反汇编工具 javap 观察字节码中指令的部分结果如下:

```
public class MyHello {
  public MyHello();
    Code:
      0: aload_0
      1: invokespecial  #1   //Method java/lang/Object."<init>":()V
      4: return
  public static void main(java.lang.String[]);
    Code:
      0: ldc            #2   //String Java 编程!
      2: astore_1
      3: getstatic      #3   //Field java/lang/System.out:Ljava/io/PrintStream;
      6: new            #4   //class java/lang/StringBuilder
      9: dup
      10: invokespecial #5   //Method java/lang/StringBuilder."<init>":()V
      13: ldc           #6   //String Hello!
...
```

3. 运行

在控制台输入执行编译后字节码的命令,运行结果如图 1.6 所示。

图 1.6　控制台运行结果

1.4.2　命令行环境中的开发

Java 程序可采用普通的编辑器来编写。建议使用能保存纯文本的编辑器,如 Windows 中的记事本(notepad),不要使用带格式信息的编辑器如 Word。注意保存的代码文件的编码格式,一般可以选择 ANSI 格式。如果代码中使用了 UTF-8 字符,则需要保存为 UTF-8 文件。保存的 Java 代码带.java 扩展名,如例 1.1 的文件保存为 MyHello.java 文件。

接下来利用 javac 命令进行编译。在控制台,定位到 MyHello.java 文件所在目录,输入 javac MyHello.java 命令,如果没有任何出错提示,应该会在当前目录下生成字节码文件 MyHello.class。命令里的文件名要完整带.java 扩展名,但大小写不区分。注意,如果代码文件是 UTF-8 格式,则应输入 javac -encoding utf-8 MyHello.java 命令进行编译。

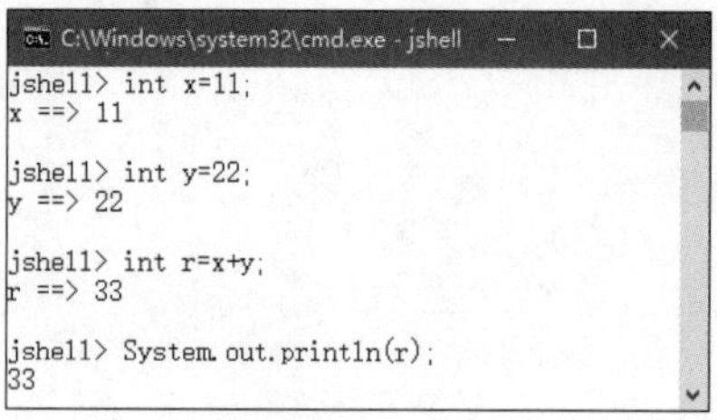

图 1.7　使用 JShell 进行编程

最后,利用 java 命令运行字节码文件。方法是在控制台输入 java MyHello 命令。注意,该命令里的 MyHello 是类名,区分大小写,但不要带.class 扩展名。

自 JDK 9 版本开始提供的 JShell 工具是一个简单易用的命令行 Java 执行工具,可以让开发者进行交互式编程。使用 JShell 进行编程的例子如图 1.7 所示。

1.4.3　IDE 中的开发

初次运行 Eclipse,提示用户指定一个工作空间(workspace)位置,建议指定到非系统磁盘的一个工作路径上,该路径最好不要带空格且不用中文命名。在 Eclipse 中,需要创建 Java 工程来容纳和管理 Java 应用程序及各种资源。

在 Eclipse IDE 的主菜单 File 项选择 New|Java Project 菜单项,在弹出的对话框中,输入一个工程名,其他选项一般选择默认就可以了,然后单击 Finish 按钮,完成一个新 Java 项目的创建。

在 Eclipse IDE 的 Package Explorer 窗口区域,选择要添加 Java 程序的工程,然后选择 IDE 主菜单 File 项或右击,选择 New|Class 菜单项,在弹出的对话框中设置 Java 的类信息,例如类名等。如果该类需要包含 main()主方法,可直接在复选框处打钩,如图 1.8 所示。

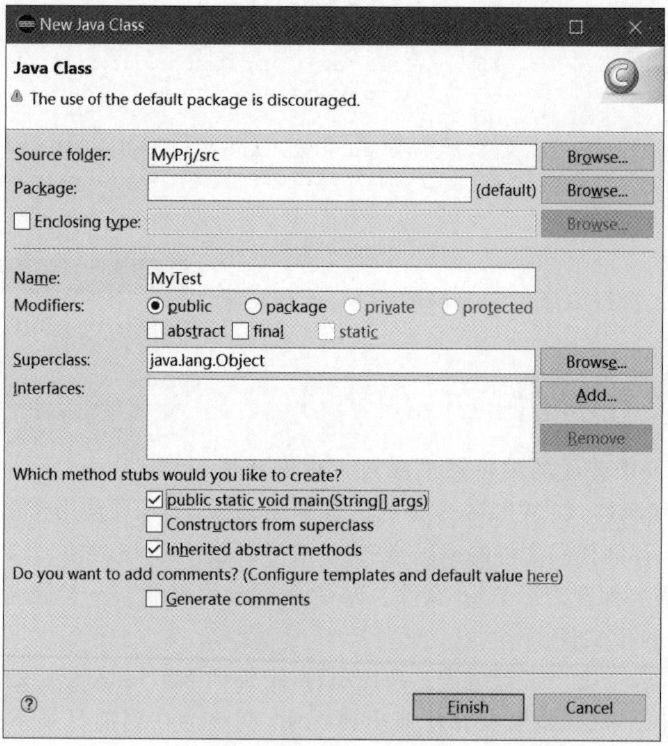

图 1.8　创建新类的对话框

　　由于 Eclipse IDE 默认设置了自动构建模式，IDE 将对保存的 Java 代码文件即时进行编译；也可以选择主菜单的 Project|Build Project 菜单项进行手工编译。编译时如果有任何语法错误，编辑器将会进行提示。根据提示定位到错误的地方并修订程序，只有消除所有语法错误，程序才能被编译为字节码。

　　程序的运行可以选择主菜单的 Run|Run 菜单项进行，也可以选中要运行的 Java 程序，右击，在弹出的快捷菜单中选择 Run As|Java Application 菜单项进行。运行结果将出现在下方视图的 Console 标签页里。

　　利用 Eclipse IDE，可以完成自动代码补全、错误自动处理、自动格式化等编辑操作，极大地提高了开发效率。由于 JDK 代码本身就是一份极为重要的帮助文档，开发者的一个很有用的技巧是学会在 IDE 编辑器中查看 JDK 代码。在 IDE 编辑器中，把鼠标指针移到程序代码的某个标识符位置上，按住 Ctrl 键的同时单击，即可链接到 JDK 代码中该标识符的定义位置。首次链接 JDK 代码时，需要指定代码位置，JDK 的代码包 src.zip 一般是在 JDK 的安装路径下。此外，开发者也应学会利用 IDE 环境进行代码的调试（debug）。Eclipse IDE 提供了强大的程序调试功能，具体操作可参考相关资料。

1.5　小结

　　Java 是一种主流的面向对象的高级程序设计语言。由于具备面向对象、平台无关、分布式、多线程、安全可靠等重要特点，Java 成为广受欢迎的编程语言。开发者需要利用 JDK 进行 Java 应用程序的开发，使用各种相关工具来提高软件的开发效率。随着 JDK 版本的持续升级，JDK 的功能不断增强，性能也不断获得提升，然而 Java 语言的基本语法和特征维持相对稳定，展现了其强大的生命力。

习题

　　1. Java 有什么特点？为什么 Java 受欢迎？

　　2. Java 语言和 JDK 是如何发展的？有何启发？

　　3. 安装合适的 JDK，阅读 JDK 相关的技术文档。尝试使用 JDK 提供的常用命令，如 java、javac、javadoc、javap 等，可用命令带-h、-? 或-help 参数来获得帮助信息。

　　4. 编写、编译并运行以下 Java 程序。要求分别在 DOS 命令行环境和 IDE（集成开发环境）中完成本题实验。

```java
public class FirstTest {
    int x=100;
    double y=200.5;
    public static void main(String[] args) {
        FirstTest test=new FirstTest();
        double result=test.x * 2+test.y;
        System.out.println("结果是: "+result);
    }
}
```

第2章

数据类型、字符串与数组

内容提要：

☑ 关键字与标识符	☑ 控制台 I/O
☑ 基本数据类型	☑ 字符串
☑ 类型转换	☑ 数组
☑ 包装类型	

　　编程语言的语法和基本数据结构是开发者必须掌握的基础知识。本章介绍 Java 的数据类型等相关知识，包括 Java 的关键字与标识符、基本数据类型、类型转换和包装类型等内容。此外还介绍控制台的常用 I/O 方法、字符串和数组的使用等内容。

2.1　关键字与标识符

2.1.1　关键字与保留字

　　在计算机编程语言中，关键字(keyword)指对语言的编译器有特殊意义的词汇，在语言中有特殊的含义，成为语法的一部分。而保留字(reserved word)是指那些为语言预留的词汇，虽然目前没有成为关键字，但未来版本中有可能作为关键字。

　　下面列出 Java 的关键字，共有 50 个词汇，其中包含 const 和 goto 这两个保留字，目前在 Java 语言中未被使用。此外，true、false 和 null 这几个词是字常量(literal)，不是关键字；而 var 是类型标识符，也不是关键字。

　　abstract、assert、boolean、break、byte、case、catch、char、class、const、continue、default、do、double、else、enum、extends、final、finally、float、for、goto、if、implements、import、instanceof、int、interface、long、native、new、package、private、protected、public、return、short、static、strictfp、super、switch、synchronized、this、throw、throws、transient、try、void、volatile、while。

2.1.2 标识符

在计算机语言中,标识符(identifier)是用户编程时使用的名字,用于给语言中特定元素命名,以建立起名称与使用之间的关系。Java 语言的标识符指用于标识类名、变量名、方法名、类型名、数组名或文件名的合法字符序列。Java 标识符应满足以下规则:

(1) 标识符是由字母、数字、下画线"_"和美元符号"$"组成的字符序列。

(2) 标识符的开头必须是字母、下画线或美元符号,而不能是数字。

(3) 标识符不能是关键字或保留字。

(4) 标识符不能是 true、false 或 null。

(5) 标识符长度不限。

注意:Java 语言是大小写敏感的,因此标识符区分大小写。例如 student、Student 和 STUDENT 是不同的标识符。

Java 支持 Unicode 字符集,这里的字符包括各国语言所使用的文字,例如中文文字、韩文文字。在开发实践中,标识符应有意义,最好能达到自解释效果。书写规则推荐采用驼峰式(Camel-Case)命名法,即采用大小写混合的方式来区分标识符中的不同单词。例如,一个表示用户名字的变量记作 UserName,标识符中各单词的首字符大写。此外,应避免采用中文或特殊字符进行命名。

2.2 基本数据类型

Java 是一种强类型语言,开发者需要为每一个变量声明数据类型。Java 语言中的基本数据类型(primitive type)又称为简单数据类型(simple type),共有 8 种,可分为逻辑型、整数型、浮点型和字符型 4 类。这些基本类型的尺寸位数(bit)在 Java 中是固定不变的,不会因机器环境不同而不同,这也使得 Java 程序具备良好的可移植性。例如 Java 中的 int 类型是固定 32 位(4 字节)的,不因环境不同而有差别。相比之下,其他一些语言如 C 语言的 int 型在不同的编译环境中位数并不确定,可能是 16 位、32 位等。

2.2.1 逻辑型

逻辑型又称布尔(boolean)型,用于判别逻辑条件。逻辑型有 true 和 false 这两个常量值。变量的声明方式,可以是声明与赋初值分开表示,如下:

```
boolean x;
x=true;
```

为了简洁起见,一般采用声明与赋初值放在一起的形式,如 boolean x=true;可以多个同类型的变量一起声明或赋初值,如下:

```
boolean x=true, y, z=false;
```

2.2.2 整数型

整数型包括 4 种类型:byte 型、short 型、int 型和 long 型。

1. byte 型

该型内存空间分配 1 字节，占 8 位。其变量的取值范围是 $-2^7 \sim 2^7-1$。

2. short 型

该型内存空间分配 2 字节，占 16 位。其变量的取值范围是 $-2^{15} \sim 2^{15}-1$。

3. int 型

该型内存空间分配 4 字节，占 32 位。其变量的取值范围是 $-2^{31} \sim 2^{31}-1$。int 型数据对于常用的不同进制数有不同的表示方式，如十进制数 1255，对应八进制数记为 02347（注意，第一个数是数字 0），对应十六进制数记为 0x4e7（里面的字母大小写均可）。

4. long 型

该型内存空间分配 8 字节，占 64 位。其变量的取值范围是 $-2^{63} \sim 2^{63}-1$。long 型数据对于不同进制数的表示方式和 int 型数据类似，只是需要在数据的末尾添加字母 L 后缀，字母大小写均可。例如：1255L、02347L、0x4e7L。

2.2.3　浮点型

浮点型包括 float 型和 double 型两种。

1. float 型

float 型又称单精度浮点型，该型内存空间分配 4 字节，占 32 位，符合 IEEE 754 标准。其变量的具体取值范围可查看 IEEE 754 浮点数标准。float 型数据需要在数据的末尾添加字母 F 后缀，字母大小写均可。数据可以采用小数表示法，或者指数表示法。例如：23.65F、38.4f、2e5f（指数表示法，即 2×10^5）、4e-3F（指数表示法，即 4×10^{-3}）。

2. double 型

float 型又称双精度浮点型，该型内存空间分配 8 字节，占 64 位，符合 IEEE 754 标准。其变量的具体取值范围可查看 IEEE 754 浮点数标准。double 型数据可以在数据的末尾添加字母 D 后缀，字母大小写均可。数据可以采用小数表示法，或者指数表示法。例如：23.65D、38.4d、2e5D（指数表示法，即 2×10^5）、4e-3d（指数表示法，即 4×10^{-3}）。

注意：Java 中一个无字母后缀的小数表示 double 型。

2.2.4　字符型

字符型即 char 型，该型内存空间分配 2 字节，占 16 位。char 型最高位不是符号位，因此没有负值，其变量取值的范围是 0~65 535。字符型常量可以用单引号括起来，包括转义字符及 Unicode 编码字串，例如：'A'、'大'、'\t'（转义字符）、'\u0041'（Unicode 编码字串，表示 A 字母）。char 型数据也可以用 Unicode 的编码值（非负整数）表示。例如：char x='a'、char x=97、char x=0x61 和 char x='\u0061'所表示的效果是一致的，因字符 a 的 Unicode 编码值是 97（十六进制值为 61）。

2.3　类型转换

在表达式的计算过程中，不同类型的数值需要按特定规则进行类型转换。基本数据类型按精度的从低到高的顺序进行排列，各类型的排序如下：

```
byte、short、char、int、long、float、double
```

一般来说,低精度类型向高精度类型转换时,进行的是自动类型转换,不需要手工进行类型限定。而高精度类型向低精度类型转换时,需要强制类型转换,否则编译时提示类型不匹配错误。此外,byte 和 short 型向 char 型转换时,也需要强制类型转换。强制类型转换用类型加括号表示,例如:

```
int x=(int) 23.6;
```

对浮点数的强制转换到整数,将产生截尾效果。例如,(int)12.1 和(int)12.9 都将获得整数 12。如果需要进行四舍五入处理,则可以采用 Java 的库方法 Math.round()。例如,Math.round(12.4)将获得整数 12,而 Math.round(12.5)将获得整数 13。

注意:Java 的逻辑型不能和其他类型进行转换。

2.4　包装类型

Java 语言的包装类型(wrapper type)又称为引用型类型(reference type)。Java 的 8 种基本数据类型均有对应的包装类型。例如,基本类型 boolean 对应的包装类型为 Boolean;char 对应的包装类型为 Character;byte 对应的包装类型为 Byte;short 对应的包装类型为 Short;int 对应的包装类型为 Integer;long 对应的包装类型为 Long;float 对应的包装类型为 Float;double 对应的包装类型为 Double。

用包装类型定义的变量是一个引用,需要用 new 关键字来创建对象,所创建的对象存储在堆空间中,适合大容量的存储需求。而基本类型定义的变量一般存储在程序栈中,因此更为高效。

自 Java SE 5.0 开始,Java 具备了自动装箱和拆箱(auto-boxing and unboxing)功能,基本数据类型和包装类型可以很方便地混合使用。自动装箱是指基本类型可以直接转换为包装类型,例如:

```
Integer it = 100;
```

其效果为:

```
int x=100;
Integer it=new Integer(x);
```

或者为:

```
Integer it=new Integer(100);
```

自动拆箱为自动装箱的反向操作。例如以下代码在求和过程中,可以对引用型整数 it 进行自动拆箱。

```
int x = 200 + it;
```

2.5　控制台 I/O

2.5.1　输出

控制台的输出可以通过 Java 的打印流对象 System.out 所提供的方法来完成。常用的输出方法有 println()、print()、printf()。其中,println()和 print()方法接收任意类型的数据,转为字符串的输出,二者的区别是前者带换行输出。printf()方法和 C 语言中的 printf()函数类似,提供了格式化输出的功能。

使用字符串连接操作符"+"可以根据需要产生各种形式的字符串,例如以下程序片段:

```
int x=100;
double y=123.45;
System.out.println("变量 x="+x+"; 变量 y="+y);
```

输出结果为:

```
变量 x=100; 变量 y=123.45
```

如果采用 printf 方法要达到相同输出效果,则可以写成:

```
System.out.printf("变量 x=%d; 变量 y=%.2f\n", x, y);
```

2.5.2　输入

控制台的输入可以通过 java.util.Scanner 类实现,该类是 Java SE 5 之后提供的,通过正则处理方式支持对基本数据和字符串的解析处理。当利用该类进行控制台输入时,首先创建一个 Scanner 对象,以输入流对象 System.in 作为参数,代码如下:

```
Scanner sc = new Scanner(System.in);
```

然后利用 sc 对象调用适合各种数据类型的 next()方法,以读取用户在控制台输入的各种基本类型数据。例 2.1 展示了控制台的输入和输出功能,当用户输入"25 test go abc"后,按 Enter 键结束输入,输出结果附在程序后。

【例 2.1】　**InputOutput.java**

```
1:   import java.util.Scanner;
2:    public class InputOutput {
3:     public static void main(String[] args) {
4:        Scanner sc = new Scanner(System.in);   //从键盘接收数据
5:        System.out.println("请您输入: ");
6:        int num = sc.nextInt();                //获取输入的一个整数
7:        System.out.println("您输入的数值为: " + num);
8:        String str = sc.next();                //获取输入的一个词汇
9:        System.out.println("您输入的单词为: " + str);
10:       str = sc.nextLine();                   //获取输入的一行文字(剩余部分)
11:       System.out.println("您输入的信息为: " + str);
12:       sc.close();                            //关闭输入
13:     }
14:  }
/* 运行结果:
您输入的数值为: 25
您输入的单词为: test
您输入的信息为: go abc
*/
```

2.6 字符串

字符串在编程中应用十分广泛。Java 中的字符串以对象形式存在，Java 类库提供了对字符串操作的几个实用类。其中，java.lang 包中提供的 String 类、StringBuffer 类和 StringBuilder 类最为常用。

2.6.1 String 类

字符串常量是双引号包围的字符序列，形如"Hello! 你好!"、"123.45"等。

字符串的创建通常采用字符串常量赋值给字符串变量的形式，例如：

```
String str="Java 程序设计";
```

或者用 new 关键字来生成字符串对象，例如：

```
String str=new String("Java 程序设计");
```

Java 语言允许使用"+"号进行字符串的连接操作。例如：

```
String str1="测试: ";
String str2="Hello!";
String msg=str1+str2+"欢迎!";
```

以上代码获得的 msg 字符串为"测试：Hello! 欢迎!"。

String 类提供了大量的常用方法，下文列举其中的一部分，更多信息可参考 JDK 的 API 文档。

1. public int length()

该方法用于返回字符串对象包含的字符数。以下代码打印结果是 9，中英文及符号按字符算没有差别。

```
String str = "Hello!你好!";
System.out.println(str.length());
```

2. String substring(int beginIndex)与 String substring(int beginIndex,int endIndex)

这两个方法返回一个新字符串，该串包含原始字符串中从 beginIndex 字符位置到串尾或 endIndex−1 字符位置范围的所有字符。字符串的第一个字符位置为 0。例如：

```
String str = "Hello!你好!";
System.out.println(str.substring(1,7)); //打印出"ello!你"
```

3. public char charAt(int index)

该方法返回 index 指定位置的字符。例如：

```
String str="Hello!你好!";
System.out.println(str.charAt(1));        //打印出"e"
System.out.println(str.charAt(7));        //打印出"好"
```

4. public boolean equals(Object anObject)

该方法用于比较两个字符串的内容是否一致。例如，对于表达式 a.equals(b)，如果字符串 a 和字符串 b 内容一样，则返回 true,否则返回 false。

空串是长度为 0 的字符串,可以用以下两种方式进行是否是空串的判别。

```
if(str.length()==0)        //方式一
if(str.equals(""))         //方式二
```

5. public int compareTo(String anotherString)

该方法按照字典序进行字符串内容的比较。如果当前字符串位于 anotherString 之前,则返回一个负数;如果位于 anotherString 之后,则返回一个正数;如果两个字符串内容一致,则返回 0。

6. public String trim()

该方法返回一个新字符串,新字符串删除了原字符串头部和尾部的空格。

7. public static String valueOf(数据类型 f)

该方法返回变量 f 的字符串形式。变量 f 的数据类型包括 boolean、char、double、float、int、long 和 char[]等。例如,以下语句把 double 型数值 99.185 转换为一个 String 对象。

```
String str=String.valueOf(99.185);
```

采用字符串的连接操作方式也可以实现数值向字符串对象的转换。例如:

```
String str="值="+99.185;
```

在字符串转换为数值方面,Java 的包装类型提供了相应的方法。例如,java.lang 包里的 Integer 类提供的 int parseInt(String s)方法,可以把字符串 s 解析成 int 型数据;Double 类提供的 double parseDouble(String s)方法,可以把字符串 s 解析成 double 型数据。而 Boolean、Byte、Short、Long 和 Float 等类也提供了类似的解析方法。举例如下:

```
String s1="2022";
int v1=Integer.parseInt(s1);
String s2="3.14";
Double v2=Double.parseDouble(s2);
```

2.6.2 正则表达式

正则表达式(regular expression)是一种文本模式,包括普通字符和称为"元字符"的特殊字符。使用正则表达式可以方便地匹配满足某个句法规则的字符串。很多编程语言支持利用正则表达式进行字符串操作,有关正则表达式的更详细使用方法可参考相关资料。Java 的 String 类提供的 matches()、replaceAll()和 split()等方法就通过正则表达式实现对字符串的特定操作功能。

例 2.2 给出了使用 String 类中正则表达式相关方法的简单应用。第 3 行利用 matches()方法判别字符串是否为一个完全由标识字符组成的字符串,即是否满足"\\w+"模式,该模式中"\w"是元字符,表示可用于标识符的字符,"+"是限定修饰符,表示出现次数为 1 次以上。第 4 行利用 replaceAll()方法把字符串中带有 g 字符并紧接一个标识字符的部分,即满足"g\\w"正则表达式规则的部分替换为"好"字符串。第 5 行利用 split()方法把字符串中所有非标识字符作为分割点,划分后获得一组字符串。

【例 2.2】　**StringRegex.java**

```
1:   public class StringRegex {
2:       public static void main(String[] args) {
3:           System.out.println("good123".matches("\\w+"));
4:           System.out.println("good day good".replaceAll("g\\w","好"));
5:           String str[]="ab-123@cd t1=t2*t3".split("\\W");   //"\W"表示非标识字符
6:           for(int i=0;i<str.length;i++)
7:               System.out.print(str[i]+"; ");
8:       }
9:   }
/* 运行结果:
true
好od day 好od
ab; 123; cd; t1; t2; t3;
*/
```

2.6.3　StringBuffer 类和 StringBuilder 类

String 对象中的内容不可修改,String 类也没有提供直接修改字符串内容的方法。String 类中的 replace()、replaceAll()等方法返回的是一个新的字符串,而并非修改了原有的字符串。

Java 提供了 StringBuffer 和 StringBuilder 类以支持对字符串内容的修改,这两个类都提供了 append()、delete()、insert()、replace()等方法,支持对字符串内容的增加、删除、插入和替换等操作。两个类的使用方式基本类似,主要区别是: StringBuilder 不是线程安全的,具有速度优势;而 StringBuffer 是线程安全的,在要求线程安全的应用场景中,必须使用 StringBuffer。

例 2.3 给出了测试,利用 StringBuffer 修改字符串的一些常用功能。第 4 行用 append()方法对字符串 buff 连续追加各种不同数据类型的值。第 6 行用 replace()方法把 A 行修改结果的 buff 字符串中字符位置 3 到位置 4 之间的内容 e 替换为"新内容"字符串。字符位置 0 表示第一个字符位置,一个中文字符只算一个位置。第 8 行在 buff 字符串中字符位置 3 处插入"e 我的"字符串。第 10 行删除 buff 字符串中字符位置 1 到位置 6 之间的内容"rue 我的"。

【例 2.3】　**TestStrModify.java**

```
1:   public class TestStrModify {
2:       public static void main(String[] args) {
3:           StringBuffer buff=new StringBuffer();
4:           buff.append(true).append("测试").append(123);   //A行
5:           System.out.println("A行结果: "+buff);
6:           buff.replace(3, 4, "新内容");                    //B行
7:           System.out.println("B行结果: "+buff);
8:           buff.insert(3, "e我的");                         //C行
9:           System.out.println("C行结果: "+buff);
10:          buff.delete(1, 6);                              //D行
11:          System.out.println("D行结果: "+buff);
12:      }
13:  }
/* 运行结果:
A行结果: true测试123
B行结果: tru新内容测试123
C行结果: true我的新内容测试123
D行结果: t新内容测试123
*/
```

StringBuilder 类拥有和 StringBuffer 类相似的功能方法。事实上,若把例子中 StringBuffer 类声明的变量 buff 改为采用 StringBuilder 类进行声明,其余代码不变,将获得完全一致的结果。

2.7　数组

数组是类型相同的元素所组成的有序序列。Java 提供了对数组的定义与使用的基本支持,还提供了方便对数组进行各种操作的工具类 java.util.Arrays。

2.7.1　数组的声明

Java 数组声明中的[ ]位置可以灵活放置,因此对应的声明可以有多种形式,例如,一维数组的声明有如下两种形式:

```
元素数据类型 数组名字[];
元素数据类型[] 数组名字;
```

第二种方式把[ ]和数据类型放在一起,能更好地体现数组类型这种形式,是推荐的书写方式。数组名字所代表的变量是一个引用型变量。

二维数组的声明有以下几种形式,同样推荐第二种书写方式。

```
元素数据类型 数组名字[][];
元素数据类型[][] 数组名字;
元素数据类型[] 数组名字[];
```

注意:Java 的数组声明中,不允许在[ ]内给出个数,这与 C 语言有区别。例如以下声明的语法都是错误的。

```
int a[5];
double [5][]b;
double [][5]c;
float [5][5]d;
```

2.7.2　数组的创建

数组声明完,数组变量存放的是一个空值,还需要进一步创建数组才可使用。Java 利用 new 关键字来创建数组,即为数组分配了 Java 虚拟机中的堆内存空间。形式如下:

```
数组名字 = new 元素数据类型 [元素个数]
```

数组的声明和创建可以写成一条语句,例如:

```
double []x = new double[5];
```

该语句执行后,数组 x 获得 5 个用于保存 double 型元素的内存空间。这里代表数组的 x 是一个引用型变量,存放的是指向这些连续内存空间的首地址。系统在创建完数组后,会给每个数组元素赋予初值,对于 double 型元素,初始值为 0.0。图 2.1 展示了创建的数组的存储模型。图中数组的首地址为 0xf018611f,5 个空间初始化存放的值均为 0.0。

在数组声明的同时,可以直接对数组赋初始值来完成初始化工作,例如:

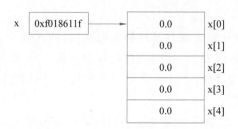

图 2.1 一维数组的存储模型

```
double []x = {1.25, 3.5, 23.6, 53.08, 9.6};
```

该语句的功能相当于执行以下几条语句：

```
double []x;
x=new double[5];
x[0]=1.25; x[1]=3.5; x[2]=23.6; x[3]=53.08; x[4]=9.6;
```

二维数组与一维数组一样，也需要通过 new 来创建。例如：

```
int [][]y =new int[3][4];
```

该语句将创建一个 3 行 4 列的数组，可以看成由 3 个一维数组组成，每个一维数组有 4 个元素。该二维数组的存储示意如图 2.2 所示。

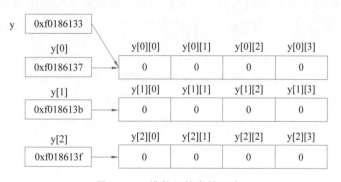

图 2.2 二维数组的存储示意

Java 允许不定长数组的创建，例如：

```
float [][]z=new float[3][];
z[0]=new float[2];
z[1]=new float[8];
z[2]=new float[5];
```

该程序片段创建了一个 3 行的二维数组，其中第 1 行有 2 个 float 型元素；第 2 行有 8 个元素；第 3 行有 5 个元素。

2.7.3 数组的使用

数组通过索引值访问数组中的各元素，索引值从 0 开始。例如，在一维数组 x 中，第 1 个元素用 x[0]访问，第 2 个元素用 x[1]访问，其他元素以此类推。在二维数组 y 中，第 1 个元素用 y[0][0]访问，第 2 个元素用 y[0][1]，其他元素以此类推。这里 y[0]代表第 1 行元素，y[1]和 y[2]分别代表第 2、第 3 行元素。注意访问元素时，索引值不能超过元素个数，否则将导致越界错误。

　　Java 中可通过数组的 length 属性获取数组长度值,即元素个数。例如上文一维数组 x 含有 5 个元素,其 x.length 值为 5。而二维数组 y 中,y.length 值为 3,表明该二维数组有 3 行元素。可进一步通过数组行的 length 获取元素个数。如 y[0].length 值为 4,表明第 1 行的元素个数为 4,其他类推。

　　由于数组是引用型类型,两个元素类型相同的数组如果有共同的引用,则它们指向同一个数组。一般应避免用数组变量对另外一个数组变量直接进行赋值。例如,有两个整数型数组如下:

```
int[] a={1, 2, 3};   int[] b={4, 5};
```

　　如果使用了赋值语 a＝b,那么数组变量 a 和 b 都将指向原来的数组 b,原有的 a 数组将失去引用,无法再通过引用变量被利用起来。

2.7.4　Arrays 实用类

　　Java 中的 java.util.Arrays 类提供了复制、排序、查找等操作数组的丰富工具。下面列举几个常用的操作方法。

　　1. 复制

　　把一个数组中的元素复制到另外一个数组中是一种很常见的操作,调用方法如下:

```
Arrays.copyOf(源数组 a, 新长度 n);
```

　　该方法将返回一个新数组,该数组的长度为 n,而元素从源数组 a 的第 1 个元素开始复制,如果 n 不超过数组 a 的长度,则复制 n 个元素;如果 n 超过源数组长度,则复制源数组长度的元素,剩下的元素用默认值填充。另外一种常用的按范围复制元素的方法调用如下:

```
Arrays.copyOfRange(源数组 a,开始复制位置 n1,结束复制位置 n2);
```

　　该方法将返回一个新数组,该数组的长度为 n2－n1,而元素从源数组 a 的下标值为 n1 元素开始复制,如果 n2 不超过数组 a 的长度,则复制 n2－n1 个元素;如果 n 超过源数组长度,则复制从下标值 n1 开始到源数组末尾的元素,剩下的元素用默认值填充。举例如下:

```
int []a = {11, 22, 33, 44, 55};
int []b = Arrays.copyOf(a, 2);
int []c = Arrays.copyOf(a, 7);
int []d = Arrays.copyOfRange(a, 1,3);
int []e = Arrays.copyOfRange(a, 3,7);
```

　　以上代码运行后获得 b 的值为{11,22};c 的值为{11,22,33,44,55,0,0};d 的值为{22, 33};e 的值为{44,55,0,0}。

　　2. 排序与查找

　　Arrays 提供了对各种数据类型的数组进行快速排序的重载方法 sort(),还允许定制自己的排序规则。例如调用 Arrays.sort(double x[])可以对 double 型数组按升序进行排序,其内部采用快速排序算法进行处理。如果要进行降序排序,则可以通过增加一个参数 Collections.reverseOrder()来实现,其内部采用归并算法进行处理。此时,sort 方法仅支持元素类型为引用型的数组。

```
Arrays.sort(数组);                              //升序排序
Arrays.sort(数组, Collections.reverseOrder());   //降序排序
```

在数组完成排序的基础上,可以进行二分法查找,Arrays 提供了该查找功能,通过调用如下方法实现:

```
Arrays.binarySearch(数组, 被查找的关键字);
```

注意:调用 binarySearch()方法之前应当对数据进行升序排序,否则查找结果不确定。

例 2.4 展示了排序和查找功能的应用。第 5 行和第 7 行调用 Arrays 的 toString()方法输出数组信息,Arrays.ToString()方法可以把数组内容转换为字符串形式;第 6 行调用 sort()方法进行排序;第 10 行调用 binarySearch()方法进行查找。

【例 2.4】　SortSearch.java

```
1:     import java.util.Arrays;
2:     public class SortSearch {
3:         public static void main(String[] args) {
4:             int[]data = {55,25,40,98,110,6,17};
5:             System.out.println("原数组为: "+Arrays.toString(data));
6:             Arrays.sort(data);
7:             System.out.println("排序后数组为: "+Arrays.toString(data));
8:             int index=Arrays.binarySearch(data, 40);
9:             System.out.println("关键字 40 的返回值为: "+index);
10:            index=Arrays.binarySearch(data, 66);
11:            System.out.println("关键字 66 的返回值为: "+index);
12:        }
13:    }
/* 运行结果:
原数组为: [55, 25, 40, 98, 110, 6, 17]
排序后数组为: [6, 17, 25, 40, 55, 98, 110]
关键字 40 的返回值为: 3
关键字 66 的返回值为: -6
*/
```

注意:如果被查询的关键字存在于数组中,则返回其所在的位置索引值,否则返回一个非确定的负数。

2.7.5　字符串与数组

Java 的 String 类提供了字符串与数组之间常用的转换操作方法。常用的字符串转换为数组的方法有:char[] toCharArray()方法,可以从字符串获得对应的字符数组;byte[] getBytes()方法,可以从字符串获得对应的字节数组。getBytes()方法也可带参数以指定字符编码的形式,对于中文字符,不同的编码获得的字符数组结果不同。而把数组转换为字符串可通过 String 类的构造方法来实现。

在例 2.5 中,第 4 行利用 getBytes()方法获得字节数组。第 5 行打印字节数组的长度为 12,这是由于本例在 IDE 中默认的编码为 UTF-8,该编码的特点是每个英文字母或数字占 1 字节,而每个汉字占 3 字节。第 7 行对于从字节转换为字符的汉字显示会出现乱码。第 9 行利用 toCharArray()方法获得字符数组。第 10 行打印字符数组长度为 8,因为每个汉字和非汉字字符都算 1 个字符。第 15 行和第 17 行分别通过 String 的构造方法把字节数组和字符数组的数据转换为字符串。

【例 2.5】 TestStrArr.java

```
1:    public class TestStrArr {
2:        public static void main(String[] args) {
3:            String str = "abc123测试";
4:            byte[] result1 = str.getBytes();   //当前默认编码为 UTF-8
5:            System.out.println("长度: "+result1.length);
6:            for (byte b : result1) {
7:                System.out.print((char) b+"  ");
8:            }
9:            char[] result2 = str.toCharArray();
10:           System.out.println("\n长度: "+result2.length);
11:           for (char c : result2) {
12:               System.out.print(c+"  ");
13:           }
14:           System.out.println();
15:           String str2=new String(result1);
16:           System.out.println(str2);
17:           String str3=new String(result2);
18:           System.out.println(str3);
19:        }
20:    }
/* 运行结果:
长度: 12
a  b  c  1  2  3  ₩  人  ヒ  |  ヨ  ユ
长度: 8
a  b  c  1  2  3  测  试
abc123测试
abc123测试
*/
```

2.8 小结

Java 提供的数据类型包括基本型和包装型。基本型数据简单高效;而包装型数据则支持开发者对数据进行各种操作,通过自动装箱和拆箱技术,两种类型可以自由转换。在表达式的计算过程中,不同类型的数据需要进行类型转换。控制台的输入输出是多数应用程序的基本功能,Java 提供了相应的支持。字符串在编程中应用广泛,Java 提供了强大的字符串操作功能,包括通过正则表达式进行处理的功能。数组在处理数据集合的编程中不可或缺,Java 支持数组的定义与访问,还提供了 Arrays 实用类,可实现各种便捷的数组操作。

习题

1. 求表达式 $5 * (28+12.12) > 500.6/2 || 12 <= 3$ 的结果是多少。编写程序进行验证。

2. 编写程序,从键盘输入两个浮点数,取其整数部分相加后,输出结果。

3. 编写程序,从键盘输入一个字符串,以字符 X 为密钥,对字符串中每个字符进行异或加密,输出密文;然后进行解密,输出解密后的明文。

4. 编写程序,尝试使用正则表达式,对一段文字中的所有"yyyy 年 m 月"或"yyyy 年 mm 月"格式的日期前面加上"公元"。例如,字段"该项目从 2020 年 5 月开始,到 2021 年 11 月结束。"可变成"该项目从公元 2020 年 5 月开始,到公元 2021 年 11 月结束。"

5. 编写程序,从键盘输入若干整数,将其保存入一个数组中。利用 Arrays 进行排序,然后查找出第 3 大的整数。

第 **3** 章

运算符与控制语句

内容提要：

☑ 运算符	☑ 条件语句
☑ 语句	☑ 循环语句

编程语言的运算符和控制语句等同样是开发者必须掌握的基础知识。本章介绍 Java 的基本语法元素，包括运算符、表达式和语句等内容。这些语法元素与其他面向过程的语言如 C 语言中的类似。学完本章后，可利用 Java 语言进行面向过程的程序设计。

3.1 运算符

运算符接收一个或多个参数，并产生一个新值。若一个运算符操作一个参数，则称为一元（单元）运算，或单目运算；若一个运算符操作两个参数，则称为二元运算，或二目（双目）运算；若一个运算符操作三个参数，则称为三元运算，或三目运算。Java 提供的运算符包括算术运算符、关系运算符、逻辑运算符、移位运算符、按位运算符、赋值运算符、条件运算符和 instanceof 运算符。运算符与操作数构成了可计算的表达式。

同一个表达式的计算结果能保持稳定性，这需要依赖约定的求值规则。一个含有多个运算符的表达式的计算过程取决于运算符的优先级和结合性。运算符的优先级决定了不同优先级运算符执行运算的先后顺序，优先级高的运算符先进行运算。运算符的结合性决定了并列的相同级别运算符执行运算的先后顺序。结合性包括左结合性和右结合性。左结合性指运算顺序从表达式的左边开始向右边逐次进行，右结合性则相反。

3.1.1 算术运算符

算术运算是对整数和浮点数的运算操作。基本算术运算符包括＋（加）、－（减）、＊（乘）、/（除）和％（模或求余）。这些运算符都是二目运算符，且都是左结合性的。其中，＋、－有相同优先级；＊、/和％有相同优先级；后者的优先级比前者的高。由算术运算和括号构成的计算表达式称为算术表达式。考虑以下一个基本算术运算表达式的例子：

```
6+12 / 4-10 %3 * 5
```

该表达式计算过程中，将先求 12/4，再求 10％3，接下来继续计算＊5 部分，然后按序分别计算＋和－部分，最后获得的值为 4。

对于不同数据类型，算术除以 0 的处理结果有所不同。以下程序片段中，第 1 行用整数除以浮点数 0.0，运行结果是获得无穷大值 Infinity。第 2 行用浮点数除以整数 0，由于计算时操作数自动转换为浮点数，其运行结果也是 Infinity。第 3 行用整数除以整数 0，导致异常错误。

注意：对于文中程序片段的验证，读者可以通过把代码写到测试程序的主方法中，再运行该测试程序进行验证。

```
1:   System.out.println(5/0.0);
2:   System.out.println(5.0/0);
3:   System.out.println(5/0);
/* 运行结果:
Infinity
Infinity
Exception in thread "main" java.lang.ArithmeticException: / by zero
*/
```

自增运算符(＋＋)和自减运算符(－－)均为单目运算符，可以用前缀形式放在操作数之前，也可以用后缀形式放在操作数之后。运算符为前缀时，将先计算，再使用操作数；运算符为后缀时，将先使用操作数，再进行计算。例如对于＋＋x 表达式，将把 x 增1，再使用 x；对于 x＋＋表达式，先使用 x，再把 x 增 1。在以下程序片段中，第 2 行语句中，先使用 x，进行单目减法操作后打印输出，故打印出－100，然后把 x 值增 1，因此第 3 行语句打印输出了101。第 5 行语句先把 y 值增 1 后获得－99，然后乘以 2，再打印输出，故打印出－198。第 6行语句打印出 y 的值－99。

```
1:   int x=100;
2:   System.out.println(-x++);      //后缀自增,单目减
3:   System.out.println(x);
4:   int y=-100;
5:   System.out.println(++y * 2);   //前缀自增,算术乘
6:   System.out.println(y);
/* 运行结果:
-100
101
-198
-99
*/
```

3.1.2　关系运算符

关系运算符通过比较两个值来求取它们的关系，然后给出比较结果的布尔值。关系运算符是双目运算符，都是左结合性的，包括＞、＜、＞＝、＜＝、＝＝和！＝。举例如下：

```
1:    int v1=100;
2:    int v2=150;
3:    double v3=120;
4:    Integer v4=100;
5:    System.out.println("v1<v2 ==> "+(v1<v2));
6:    System.out.println("v1>v2 ==> "+(v1>v2));
7:    System.out.println("v1>=v3 ==> "+(v1>=v3));
8:    System.out.println("v1<=v4 ==> "+(v1<=v4));
9:    System.out.println("v1==v4 ==> "+(v1==v4));
10:   System.out.println("v1!=v4 ==> "+(v1!=v4));
/* 运行结果：
v1<v2 ==> true
v1>v2 ==> false
v1>=v3 ==> false
v1<=v4 ==> true
v1==v4 ==> true
v1!=v4 ==> false
*/
```

对于 boolean 型的值，只能进行等值（＝＝）或不等值（！＝）关系运算，不能用其他的关系运算。对于非数值型的 Java 对象同样只能进行等值或不等值关系运算，其运算结果的意义是表示两个对象的引用是否一致。

3.1.3 逻辑运算符

逻辑运算符包括逻辑与（＆＆）、逻辑或（｜｜）、逻辑异或（^）、逻辑非（！）。其中，＆＆、｜｜和^为双目运算符，左结合性；！为单目运算符，右结合性。逻辑运算的操作数是布尔型数据，运行结果也是一个布尔值。逻辑运算的结果可以根据真值表进行判别。

3.1.4 移位与按位运算符

移位运算符和按位运算符以二进制位为单位，对整数型操作数进行运算。移位运算符包括右移（＞＞）、左移（＜＜）、无符号右移（＞＞＞）。按位运算符包括按位与（＆）、按位或（｜）、按位异或（^）、按位取反（～）。除了按位取反是单目、右结合性运算符以外，其余均为双目、左结合性运算符。

3.1.5 赋值运算符

赋值运算符是编程语言中使用最广的运算符。Java 语言除了提供基本的赋值运算符（＝）以外，还提供了带算术、移位和按位运算的赋值运算符，简化了表达式描述。例如，＋＝运算符是对算术加赋值表达式的简化。i＋＝8 表达式等价于 i＝i＋8。

3.1.6 条件运算符

条件运算符?:是唯一的三目运算符。条件表达式形如 op1?op2:op3，其中 op1 是一个布尔型数据，当 op1 为 true 时，运算结果是 op2 的值；当 op1 为 false 时，运算结果是 op3 的值。例如：

```
System.out.println(10>8?100:200);
System.out.println(10<8?100:"Hello");
/* 运行结果:
100
Hello
*/
```

3.1.7　instanceof 运算符

instanceof 是一个二目运算符,其左边操作数为对象,右边操作数为代表数据类型的类或接口,该运算符用于检测某个对象是否是某个类或接口对应的实例。表达式形式如 x instanceof Y,当对象 x 是类型 Y 的实例时,返回 true;否则返回 false。当对象为 null 时,总返回 false。注意,被检测对象 x 的类型必须处在类型 Y 所在的继承树中,否则编译出错。有关类与对象的知识将在后续章节介绍。注意,instanceof 也是 Java 的一个关键字。

例 3.1 用于测试 instanceof 运算符的效果。

【例 3.1】 TestInstanceof.java

```
1:    interface A{
2:    }
3:    class B implements A{
4:    }
5:    class C extends B{
6:    }
7:    class D{
8:    }
9:    public class TestInstanceof {
10:       public static void main(String[] args) {
11:           B b = new B();
12:           C c = new C();
13:           D d = new D();
14:           System.out.println("(1)" + (b instanceof B));
15:           System.out.println("(2)" + (c instanceof A));
16:           System.out.println("(3)" + (b instanceof C));
17:           System.out.println("(4)" + (null instanceof B));
18:           System.out.println("(5)" + (null instanceof Object));
19:           System.out.println("(6)" + (d instanceof C)); //编译错误: 操作数类型不兼容
20:       }
21:   }
/* 运行结果:
(1) true
(2) true
(3) false
(4) false
(5) false
*/
```

3.1.8　混合运算

对于计算表达式中包含多种或多个运算符的混合运算情况,需要根据各个运算符的优先级和结合性来确定表达式的计算顺序。总体计算顺序是先根据运算符优先级高低来确定计算的先后次序,对于相同优先级的情况再根据结合性来确定计算次序。双目运算符,除了赋值以外,都为左结合性。例如,$a-b+c-d$ 等价于 $((a-b)+c)-d$。赋值运算符为右结合性。例如,$a=b+=c-=8$ 等价于 $a=(b+=(c-=8))$。

Java 运算符的优先级按从高到低顺序排序如表 3.1 所示,表中也给出了各运算符的结合性。

表 3.1　运算符的优先级和结合性

运 算 描 述	运 算 符	结合性	优先级
分隔	( ) [ ] . , ;		
后缀自增,后缀自减	++ --	右结合	
前缀自增,前缀自减,单目加,单目减,按位取反,逻辑非	++ -- + - ~ !	右结合	
算术乘除	* / %	左结合	高
算术加减	+ -	左结合	
移位	>> << >>>	左结合	
大小关系	< <= > >= instanceof	左结合	
相等关系	== !=	左结合	
按位与	&	左结合	
按位异或	^	左结合	
按位或	|	左结合	
逻辑与	&&	左结合	
逻辑或	||	左结合	低
三目条件	?:	右结合	
赋值	= += -= *= /= %= &= ^= |= <<= >>= >>>=	右结合	

以下是一个混合运算的例子:

```
int x=3, y=7;
System.out.println(6 + 4 * 3 > (x += y-= 5) * (2 + 3) - 6);
/* 运行结果:
false
*/
```

表达式的计算过程如下:根据运算符的优先级,小括号内的表达式先计算,第一个小括号里的表达式含有两个赋值运算符,根据其右结合性特点,先计算 y 得 2,再计算 x 得 5。其他计算步骤如图 3.1 所示。

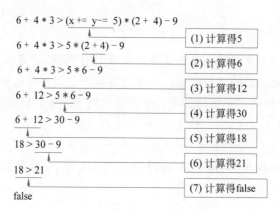

图 3.1　表达式的计算过程

3.2　语句

　　Java 的语句可分为空语句、表达式语句、方法调用语句、包声明与引入语句、复合语句和控制语句。空语句是仅由一个分号构成的语句。表达式语句是一个表达式带分号结束形成的语句。方法调用语句是 Java 方法的调用语句,例如常用的"System.out.println();"语句。包声明语句和包引入语句是分别以 package 和 import 关键字开头的语句。控制语句用于改变程序执行的顺序,Java 的控制语句包括条件语句、循环语句等,具体将在 3.3 节和 3.4 节介绍。复合语句是用{ }把其他语句括起来构成一个整体的语句,也称为语句块(block)。块确定了变量的作用域,一个块可以嵌套在另一个块中。

　　例如,以下程序片段展示了两个块,它们为嵌套关系。变量 x 定义在外层块,其作用域从定义处开始到外层块结束,因此第 5 行可以访问到 x,打印出值 11;第 8 行也访问到 x,打印出值 12。第 6 行编译出错,原因是不可以在内层块重复定义变量 x。第 9 行也编译出错,原因是变量 y 是在内层块中定义的,其作用域仅限于内层块,在第 9 行无法访问到。

```
 1:  {
 2:      int x=11;
 3:      {
 4:          int y=22;
 5:          System.out.println(x++);
 6:          int x=33;                //编译出错
 7:      }
 8:      System.out.println(x);
 9:      System.out.println(y);   //编译出错
10:  }
```

3.3　条件语句

　　条件语句又称选择语句。Java 的条件语句形式包括 if 语句、if-else 语句、switch 语句。

3.3.1　if 语句

if 语句是单分支语句,根据一个条件来控制程序是否执行后续流程。其语法格式为:

```
if(条件表达式) {
    若干语句
}
```

条件表达式的值为布尔型,若为 true,则执行紧跟其后的语句块,否则结束当前 if 语句的执行。if 表达式后待执行的语句块中如果仅含有单个语句,可以去掉大括号。在 if 语句的书写中,一种常见的错误是在 if 语句后加了分号,导致无法控制后续语句块的执行。例如:

```
if(条件表达式);
{ 若干语句
}
```

在采用独行风格编写程序时,这种错误较常出现。由于这是一种逻辑错误,而非编译或运行时错误,因此容易被忽略。

3.3.2 if-else 语句

if-else 语句是双分支语句,根据一个条件来控制程序选择执行后续流程。其语法格式为:

```
if(条件表达式) {
    若干语句
}  //语句块 1
else {
    若干语句
}  //语句块 2
```

该语句执行时,如果条件表达式的值为 true,则执行语句块 1,否则执行语句块 2。

多个 if-else 语句串接后,可以形成多条件多分支的条件控制语句。其语法格式为:

```
if(条件表达式 1) {
    若干语句
}  //语句块 1
else if(条件表达式 2) {
    若干语句
}  //语句块 2
...
else {
    若干语句
}  //语句块 n
```

例 3.2 给出了一个根据成绩分数获得对应等级的功能实现。运行该程序需要给出分数参数,例如在控制台执行 java Grade 86 命令,输入的第一个参数 86 为分数值。若要在 Eclipse IDE 中运行该程序,可以在运行配置(Run Configurations)中的"程序参数"(Program arguments)栏里填写分数。程序中第 3 行用于检查参数个数;第 7 行把第一个参数解析为整数。

【例 3.2】 Grade.java

```
1:    public class Grade {
2:        public static void main(String[] args) {
3:            if(args.length!=1){  //要求参数个数为 1
```

```
 4:             System.out.println("请输入分数!");
 5:             return;
 6:         }
 7:         int score=Integer.parseInt(args[0]);
 8:         String grade;
 9:         if(score>=90)
10:             grade="优秀";
11:         else if(score>=80)
12:             grade="良好";
13:         else if(score>=70)
14:             grade="中等";
15:         else if(score>=60)
16:             grade="及格";
17:         else grade="不及格";
18:         System.out.println("得分"+score+",等级为"+grade);
19:     }
20:  }
```

在编程实践中,if-else语句可以灵活组合以实现各种流程控制,if可以不带else,而else必须跟随一个if。匹配的规则是:在同一个语句块中,else和与它最近的if匹配。例如以下程序片段中,else是和第2个if匹配的。

```
int x = 3, y = 2, z = 10;
if(x > y)
   if(x > z)
      System.out.println("YES");
   else
      System.out.println("NO");
```

通过大括号进行分隔,可以获得清晰的等价的表达方式,如下程序片段所示。

```
int x = 3, y = 2, z = 10;
if(x > y) {
   if(x > z)
      System.out.println("YES");
   else
      System.out.println("NO");
}
```

如果大括号按以下方式进行分隔,则else是和第1个if匹配的,将获得一个完全不同的流程控制。

```
int x = 3, y = 2, z = 10;
if(x > y) {
   if(x > z)
      System.out.println("YES");
}
else
   System.out.println("NO");
```

3.3.3 switch 语句

switch语句是一种多分支选择语句,也称为开关语句。它根据一个表达式的值来有条件地选择分支执行。表达式的值类型必须是整数类型、字符串或枚举值。switch语句的语法格式如下：

```
switch(表达式) {
case 常量值 1：
    若干语句
    break;
case 常量值 2：
    若干语句
    break;
...
case 常量值 n：
    若干语句
    break;
default：
    若干语句
}
```

switch 语句首先计算表达式的值，如果表达式的值和某个 case 后面的常量值相同，就执行该 case 后面的语句，直到遇到 break 语句为止。如果没有任何常量值与表达式的值相同，则执行 default 后面的语句。其中 default 可以根据需要选用，如果没有 default，并且所有的常量值都和表达式的值不相同，那么 switch 语句将不会进行任何处理。需注意，在同一个 switch 语句中，case 后的常量值要求互不相同。

3.4 循环语句

Java 的循环语句形式包括 while 语句、do-while 语句和 for 语句。此外，还提供了 continue 语句和 break 语句用于循环处理流程的跳转控制。

3.4.1 while 语句

while 语句的语法格式如下：

```
while(表达式) {
    若干语句
}
```

while 语句后接的语句块为循环体，当循环体中仅有一条语句时，可以省略大括号。运行时，while 语句首先计算小括号中表达式的值，当表达式的结果值为 true 时，将执行循环体，如此反复，直至表达式的结果值为 false，再结束整个执行过程。

对于以下程序片段中，循环执行的条件是 num 值小于 5。程序中第 1 行设定 num 的初始值为 0。第 4 行利用 num 自增运算进行计数，其运行结果是打印出 5 行信息。

```
1:  int num=0;
2:  while(num<5) {
3:      System.out.println("Hello!"+num);
4:      num++;
5:  }
```

```
/*  运行结果:
    Hello!0
    Hello!1
    Hello!2
    Hello!3
    Hello!4
    */
```

如果没有第 4 行,num 值将无法改变,由于永远小于 5,程序进入死循环而无法正常终止。若第 1 行设定 num 的初始值不小于 5,循环条件无法满足,则循环体部分将被忽略执行,因此运行结果将没有任何输出。

3.4.2   do-while 语句

do-while 语句的语法格式如下:

```
do {
    若干语句
} while(表达式);
```

其中,do 语句后接的语句块为循环体,当循环体中仅有一条语句,也可以省略大括号。运行时,首先执行循环体,然后计算 while 语句中的表达式,当表达式的值为 true 时,将执行循环体,如此反复,直至表达式的值为 false,结束整个执行过程。

对于以下程序片段,将获得与 3.4.1 节中的程序片段一样的运行结果。但如果第 1 行中 num 的初始值不小于 5,将输出一行信息。

```
1:    int num=0;
2:    do{
3:        System.out.println("Hello!"+num);
4:        num++;
5:    }while(num<5);
```

可见,do-while 语句与 while 语句的区别之处是,do-while 语句先执行循环体后再进行表达式条件值计算,因此 do-while 语句至少要执行一次循环体。while 语句和 do-while 语句的处理流程对照如图 3.2 所示。

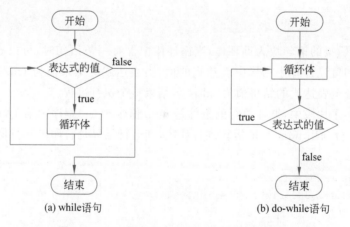

图 3.2   while 语句和 do-while 语句的处理流程

3.4.3 for 语句

for 语句提供了一种灵活、方便的循环处理方式,应用十分广泛。其语法格式如下:

```
for(表达式 1 : 表达式 2 : 表达式 3) {
    若干语句
}
```

其中,表达式 2 为循环终止条件,表达式结果值必须为布尔型。表达式 1 一般进行初始化处理;表达式 3 一般进行增量处理。for 表达式后的语句块是被重复执行的循环体,如果循环体内仅有一个语句,可以省略大括号。for 语句的处理流程如图 3.3 所示。在整个处理过程中,表达式 1 在循环开始时执行,且仅被执行一次。表达式 2 在每次循环过程中都被执行一次,当值为 false 时,循环处理结束。每完成一次循环体执行后,表达式 3 被执行一次。

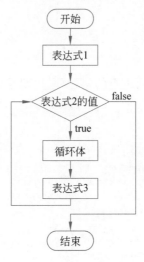

图 3.3　for 语句的处理流程

for 语句的小括号内各个表达式是可选的,可以根据需要灵活应用。例如,当省略所有的表达式后,形如 for(;;),其效果是进行无限循环处理,等价于 while(true)。

对于 3.4.1 节中的程序片段,改用 for 语句表达可写成:

```
for(int num=0; num<5; num++)
    System.out.println("Hello!"+num);
```

或者写成:

```
int num=0;
for(; num<5; num++)
    System.out.println("Hello!"+num);
```

或者表达为:

```
for(int num=0; num<5;){
    System.out.println("Hello!"+num);
    num++;
}
```

自 Java SE 5 开始引入一种增强型的循环表达方式(即 foreach 语法),允许以不带索引变量的方式循环遍历某个序列。例如以下程序片段,对数组进行遍历并输出各个元素。

```
char [] info = {'H','e','y'};
for(char c: info)
    System.out.println(c);
/* 运行结果:
H
e
y
*/
```

在实际应用的设计时,多重循环的利用很常见。例如,设计一个程序,要求根据用户给出的行数,输出一个数字金字塔。例如当输入行数 6 时,输出结果如下:

```
            1
          2 1 2
        3 2 1 2 3
      4 3 2 1 2 3 4
    5 4 3 2 1 2 3 4 5
  6 5 4 3 2 1 2 3 4 5 6
```

由于输出数字时是按逐行逐列进行的,需要采用双重循环方式进行处理。代码如例 3.3 所示。

【例 3.3】　TestPyramid.java

```
1:   import java.util.Scanner;
2:   public class TestPyramid {
3:      public static void main(String[] args) {
4:         Scanner sc=new Scanner(System.in);
5:         int num=sc.nextInt();
6:         int i,j;
7:         for(i=0;i<num+1;i++){
8:            for(j=0;j<num-i;j++)
9:               System.out.printf("   ");
10:           for(j=i;j>1;j--)
11:              System.out.printf("%3d",j);
12:           for(j=1;j<=i;j++)
13:              System.out.printf("%3d",j);
14:           System.out.print("\n");
15:        }
16:        sc.close();
17:     }
18:  }
```

3.4.4　continue 与 break 语句

Java 提供的 continue 和 break 语句可实现在循环时跳转,支持在循环处理中进行更为灵活的流程控制。continue 和 break 语句的运行流程如图 3.4 所示。循环体被 break 或 continue 语句划分为两部分:循环语句执行过程中,当遇到 break 语句时,将终止循环体 2 部分的执行,并立即跳出整个循环的执行;当遇到 continue 语句时,将终止循环体 2 部分的执行,即终止本次循环处理,然后转入下次循环处理。

对于 3.4.1 节中的程序片段,采用 for 语句,结合 break 的使用,把条件判别语句放置在

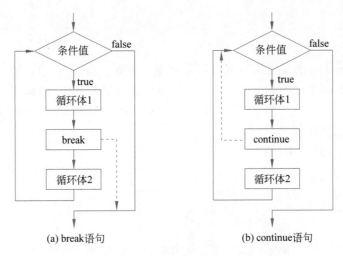

图 3.4　break 与 continue 语句的处理流程

循环体中,可以表达为:

```
int num=0;
for(; ;){
    if(num>=10) break;
    System.out.println("Hello!"+num);
    num++;
}
```

　　break 与 continue 语句既可以和 for 语句配合使用,又可以和 while 语句以及 do-while
语句配合使用。例 3.4 用于打印 100 以内的偶数和质数,其中结合了 break 与 continue 语
句的应用。

【例 3.4】　GetNums.java

```
1:    public class GetNums {
2:       public static void main(String[] args) {
3:          int end=100;
4:       //打印 100 以内的偶数
5:          int x=1;
6:          while(x<=end){
7:              if(x%2!=0){
8:                  x++;
9:                  continue;
10:             }
11:             System.out.println(x);
12:             x++;
13:          }
14:       //打印 100 以内的质数
15:          int j;
16:          for(int i=2;i<=end;i++){
17:              for(j=2;j<=i/2;j++){
18:                  if(i%j==0)
19:                      break;
20:              }
21:              if(j>i/2)
22:                  System.out.println(i);
```

```
23:            }
24:        }
25:  }
```

break 与 continue 语句使用时也可以带标签。形如，"break T01;"和"continue T02;"
语句，其中的 T01 和 T02 为标签名。例 3.5 是一个带标签的例子，由标签 T01 标识的语句
块包含第 4～11 行语句。当满足第 7 行执行条件时将跳出循环，并且直接跳出 T01 块的执
行，因此也忽略了第 11 行的执行。

【例 3.5】 TestTag.java

```
1:    public class TestTag {
2:        public static void main(String[] args) {
3:            T01: {
4:                System.out.println("111");
5:                for(int i = 0; i < 10; i++) {
6:                    System.out.print("前" + i + "; ");
7:                    if(i > 2)
8:                        break T01;
9:                    System.out.print("后" + i + "; ");
10:               }
11:               System.out.println("222");
12:           }
13:           System.out.println("333");
14:       }
15:  }
/* 运行结果：
111
前 0; 后 0; 前 1; 后 1; 前 2; 后 2; 前 3; 333
*/
```

此外，在循环体中还可以利用 return 语句达到跳转目的。return 语句将跳出循环所在
的方法。

3.4.5 操作数组

数组是数据元素的集合，一般需要通过循环进行遍历操作。当不需要利用下标定位元
素时，可采用 3.4.3 节介绍的增强型 for 循环方式进行遍历。更多的应用场合需要利用数组
下标对元素进行定位。

例 3.6 给出一个操作不定长数组的例子，通过双重循环遍历一个不定长二维数组，找出
值不小于 5 的元素，打印出这些元素的低维位置信息和值信息。

【例 3.6】 TestVariableArray.java

```
1:    public class TestVariableArray {
2:        public static void main(String[] args) {
3:            int[][] xy = new int[3][];
4:            xy[0] = new int[] {1, 2, 3};
5:            xy[1] = new int[] {4, 5};
6:            xy[2] = new int[] {6, 7, 8, 9};
7:            for(int[] t : xy) {
8:                for(int i = 0; i < t.length; i++) {
9:                    if(t[i] >= 5)
10:                       System.out.println("Y." + i + " = " + t[i]);
```

```
11:                }
12:            }
13:        }
14:    }
/* 运行结果：
Y.1 = 5
Y.0 = 6
Y.1 = 7
Y.2 = 8
Y.3 = 9
*/
```

程序中第 7 行采用 foreach 循环方式；第 8 行采用传统的 for 循环方式，提供 i 变量作为数组下标索引值。

3.5 小结

Java 提供了运算符、表达式和语句等基本语法元素。运算符是计算表达式的基本组成部分；表达式中各部分的计算顺序按运算符的优先级和计算结合性规则来确定。Java 提供的基本控制语句包括常见的条件语句和循环语句，这些语句都有丰富的变体形式，开发者可以根据需要灵活选用。完成本章学习后，开发者可以利用 Java 语言的这些基本语法元素，以类似 C 语言面向过程的编程方式，编写应用功能。简单的编程措施是把需要实现的功能程序代码放在 Java 程序的主方法 main() 中。

习题

1. 编写程序，求 $1+1/2!+1/3!+1/4!+\cdots$ 的前 30 项之和。分别用 while 和 for 语句循环来实现。

2. 编写程序，按分段统计学生成绩：要求按 90~100 分、80~89 分、70~79 分、60~69 分、60 分以下五档分别统计各分数段人数。由用户输入成绩，当输入为负数时结束。分别用 if-else 和 switch 语句来实现。

3. 编写程序，打印输出 10~30 不能被 5 整除的奇数的平方值。

4. 编写程序，能根据用户输入行数，打印数字菱形。例如当用户输入 3 时，显示结果如下。要求对最大行数进行提示限制，例如最大能输入的行数为 12。

```
  *
 ***
*****
 ***
  *
```

5. 编写程序，设计一个员工奖金表，采用二维数组 bonus[i][j]，存放 5 个员工的 3 个月奖金。功能包括：可以由用户录入奖金信息；打印每个员工的平均每月奖金金额；打印总奖金最多的员工的所有 3 个月奖金详细信息。尝试使用不同的循环控制结构完成，例如 for、while、do-while 语句；需要设计合适的输入输出界面（控制台字符界面）。

第 **4** 章

面向对象导引

内容提要：

☑ 从面向过程到面向对象	☑ 面向对象的语法元素
☑ 面向对象的特点	☑ 面向对象的技术体系

前面章节介绍的主要内容仅可满足开发者利用 Java 语言进行面向过程编程的需要，而支持面向对象的程序设计才是 Java 语言所具备的核心能力和关键特征。本章简要介绍面向对象设计的思路、特点、基本语法元素及技术体系，为后续进一步学习 Java 面向对象设计提供入门引导。

4.1 从面向过程到面向对象

传统的面向过程的编程（Procedure Oriented Programming,POP）采用特定语句或指令序列给出问题求解过程，也就是在设计过程中主要考虑如何把问题的解决步骤用合适的语句或指令进行描述。采用面向过程的语言进行软件设计时，以过程为中心，一般采用自顶向下、逐步求精的设计方式，把一个复杂的大型问题分解成多个简单的小型问题，而各个问题的解决步骤又可以采用功能函数去具体实现，系统以各种函数的调用方式进行组织。典型的面向过程的语言有 C、Pascal 和 FORTRAN 等语言。

举个游戏中战士角色的设计例子，若采用 C 语言进行设计，代码如下所示。战士角色用结构体进行定义，内部含有描述名字、生命值和金钱的属性；同时定义三个功能函数，分别实现战斗、治疗和工作处理。

```
struct Hero{                              //战士
    char * name;                          //名字
    int life;                             //生命值
    int money;                            //金钱
};
void fight(Hero h, int lValue, int mValue){   //战斗
    h.life-=lValue;                       //消耗生命值
}
```

```
void treat(Hero h, int lvalue, int mValue){        //治疗
    h.life+=lvalue;                                //增加生命值
    h.money-=mValue;                               //消耗金钱
}
void work(Hero h, int mValue){                     //工作
    h.money+=mValue;                               //增加金钱
}
```

从代码上看,战士角色的属性和功能是分离的,功能函数需要传入战士的变量以便对其属性进行操作。而由于属性值没有任何保护措施,只要调用功能函数就可以对给定战士的属性进行操作,存在着安全隐患。假设需要增加一种叫特种战士的角色,要求该角色增加一个伪装状态的属性,那么需要重新定义一个新角色。原有的功能函数由于传入的角色参数类型改变了,因此需要重新定义,以下仅给出战斗功能函数的定义。此外增加了改变伪装状态的功能定义。

```
struct HeroSpecial{                                //特种战士
    char * name;
    int life;
    int money;
    boolean disguised;                             //是否伪装
};
void fightS(HeroSpecial h, int lValue, int mValue){   //战斗
    h.life- = lValue;                              //消耗生命值
}
...
void change(HeroSpecial h, boolean beDisguised){   //改变伪装
    h. disguised = beDisguised;
}
```

由以上代码可见,为了获得一个类似的角色和相似的功能,需要增加大量代码,相同功能的代码却难以复用。随着软件系统的规模的扩大和功能的复杂化,大量的函数调用使得软件体系错综复杂,造成了软件开发和维护方面的难度不断增大,在软件成本提高的同时,可靠性却往往难以保证。

面向对象的编程是一种全新的编程范式,该范式以对象世界的思维方式考虑问题,尽可能以自然的方式来描述问题的解决方案。20 世纪 60 年代,针对传统的面向过程的设计过程中,由于数据和处理数据的过程相互独立导致在设计大型系统时面临系统的复杂度大大提升的问题,图灵奖得主 Alan Kay 首先提出了面向对象的设计思路,同时设计了一款名为 Smalltalk 的编程语言支持这种先进的设计思路。Alan Kay 也因在面向对象设计领域的先驱性贡献而被誉为"面向对象之父"。Alan Kay 描述的面向对象编程的主要特点包括:

(1) 万物皆对象。程序中的对象(object)是一种特殊的变量,既可以存储数据,又可以对自身进行各种操作。

(2) 程序由对象组成。程序中各个对象之间通过发送消息来实现功能方法的调用。

(3) 每个对象都有自己的存储空间,可以由其他对象组合而成。复杂的系统可以由简单的对象组成。

(4) 每个对象都有类型(class)。对象是特定类型的实例(instance);类型是对具有相同

属性和行为的对象集合的概念描述。

（5）给定类型的所有对象可以接收同样的信息。

当前许多主流的语言是面向对象的编程语言，例如 Java、C++ 和 C♯ 等。若采用 Java 语言，以面向对象的方式实现上文所述游戏角色的设计，代码如例 4.1 所示。

【例 4.1】　利用 Java 设计游戏角色

```
1:  public class Hero {                                    //战士
2:      private String name;                               //名字
3:      private int life;                                  //生命值
4:      private int money;                                 //金钱
5:      public void fight(int lifeValue){                  //战斗
6:          life-=lifeValue;
7:      }
8:      public void treat(int lifeValue, int moneyValue){  //治疗
9:          life+=lifeValue;
10:       money-=moneyValue;
11:     }
12:     public void work(int moneyValue){                  //工作
13:         money+=moneyValue;
14:     }
15: }
16: class HeroSpecial extends Hero {                       //特种战士
17:     private boolean disguised;                         //是否伪装
18:     public void change(boolean beDisguised){           //改变伪装
19:         disguised = beDisguised;
20:     }
21: }
```

该程序中给出了战士角色和特种战士角色的相应设计，分别用 Hero 和 HeroSpecial 这两个类进行描述。类中的属性和功能方法均带有 private 或 public 等称为访问权限控制的关键字修饰，可以在语言层面设置对变量和方法的保护级别。类中的功能方法可直接对类中的属性进行操作，无须传递参数。HeroSpecial 类采用继承 Hero 类的方式进行概念扩展，增加了一个 disguised 属性和一个 change() 方法，而 Hero 类中原有的属性（包括 name、life 和 money）和方法（包括 fight()、treat() 和 work()）可以直接被 HeroSpecial 类所复用，而无须重新定义。由此可见面向对象的设计方式可以更好地满足简化开发、安全控制以及代码复用等需求，具有优越的可扩展性。

4.2　面向对象的特点

面向对象程序设计的基本特点涵盖抽象（abstraction）、封装（encapsulation）、继承（inheritance）和多态（polymorphism）。其中，抽象与封装之间具有密切关系，继承与多态之间具有关联性，而继承也反映了事物的概念之间不同的抽象层次。

4.2.1　抽象与封装

在软件的分析和设计过程中，抽象是一种非常重要的处理思路。所谓抽象就是在研究

具体事物时,去除其次要的、无关的或非本质的部分,仅针对其本质的内容进行考查。一般来说,所有编程语言都提供抽象机制,只不过方式和程度不同而已。例如汇编语言提供的编程指令是对二进制机器代码的抽象,然而其抽象层次很低,开发人员需要熟悉各个指令的使用细节以设计满足功能需求的软件。而Java等面向对象编程语言则提供了高层次丰富的抽象机制,允许开发人员以面向对象的思维方式,更为自然方便地描述现实世界中各种事物。

软件开发过程所使用的抽象包括过程抽象和数据抽象两类。过程抽象是面向过程程序设计的基本手段,其结果是获得描述功能实现的函数。函数隐藏了实现细节,用户只需要了解函数名和参数即可;函数可以反复调用,体现了可重用性。数据抽象是面向对象程序设计的基本手段,其结果是获得特定的数据类型。数据类型包含数据和对数据的操作。由于数据和操作的紧密联系并形成一个整体,因此实现了更好的信息隐藏和可重用性。利用数据抽象进行设计,可以更好地适应人们习惯的思维模式。

面向对象设计通过数据抽象,把数据和操作进行了封装。封装隐藏了对象的内部实现细节,只保留有限的对外接口,这样一方面使得外部访问者不能随意存取对象内部数据,提供了访问安全保障;另一方面,外部访问者无须关注对象内部的细节,使得操作对象变得简单。如图4.1所示,对于硬件的封装,如集成电路的设计时,通过标准化封装,实现了电路组件的高稳定性、可靠性和通用性;类似地,在面向对象的软件设计中,通过合理的封装,可实现软件组件的安全性、可重用性,并可有效提高复杂软件开发的效率。

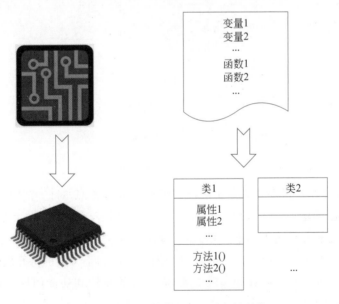

图 4.1 硬件的封装与面向对象的封装

4.2.2 继承与多态

现实世界中的很多事物的概念之间存在着泛化的联系。例如,作为比较笼统的学生概念可包括大学生、中学生等,反映到软件设计中的数据类型,学生类涵盖了大学生类,即学生类是比大学生类更为通用的类型。同样地,大学生可以包括理科生、文科生等。一个类如果被另外一个更通用的类所涵盖,那么该类就继承自那个更通用的类,该类称为派生类(derived class)或子类(subclass),而那个更通用的类称为基类(base class)、超类(superclass)或父类(parent class)。父类可以有多个子类,而子类一般只能有一个父类。父类包含的属性和功能也是其子类所共同拥有的。父类和子类之前存在 is-a(是)的关系。例如,图 4.2 中,大学生类继承自学生类,相对而言,大学生类是子类,其父类是学生类。学生类的姓名等属性和学习等功能是大学生类和中学生类所共有的。继承体现了事物类型之间一般与特殊的关系,也反映了概念之间的抽象层次。例如,大学生是比理工生或文科生更为抽象的概念,而学生又比大学生或中学生更为抽象。换一种说法,大学生是学生,中学生也是学生;理工生是大学生,也是学生。面向抽象的设计可让用户只需关注待处理的部分,而忽略其他无关部分。例如,当需要查询或修改学生的年龄时,无须了解该学生是中学生或者理工生,因此只需要在学生这个较为抽象的概念层次上进行处理。

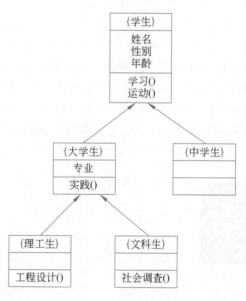

图 4.2　学生类型体系

面向对象设计时,通过继承机制扩展已有类型获得新类型,对已有类型的属性和功能可以有效复用而不必重复定义。例如,学生类的姓名、性别等属性可以被大学生类继承,同样也可以被理工生类或文科生类继承,而无须重新定义。同理,学生类的学习、运动等功能可以被其子类或子类的子类所继承。子类可以增加一些区别于父类的特殊属性或功能,例如,大学生类比学生类多了专业属性和实践功能,而新增的属性和功能同样可以被其子类理工生类和文科生类所继承。

多态是面向对象的又一个重要特性,表示同一行为具有多个不同表现形式或形态的能力。例如,大学生类和中学生类通过继承学生类,它们都具有学习功能的相同外部形式,然而由于大学生具体的学习行为和中学生是不同的,两个类需要在学习的具体功能方面进行不同的设计。这样,从较高抽象层次的学生角度看,同样是学生,大学生和中学生却呈现出不同的学习行为,这就是由于继承引出的多态现象。

4.3 面向对象的语法元素

传统面向过程的程序设计中,程序本质可以看作"程序＝数据结构＋算法",而面向对象的程序设计中,"程序＝对象＋类＋继承＋多态＋消息",其中核心的概念是类和对象。面向对象的编程语言提供了对象、类、接口等基本语法元素,以支持用户采用面向对象的方式进行程序设计。

4.3.1 对象、类与接口

面向对象的基本思想是把待处理的现实世界中所有事物都看成对象,对象可以是具体的事物,例如学生、教室、球等,也可以是抽象的事物,例如管理、活动等。用类来描述事物对象的概念,即描述某类对象的共同属性和行为。类反映了事物的概念,而对象代表了这些概念对应的概念实例。例如,学生类表示了学生这个概念,如果张三和李四都是学生,他们就是学生对象。由类来创建一个对象,称为实例化(instantiation)。事实上定义类的主要目的是创建对象,通过对象实现各种功能操作。类是对象的设计蓝本,通过编码进行设计,在程序代码中是可见的,而且类的描述代码不重复,从形式上看是静态的。而对象是在程序运行时间内续存的,具有相应的生命周期,在形式上是动态的。

Java 对象的生命周期包括对象的创建、使用和销毁等阶段。对象创建时,JVM 在堆内存中分配空间以存储该对象,该阶段也包括了对象成员变量的初始化。在对象使用阶段,对象的方法被调用,属性被修改,对象的状态发生改变。当程序不再需要一个对象时,或者程序结束运行时,对象的生命周期结束,JVM 将自动销毁这些对象,释放它们占用的内存空间。开发者可以通过工具观察到 JVM 内存中的情况。例如,在 Eclipse 集成开发环境中,设置程序断点,进入调试模式,可以直观地体会到 Java 中的类与对象的关系。如图 4.3 所示,运行的程序在第 6 行断点处暂停,此时可以观察到 Demo 类的实例对象 obj 的内存情况:obj 对象已完成初始化,含有相应的属性值;该对象的哈希值为 0x3712b94。哈希值是 Java 用于区别不同对象的整数值,每个 Java 对象拥有一个。

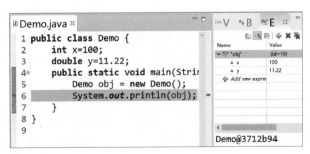

图 4.3 程序调试:Java 的类与对象

接口(interface)是一种特殊的类,它一般只包含抽象方法。接口提供了一种定义对象行为的抽象方式或行为规范。一个类可以实现一个或多个接口,从而继承这些接口的行为。在面向对象编程语言中,接口被广泛应用。通过使用接口,开发者可以定义对象的行为,确保实现接口的类遵循接口的行为规范,并使代码更加灵活,提高可维护性。

4.3.2　方法

　　程序功能在面向过程语言中通常被设计成函数形式,通过函数调用执行程序功能。对于纯面向对象的编程语言如 Java,由于所有事物的概念都设计成了类,对于类所提供的各种功能则设计成方法(method)。方法的语法形式类似于函数,可以带有参数或返回计算值。与其他语言中的函数不同,Java 语言中的方法必须在类里面定义,不能独立于类外面进行定义,因此不存在全局的方法。从对象交互的角度看,方法的调用是对象之间进行消息传递的基本方式。在面向过程与面向对象的设计中,数据访问方式的对比如图 4.4 所示。

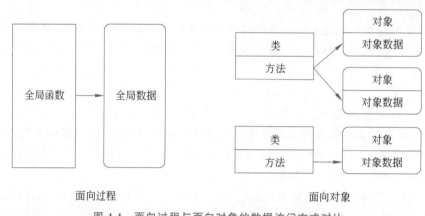

图 4.4　面向过程与面向对象的数据访问方式对比

4.3.3　常见的面向对象语言及对比

　　常见的面向对象语言包括 Java、C++、C♯、Python、Ruby 等,对比如下。

　　(1) Java 和 C++是两种最流行的面向对象语言,它们都是静态类型的语言。从应用角度看,Java 是一种通用的编程语言,适用于各种应用领域,包括桌面应用程序、Web 应用程序和移动应用程序。C++是一种高效的编程语言,常用于系统软件、游戏、应用程序和实时系统等领域。Java 和 C++都支持多线程编程,但 C++还支持低级别的内存管理,而 Java 则通过垃圾回收机制自动管理内存。从语言角度看,Java 是一种纯面向对象的编程语言,而 C++则是一种面向对象的编程语言,它也支持过程式编程。Java 的语法相对简单,易于学习,而 C++的语法则较为复杂,但提供了更多的底层控制能力。

　　(2) C♯是一种面向对象的编程语言,适用于 Windows 应用程序、Web 应用程序和游戏开发等领域。C♯具有语法简洁、易于学习等特点,支持面向对象编程和组件化开发。

　　(3) Python 是一种目前十分流行的解释型语言,适用于脚本编写、数据分析和 Web 开发等领域。Python 具有简洁易懂的语法和丰富的库,支持面向过程和面向对象编程。Python 是一种动态类型的语言,可以在运行时进行类型检查和类型推导。

　　(4) Ruby 是一种灵活的编程语言,适用于 Web 开发、脚本编写、GUI 应用程序等领域。Ruby 具有简洁易懂的语法和动态类型的特性,支持面向对象编程和函数式编程。

　　不同的面向对象语言都有各自的特点和适用领域,选择哪种语言取决于项目的特点、需求及开发者的偏好。在选择编程语言时,需要综合考虑开发效率、性能、可维护性、学习曲线等具体因素。

4.4 面向对象的技术体系

在软件工程领域中,面向对象的方法涵盖软件的分析、设计与编程实现等方面的应用,形成一个以对象为基础的技术体系,其基本目标是通过模拟人类的思维方式来认识、理解、刻画客观世界,从而设计和构建相应的软件系统。具体应用如下。

(1) 面向对象的分析(OOA):一种以对象为基础的分析方法,它关注如何将现实世界中的问题域映射到对象模型中。在面向对象的分析中,需要识别出对象(即实际存在的事物)以及它们之间的关系,然后通过抽象和分类将这些对象归纳为类和对象。面向对象分析的一般实施步骤如下。

① 确定问题域:包括定义论域、选择论域、根据需要细化和增加论域。

② 区分类和对象:包括定义对象、定义类、命名。

③ 区分整体对象以及组成部分:确定类的关系以及结构。

④ 定义属性:包括确定属性、安排属性。

⑤ 定义服务:包括确定对象状态、确定所需服务、确定消息联结。

⑥ 确定附加的系统约束。

(2) 面向对象的设计(OOD):一种以对象为基础的设计方法,它关注如何将分析阶段得到的概念模型转换为实际的软件结构。在面向对象的设计中,需要根据需求描述来识别出类和对象,并定义它们的属性和方法,以及它们之间的交互关系。面向对象设计的一般实施步骤如下。

① 识别出类和对象:在目标系统中,存在着各种各样的实体,每一个实体都可以作为一个对象,需要把这些对象抽象为类。

② 定义对象的属性:每个对象都有其自身的属性,这些属性描述了对象的特征,根据需求来决定需要定义哪些属性。

③ 定义对象的方法:对象收到消息后执行的操作称为对象提供的服务,需要定义每个类的方法。

④ 确定类之间的关系:类与类之间最普遍的关系是继承和聚合。继承体现"是"的关系,例如猫是动物。聚合体现"有"的关系,例如汽车有引擎。

(3) 面向对象的编程(OOP):一种以对象为基础的编程方法,它通过定义类和对象以及它们的交互来实现软件系统的模块化、可重用性和可扩展性。在面向对象的编程中,使用类和对象的概念来组织代码,并通过继承、封装和多态性等核心特征来实现代码的重用和扩展。面向对象编程的一般实施步骤如下。

① 定义类和对象:根据需求描述,定义需要的类和对象,并确定它们的属性和方法。

② 创建实例对象:根据类的定义,创建具体的实例对象,并对属性进行初始化。

③ 通过实例对象访问属性和方法:通过实例对象来访问类中定义属性和方法,对属性进行赋值或获取值,调用方法来执行相应的操作。

④ 实现类之间的交互:通过对象之间的交互,实现系统中各个类之间的依赖和通信,完成系统的功能。

软件工程领域中,软件构建的基本过程包括需求分析、设计、编码等主要步骤,相应的面向对象方法的应用是 OOA、OOD 和 OOP。本书的主体内容是应用 Java 语言进行面向对象的编程,因此重点在于介绍 OOP 方法。

4.5 小结

面向对象编程的基本特征包括封装、抽象、继承和多态。封装形式是把数据和操作功能整合在一起,为数据存取操作提供规范化的访问方式。通过抽象机制,开发人员可以忽略主题中与当前目标无关的其他方面,更充分地关注与当前目标有关的方面。继承运用事物概念的层次模型,允许和鼓励类的重用,它提供了一种明确表述共性的方式。通过多态机制,允许不同类的对象对同一消息做出响应,获得不同的执行效果,而能够在使用的界面上维持统一性。采用面向对象的开发方式更有利于进行大规模软件设计。

为了满足面向对象的设计需求,面向对象程序语言提供了类、对象和接口等基本语法元素。类是对事物的一种描述,对象则为具体存在的事物,接口定义了访问的抽象规范。对象之间的交互采用消息传递机制,表现为方法的调用。

习题

1. 面向对象的基本特征是什么?
2. 查找资料,比较 Java、C++、C♯、Python 等语言的面向对象特点和应用情况。
3. 一个银行交易系统,允许用户进行存款、取款、转账等操作。以面向对象设计的角度,试分析该应用场景中包含几种对象、它们如何进行交互以及如何以继承方式进行概念抽象。

第5章

类 与 对 象

内容提要：

☑ 类		☑ static 关键字	
☑ 重载		☑ this 关键字	
☑ 构造方法与对象		☑ 包	
☑ 方法参数		☑ 访问权限	

本章开始详细介绍利用 Java 语言进行面向对象程序设计的相关内容。类和对象是面向对象设计中最基本的概念。Java 利用类的定义描述事物；利用构造方法创建对象。通过方法重载为同种功能传递不同信息；在方法调用时以传值的方式进行参数传递。用 static 关键字声明与类相关的共享部分；通过 this 关键字进行自身对象的操作；提供包的设置以及访问权限设置机制。

5.1 类

类是对事物的概念描述，主要封装了属性数据以及对这些数据的操作。类是面向对象语言中最重要的一种数据类型。类是一种引用型数据类型，也是组成 Java 程序的基本要素。

5.1.1 类的定义

定义 Java 类的完整语法格式如下：

```
［修饰符］class 类名 ［extends 父类名］［implements 接口名列表］{
    类体
}
```

语法表达式中的［ ］表示可选项。修饰符可以为 public、abstract、final，但 abstract 和 final 不可同时使用。class 是声明类的关键字。类名必须是满足 Java 标识符规范的字符串，推荐由首字母大写的有意义的英文单词组成类名。类的声明中，可用 extends 关键字声明继承，后接一个父类名；可用 implements 关键字声明接口实现，后接一个或多个接口名。

类体中可以定义成员变量、成员方法、构造方法、成员类（内部类）和代码块等。类体中各部分的书写顺序不限，习惯上把成员变量集中放在类体的开始部分。类体里定义了各种成分，体现了封装效果。

一个 Java 代码文件可以保存多个类，但只能有唯一一个带 public 修饰符的类，而且文件名必须和带 public 修饰符的类的名称完全一致，这时的文件名是大小写敏感的。编译后，一个类生成对应的一个字节码文件。

5.1.2 成员变量

在类体中定义的且不在某个方法中的变量为该类的成员变量。成员变量为该类的状态、属性或数据域。成员变量的语法如下：

```
［修饰符］类型 变量名
```

其中，修饰符包括 public｜protected｜private、static、final、transient、volatile。常用的访问权限修饰符为 public｜protected｜private，可在当中选一种；用 static 关键字表示静态变量；用 final 表示常量。

成员变量有默认值，例如基本类型数据中，int 型变量默认值为 0；boolean 型变量默认值为 false。而引用型变量默认值为 null。为了使得表达更为明确，在编程时最好给成员变量赋初值。带 final 修饰符的成员变量则必须在变量声明的地方或者构造方法中进行手工初始化赋值，否则编译时将出错。

当用 final 来修饰某个变量时，表示该变量为常量，有类似 C 语言中 const 关键字的效果。常量在第一时间必须赋初值，否则无法通过编译。常量是代表不变值的标识符，除了在声明处或构造方法中进行首次赋值以外，其他地方不允许对其再次赋值。定义一个常量可以避免某个特定值被修改；而给常量取一个描述性较好的名称，可以提高程序的可读性。例如，把常用的 PI 值定义为常量，代码如下：

```
final double PI_VALUE=3.14;
```

成员变量的作用域，即有效范围是整个类体，和它在类体中的书写位置无关，因此除了被局部变量所隐藏，成员变量可以在成员方法中的任何位置进行访问。关于变量隐藏问题在 5.6 节将有进一步的讨论。

带有 static 修饰符的成员变量称为类变量；而未带 static 修饰符的成员变量称为实例变量。相关内容将在 5.5 节讨论。

5.1.3 成员方法

Java 的方法类似其他语言中的函数，是为了完成一些操作而组合在一起的语句组。Java 的方法不能独立定义，而必须依附在某个类中，属于类的成员，或类的方法域。定义方法的语法如下：

```
［修饰符］返回类型 方法名(参数列表) ［throws 异常列表］{
    方法体
}
```

其中，修饰符可以是 public｜protected｜private、static、final、abstract、synchronized、native、 strictfp。与成员变量的情况类似,访问权限修饰符为 public|protected|private,可在当中选一种;static 表示静态方法;final 表示不可被重写的方法;abstract 表示抽象方法,不可带方法体,且只能在抽象类或接口中定义。除了构造方法外,方法必须带有返回类型。参数列表可以为空,可以是若干具体形式参数,也可以带不定参数。不定参数必须放在参数列表的末尾,因此一个参数列表中不能有两个以上的不定参数。方法声明时可用 throws 抛出一个或多个异常。

一个可运行的 Java 类必须带有一个主方法 main(),其修饰符必须为 public static,且返回类型必须为 void;其所带参数类型是一个字符串数组或者不定参数形式;参数的名称则可以自定。例如:

```
public static void main(String[] args)
public static void main(String ...args)
```

方法的返回类型如果不是 void,则方法体中的最后一个语句必须返回一个值,且返回的值类型要与方法声明的一致或兼容。返回情况如下:

```
void fun01(){              //正确,不带返回语句
}
void fun02(){              //正确,带有一个空的返回语句
    return;
}
int fun03(){               //正确,返回值类型一致
    return 12;
}
double fun04(){            //正确,返回值类型兼容
    int x=12;
    return x;
}
int fun05(){               //错误,返回类型不兼容
    double x=12;
    return x;
}
int fun06(){               //错误,无返回语句
}
```

5.1.4 局部变量

在方法体中声明的变量以及方法的参数称作局部变量,局部变量仅在该方法内有效。局部变量的作用域和它声明或定义的位置有关。作为方法参数的局部变量在整个方法内有效。方法内定义的局部变量从它定义的位置之后开始有效。如果变量定义在复合语句中,则该变量在该复合语句中有效;如果变量定义在循环语句中,则该变量在该循环语句中有效。

与成员变量不同,方法内定义的局部变量在使用之前必须初始化,即变量在使用之前必须进行赋值,否则编译时会出错。局部变量也可以用 final 来声明为常量。

在例 5.1 中,第 2 行定义的 x、第 3 行定义的 y 和第 18 行定义的 z 都是成员变量。可以对成员变量直接进行赋值,如第 3 行和第 18 行;也可以不赋值,如第 2 行,这里未赋值的整数 x 的默认值为 0。由于成员变量的作用域是整个 TestVar 类体,因此,第 8 行可以访问成

员变量 y,第 9 行可以访问成员变量 z。而在第 2 行定义的成员变量 x 被第 5 行定义的局部变量 x 隐藏,因此第 6 行只能访问到第 5 行定义的局部变量 x。

第 4 行作为方法参数的变量 t 是一个局部变量,其作用域是整个 fun()方法。对于第 5 行定义的局部变量 x,使用之前必须进行赋值,否则会出现编译错误。第 11 行的 u 变量也是局部变量。第 5 行的 x 变量的作用域是从第 5 行到第 17 行,因此第 6、13 和 15 行都可以访问得到。而 u 变量的作用域仅限于第 11 行到第 14 行,因此第 16 行无法访问到 u,若不注释将出现编译错误。

【例 5.1】 TestVar.java

```
1:   public class TestVar {
2:       int x;
3:       int y = 100;
4:       void fun(int t) {
5:           int x = 111;
6:           System.out.println("x=" + x);
7:           System.out.println("t=" + t);
8:           System.out.println("y=" + y);
9:           System.out.println("z=" + z);
10:          {
11:              int u = 222;
12:              System.out.println("u=" + u);
13:              System.out.println("x=" + x);
14:          }
15:          System.out.println("x=" + x);
16:          //System.out.println("u="+u);        //编译出错
17:      }
18:      int z = 200;
19:  }
```

5.2　重载

方法重载(overload)简称重载,指一个类中的多个方法具有相同的方法名,但这些方法的参数类型、参数顺序或参数个数不同的情况。重载体现了类或对象可提供的相同功能具有不同的使用形式,开发者可以根据需要向重载方法传递不同的消息,而获得相同的功能。

例 5.2 中,求周长类 ShapePerimeter 出现了 4 个重载的 getPerimeter()方法。其中,第 8 行和第 11 行声明的方法之间参数个数相同,但参数类型不同;而第 2 行和第 8 行声明的方法之间参数个数不同。

【例 5.2】 ShapePerimeter.java

```
1:   public class ShapePerimeter {
2:       double getPerimeter(double a, double b) {        //长方形周长
3:           return 2 * (a + b);
4:       }
5:       int getPerimeter(int a, int b) {                 //长方形周长
6:           return 2 * (a + b);
7:       }
```

```
8:        double getPerimeter(double r) {      //圆形周长
9:            return 2 * 3.14 * r;
10:       }
11:       double getPerimeter(float r) {       //圆形周长
12:           return 2 * 3.14 * r;
13:       }
14:   }
```

注意：如果仅是返回类型不同，或者参数名称不同的情况是不能视为重载的。

例如，以下两个方法不是例 5.2 中 ShapePerimeter 类的重载方法。若分别加入 ShapePerimeter 类中将出现方法重复定义的编译错误。原因是第 1 行与例 5.2 中第 11 行声明的方法原型仅参数名不同；而第 4 行与例 5.2 中第 11 行声明的方法原型仅返回类型不同。

```
1:    double getPerimeter(float len) {       //线段周长
2:        return len;
3:    }
4:    float getPerimeter(float r){
5:        return r;
6:    }
```

在调用重载方法时，需要根据调用的实际参数（简称实参）和方法原型中的形式参数（简称形参）的类型进行匹配。如果没有完全一致的参数类型，将调用接近的、较高精度的参数类型，其中数值类型的顺序为 byte、short、int、long、float、double。

例 5.3 中，由于每个不同实参的调用方法都有对应数据类型形参的重载方法，可以对号入座调用相应的重载方法，调用 call() 方法进行测试将获得如下结果：

```
value=110.0
value=220.5
value=350.5
```

【例 5.3】 TestOverload.java

```
1:    public class TestOverload {
2:        double getValue(int x) {
3:            return x+100;
4:        }
5:        double getValue(float x) {
6:            return x+200;
7:        }
8:        double getValue(double x) {
9:            return x+300;
10:       }
11:       void call() {                        //调用测试
12:           System.out.println("value=" + getValue(10));
13:           System.out.println("value=" + getValue(20.5f));
14:           System.out.println("value=" + getValue(50.5));
15:       }
16:   }
```

假设把例 5.3 的第 2～4 行注释掉，即不提供带整数参数的重载方法，那么在第 12 行调用 getValue(10) 方法时，将匹配带有与 int 最接近的较高精度类型 float 的重载方法，因此输出如下：

```
value=210.0
value=220.5
value=350.5
```

5.3　构造方法与对象

面向对象的程序利用对象来表示各种具体事物,通过对象的消息传递实现具体功能的调用。对象在程序运行过程中遵循特定生命周期,涵盖从对象的初始化到清理的完整过程。对象的创建通过构造方法(constructor,或称构造器)来实现;清理阶段的垃圾回收则是 Java 运行环境提供的一种重要的内存管理机制。

5.3.1　构造方法

面向对象语言中,用类声明的变量称为对象。与基本数据类型声明的变量不同,对象需要创建后才能使用。类中的构造方法是一种特殊的方法,其作用是为了创建对象。利用类来创建对象的过程也称为实例化。创建对象就是为对象分配内存空间,用于存储对象所含有的属性。对象变量是引用型变量,对象实体存储在内存堆空间中。

构造方法的名称必须和该类的名称一致,并且不能带有任何返回类型,包括 void 类型也不允许。Java 允许一个类中有若干构造方法,但这些构造方法的参数必须不同,即参数的个数不同,或者参数的类型不同。这种现象也称为构造方法重载,通过这种方式允许开发者在创建对象时,根据参数需求选用不同的构造方法。

例如,在以下定义的 Demo 类中,第 4 行声明了一个无参构造方法;第 6 行和第 9 行分别声明了重载的构造方法;第 13 行和第 16 行分别定义了重载的普通方法,一个返回 void,另一个返回 double。

```
1:   class Demo {
2:      int a;
3:      double b;
4:      Demo() {
5:      }
6:      Demo(int x) {
7:         a = x;
8:      }
9:      Demo(int x, double y) {
10:        a = x;
11:        b = y;
12:      }
13:      void Demo(int x) {
14:        a = x;
15:      }
16:      double Demo(double x) {
17:        return x;
18:      }
19:   }
```

在类的设计时,如果没有自定义构造方法,Java 将自动提供一个不带参数的默认构造方法。

5.3.2 对象的创建

对象的声明形式是类名后接对象名,仅声明的对象还未被创建,当对象声明为成员变量时,其默认值为 null;当对象声明为局部变量时,对象值未定,必须手工赋予初值,否则无法通过编译。

对象的创建需要用到 new 关键字,通过调用构造方法来实现。完整的对象定义过程包含对象声明和对象创建,如下所示:

```
类名 对象名;                        //对象的声明
对象名 = new 构造方法名(参数列表);      //对象的创建
```

或者简单写成一行,实现对象的定义如下:

```
类名 对象名 = new 构造方法名(参数列表);
```

以下程序片段利用了 5.3.1 节中的 Demo 类来创建 3 个对象。

```
Demo d01, d02;
d01 = new Demo();
d02 = new Demo(5, 12.5);
Demo d03 = new Demo(33);
```

完成定义的对象变量指向内存堆空间的对象实体。对象实体包含了成员变量的具体数据。若无特别说明,这里的对象变量用自定义的对象名表示,或称为对象引用。上述程序片段中创建的 3 个对象示意如图 5.1 所示。

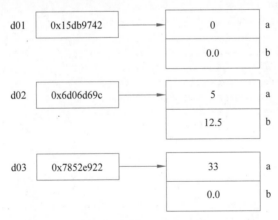

图 5.1　对象的引用与实体

值得注意的是,如果类中有了一个以上的自定义构造方法,Java 编译器就不再为该类提供默认构造方法。以下程序中的 Demo2 类,由于在第 2 行已经存在了一个自定义的带参数的构造方法,该类的无参默认构造方法自动消失,导致第 5 行试图用无参构造方法来创建对象时因构造方法不存在而产生编译错误。

```
1:  class Demo2 {
2:      Demo2(int x) {
3:      }
4:      void test() {
```

```
5:          Demo2 d1 = new Demo2();          //错误
6:          Demo2 d2 = new Demo2(55);
7:      }
8:  }
```

5.3.3　对象的初始化

为了进一步理解对象的创建机制，首先，有必要了解对象的初始化过程。5.1.2 节提及成员变量有默认的初始值，实质上是 Java 提供的自动初始化机制，这个机制是由编译器第一时间完成的。其次，可以在成员变量声明时直接予以赋值，即指定初始化。最后，可以在构造方法中对成员变量进行赋值。因此，对象初始化过程可视为由三个初始化阶段按序组成：自动初始化，指定初始化和构造方法初始化。例 5.4 给出了几个初始化情况：变量 x 和变量 db 仅经过自动初始化赋值，基本型变量 x 的初始值为 false，而引用型变量 db 的初始值为 null；变量 y 和变量 it 都经过指定初始化的赋值，然后在构造方法初始化阶段再次赋值。由于赋值先后有序，变量的最终值以最后一次的赋值为准。

【例 5.4】　TestInit.java

```
1:  public class TestInit {
2:      boolean x;
3:      int y = 100;
4:      Integer it = 111;
5:      Double db;
6:      TestInit() {
7:          y = 200;
8:          it = 222;
9:      }
10:     public static void main(String[] args) {
11:         TestInit t = new TestInit();
12:         System.out.println("x= " + t.x);
13:         System.out.println("y= " + t.y);
14:         System.out.println("it= " + t.it);
15:         System.out.println("db= " + t.db);
16:     }
17: }
/* 运行结果：
x=false
y=200
it=222
db=null
*/
```

5.3.4　对象的使用

使用类创建的对象具备属性和行为。对象的使用包括通过操作对象中的属性变量来改变属性或状态，以及通过调用类中的方法来获得功能行为。通过使用点运算符"."来实现访问对象的属性变量和进行方法调用。使用格式分别如下：

```
对象名.属性变量名;
对象名.方法名(参数列表);
```

使用对象之前,必须完成对象的创建。如果试图使用空的对象来访问变量或调用方法,将发生 NullPointerException 异常。

对象变量是引用型的,进行赋值操作后获得的效果是使得两个对象变量最终指向同一个对象实体。例如,对于图 5.1 中的两个对象,执行以下赋值语句后,d01 的引用值被改成 d02 的引用值,因此最终两个对象变量都指向原来 d02 所代表的对象实体。效果如图 5.2 所示。

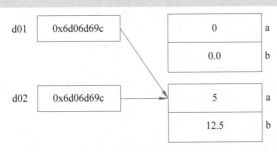

图 5.2　对象赋值的效果

执行赋值操作后,d01 原来指向的对象实体失去了引用,其内存堆空间资源应当被合理释放,Java 不需要人工操作内存资源释放,而是自动利用 Java 虚拟机的垃圾回收机制进行回收。

5.3.5　垃圾回收机制

在软件开发过程中,开发者往往需要通过编程进行内存管理。例如,C 语言开发者通过 malloc()等函数为数据申请分配内存空间,当不需要再使用这些内存中的数据时,需要手工调用 free()等函数来释放相应的内存空间,否则这些无用的空间将持续累积,可能造成内存泄漏或内存溢出等问题。Java 则通过垃圾回收(Garbage Collection,GC)机制来处理该类问题。所谓"垃圾"指在内存堆空间中创建的,不会再次被使用的对象。垃圾回收机制是 Java 非常重要的特性之一,它让开发者无须关注内存空间的释放和回收,而是由 JVM 在后台自动处理垃圾的回收。如此不仅改善了内存的使用状况,也有效地提高了开发效率,使得 Java 变得简单易用。JVM 在进行垃圾回收时,需要通过特定的算法来判别哪些对象属于垃圾。例如采用可达性分析算法,其基本思路是把所有引用的对象想象成一棵树,从树的根节点出发,持续遍历找出所有连接的分支对象,这些对象则被称为可达对象,或称存活对象。其余的对象则被视为死亡的不可达对象,或称垃圾。

Java 对象的生命周期包括 3 个阶段:创建阶段、使用阶段和清理阶段。开发者一般只需要关注对象的创建和使用,对象的清理由 JVM 以垃圾回收方式处理。在某些特殊情况下,开发者需要进行手工清理。例如,Java 程序可能调用第三方程序申请内存空间,这些空间无法通过 JVM 进行垃圾回收。开发者可以在 protected void finalize()方法中编写清理功能代码。当 JVM 在进行垃圾回收时,会自动先调用 Java 对象的 finalize()方法。开发者可以调用 System.gc()方法或者 Runtime.getRuntime().gc()方法来给 JVM 提示需要执行垃圾回收操作,然而并不会经常起作用,原因是 JVM 有自己的一套回收判别逻辑。JVM 的垃圾回收行为不是开发者可以完全控制的,finalize()方法内的代码也可能无法被执行,有可能在 JVM 进行垃圾回收之前,程序已经结束。

例 5.5 给出了一个测试垃圾回收的应用实例。第 12 行和第 13 行创建了两个匿名对象,第 14 行创建了 obj 对象,在第 15 行把 obj 对象引用置空,因此这 3 个对象都没有被引用。第 16 行通过调用 gc 方法,提示 JVM 需要执行垃圾回收操作。

【例 5.5】   TestClean.java

```
 1:   class MyObj {
 2:      String info;
 3:      MyObj(String id) {
 4:         info = id;
 5:      }
 6:      protected void finalize() {
 7:         System.out.println(info + ": 进行最后处理。");
 8:      }
 9:   }
10:   public class TestClean {
11:      public static void main(String[] args) {
12:         new MyObj("对象 001");
13:         new MyObj("对象 002");
14:         MyObj obj = new MyObj("对象 003");
15:         obj=null;
16:         System.gc();
17:      }
18:   }
```

由于各对象的垃圾回收并不是每次程序结束后都会进行的,而且回收执行的次序也与具体情况有关,因此多次的运行结果并不完全一致,记录其中 3 次的结果分别如下:

(1)第 1 次结果:

对象 003: 进行最后处理。
对象 002: 进行最后处理。

(2)第 2 次结果:

对象 003: 进行最后处理。

(3)第 3 次结果:

对象 001: 进行最后处理。
对象 003: 进行最后处理。
对象 002: 进行最后处理。

5.4   方法参数

方法可以不带参数,也可以带参数。Java 方法的参数类型包括基本型和引用型两类。方法的参数是局部变量,调用方法时需要向方法传递参数,计算机语言的方法(或函数)的调用有两种常见的方式:一种是按值调用(call by value),表示方法接收的是调用者提供的值;另一种是按引用调用(call by reference),表示方法接收的是调用者提供的变量地址。

Java 的方法调用总是按值调用,其特点是方法实际得到的为传入的参数值的一个副本,因此通过方法无法修改传递给它的任何参数的内容。

5.4.1 参数的传值

Java 在进行方法调用时,参数以传值方式进行传递。对于基本型参数,形参赋值的效果是获得一个实参值的副本;对于引用型参数,参数赋值的效果是获得一个实参引用值的副本,这样实参和形参对应的引用都指向同一个实体。在方法执行中,对于基本型参数的操作是针对副本值进行的,并不影响到原有实参的值;对于引用型参数的操作,相当于对引用值对应的实体进行操作,因此,对于实体的任何修改结果,开发者通过实参引用也可以访问得到。

例 5.6 中的 update()方法带有一个基本型形参和一个引用型形参。第 13 行调用 update(ss,rr)时传入实参。

【例 5.6】 **TestArg.java**

```
1:   class RefType {
2:       String cont = "原始值";
3:   }
4:   public class TestArg {
5:       void update(int ss, RefType rr) { //ss--基本型参数; rr--引用型参数
6:           ss = 500;
7:           rr.cont = "新值!";
8:       }
9:       public static void main(String[] args) {
10:          int ss = 100;
11:          RefType rr = new RefType();
12:          TestArg t = new TestArg();
13:          t.update(ss, rr);
14:          System.out.println("ss=" + ss + ";  rr.cont=" + rr.cont);
15:      }
16:  }
/* 运行结果:
ss=100;  rr.cont=新值!
*/
```

由运行结果可见,实参 ss 值没有变化,而实参 rr 中的内容值发生了变化。调用 update() 方法时参数赋值和方法执行的情况示意如图 5.3 所示。调用方法对形参数赋值后,传值获得的效果是:对于方法中基本型的参数 ss,其值为实参值的副本,因此也是整数 100;对于方法中引用型的参数 rr,其值为实参对象的引用值的副本,因此引用值也为 0x2ab,表示形参 rr 和实参 rr 对应的引用指向相同的实体。执行方法调用后,方法中的 ss 参数值被改为整数 500,然而实参 ss 的值并不受任何影响;方法中 rr 的参数对应的实体的内容值被改为"新值!",该实体也是实参 rr 所指向的,执行效果是实参 rr 所指向的实体内容被修改。

为了进一步理解 Java 的参数传值效果,举个对两个变量的整数值进行交换的实例。例 5.7 给出了 3 种不同的设计方案:swap1()方法利用基本型参数直接进行交换处理;swap2()方法利用引用型参数直接进行交换处理;swap3()方法利用引用型参数赋值,方法中对引用对象的值进行交换处理。

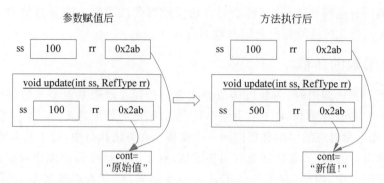

图 5.3　调用 update() 方法时参数赋值和方法执行的情况示意

【例 5.7】　**TestSwap.java**

```
1:    class MyInt {
2:        int value;
3:        MyInt(int v) {
4:            value = v;
5:        }
6:    }
7:    public class TestSwap {
8:        void swap1(int a, int b) {
9:            int tmp;
10:           tmp = a; a = b; b = tmp;
11:       }
12:       void swap2(MyInt a, MyInt b) {
13:           MyInt tmp;
14:           tmp = a; a = b; b = tmp;
15:       }
16:       void swap3(MyInt a, MyInt b) {
17:           int tmp;
18:           tmp = a.value; a.value = b.value; b.value = tmp;
19:       }
20:       public static void main(String[] args) {
21:           int a = 111, b = 222;
22:           TestSwap t = new TestSwap();
23:           int x1 = a, y1 = b;
24:           t.swap1(x1, y1);
25:           System.out.println("x1=" + x1 + "; y1=" + y1);
26:           MyInt x2 = new MyInt(a), y2 = new MyInt(b);
27:           t.swap2(x2, y2);
28:           System.out.println("x2=" + x2.value + "; y2=" + y2.value);
29:           MyInt x3 = new MyInt(a), y3 = new MyInt(b);
30:           t.swap3(x3, y3);
31:           System.out.println("x3=" + x3.value + "; y3=" + y3.value);
32:       }
33:   }
/* 运行结果:
x1=111; y1=222
x2=111; y2=222
x3=222; y3=111
*/
```

由运行结果可见,只有 swap3()方法才成功达成了交换目的。各 swap()方法的执行效果对比示意如图 5.4 所示。

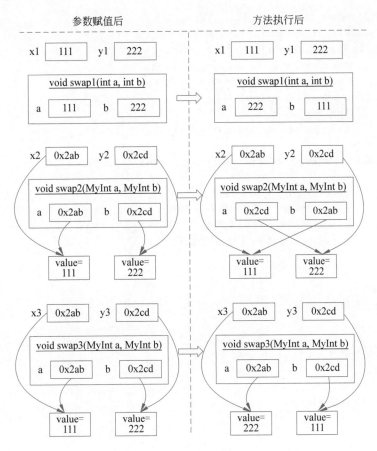

图 5.4 调用不同 swap()方法的执行效果对比示意

5.4.2 可变参数

Java 方法可以使用可变参数。可变参数是指在调用方法时传入的不定长度的参数,本质上是基于数组实现的。可变形参的声明形式是在参数名称的前面上加"...",表示该形参可以接收多个参数值,多个参数值被当作数组传入。

注意:一个方法中的可变参数最多只有一个,当方法的参数列表中有多个参数时,要把可变参数放在最后面。因此,以下的方法声明是错误的:

```
void fun1(int ...x, String s)            //错误,可变参数只能放在参数列表的最后
void fun2(String s, int ...x, double ...y) //错误,一个方法最多只能带一个可变参数
```

例 5.8 定义一个带有可变参数的方法 fun(),该方法带有两个参数,最后一个是整数型可变参数。第 4、5 行给出以数组下标方式遍历可变参数的值;第 7、8 行给出增强型循环方式进行遍历。第 12~14 行给出可变参数值分别为 3 个、2 个和 0 个的方法调用情况。第 10 行的 main()方法中的形参是数组形式,也可以改为可变参数形式,如"String... args"。如果试图为 TestVarArg 类增加一个原型为"void fun(String s,int[] x)"的重载方法,将出现

fun()方法重复定义的编译错误,原因是可变参数和数组的编译结果是一致的。

【例 5.8】 TestVarArg.java

```
1:   public class TestVarArg {
2:      void fun(String s, int... x) {
3:         System.out.println(s);
4:         for(int i = 0; i < x.length; i++)
5:            System.out.print(x[i] + " ");
6:         System.out.println();
7:         for(int t : x)
8:            System.out.print(t + " ");
9:      }
10:     public static void main(String[] args) { //或用 public static void main
                                                  //(String ...args)
11:        TestVarArg t = new TestVarArg();
12:        t.fun("演示 1: 可变参数有 3 个值", 11, 22, 33);
13:        t.fun("\n 演示 2: 可变参数有 2 个值", 100, 200);
14:        t.fun("\n 演示 3: 可变参数没有值");
15:     }
16: }
/ * 运行结果:
演示 1: 可变参数有 3 个值
11 22 33
11 22 33
演示 2: 可变参数有 2 个值
100 200
100 200
演示 3: 可变参数没有值
* /
```

5.5 static 关键字

类的成员可以带有 static 关键字的修饰符,表示静态的成员。 常见的情况是在类的成员变量前加 static 表示静态变量;在类的成员方法前加 static 表示静态方法。也可以在类中定义的内部类或代码块前加 static 修饰符。

5.5.1 静态变量

如果一个成员变量声明为 static,那么每个由该类创建的对象共享这个成员变量。静态变量表达了一种共享的概念,与类紧密相关,而与具体对象无关,因此也称为类变量。与之对应的是,未带 static 修饰符的成员变量称为实例变量。实例变量在生成的每个对象中都有自己独立的一份副本。例如,以下教师类中,包含一个表示学院 ID 的静态变量和一个表示教师 ID 的非静态变量。

```
class Teacher {
    static int depID = 111;     //学院 ID
    int tID = 222;              //教师 ID
}
```

假设用 Teacher 类创建多个教师对象,如 t01、t02 和 t03 等,执行"t01.depID＝888;"和"t01.tID＝999;"语句后,可以发现所有对象的 depID 值都为 888。而除了 t01.tID 的值为 999 以外,其他对象的 tID 值都维持原有的值 222。

将常量声明为 static,有利于常量在各对象中的共享。例如用"static final double PI＝3.14;"语句声明一个 PI 常量,便于在所有对象中的共享,而无须在每个对象中存储,也无须通过创建具体对象来访问。

5.5.2 静态方法

静态方法是一种不能向对象实施操作的方法。当一个方法不需要访问对象的状态,即不用访问对象的非静态成员变量时,可以把该方法声明为 static。

静态方法只能访问静态变量或调用其他静态方法,而不能访问非静态变量或调用非静态方法。非静态方法既能访问非静态变量,又能访问静态变量;既能调用其他非静态方法,又能调用静态方法。

静态变量或静态方法可以通过具体的对象引用来访问,也可以通过类名直接访问。推荐采用类名直接访问的方式。

与静态变量类似,由于静态方法是与类紧密相关,而与具体对象无关,因此也称为类方法;与之对应的是,未带 static 的非静态方法称为实例方法。由于构造方法是一种与对象创建关联的特殊方法,构造方法不能声明为 static。

例 5.9 展示了静态与非静态成员在使用中的区别。第 11～16 行的非静态方法 getCircleArea1() 中,可以正常调用非静态方法 showInfo1() 和静态方法 showInfo2(),也可以正常访问非静态变量 info 和静态变量 r。第 17～22 行的静态方法只能调用静态方法和访问静态变量,不能调用非静态方法以及访问非静态变量。第 23 行显示了构造方法不能带有 static 修饰符。在第 28 行和第 29 行分别用对象引用访问非静态变量 info 和静态变量 r,而第 30 行则通过类名直接访问静态变量 r。在调用方法时也有类似情况,第 31 行和第 32 行用对象引用来调用方法;第 33 行则用类名来调用静态方法。

【例 5.9】 TestCalc.java

```
1:    class Calc {
2:        static final double PI = 3.14;
3:        static double r = 100.0;        //圆的半径
4:        String info = "测试提示";
5:        void showInfo1(){
6:            System.out.println("提示 1");
7:        }
8:        static void showInfo2(){
9:            System.out.println("提示 2");
10:       }
11:       double getCircleArea1() {
12:           showInfo1();
13:           showInfo2();
14:           System.out.println(info);
15:           return PI * r * r;
16:       }
```

```
17:     static double getCircleArea2() {
18: //     showInfo1();                    //错误: 不能调用非静态方法
19:        showInfo2();
20: //     System.out.println(info);    //错误: 不能访问非静态变量
21:        return PI * r * r;
22:     }
23: //   static Calc() { }                //错误: 构造方法不能用 static
24: }
25: public class TestCalc {
26:     public static void main(String[] args) {
27:        Calc c = new Calc();
28:        System.out.println(c.info);
29:        System.out.println(c.r);
30:        System.out.println(Calc.r);
31:        System.out.println(c.getCircleArea1());
32:        System.out.println(c.getCircleArea2());
33:        System.out.println(Calc.getCircleArea2());
34:     }
35: }
```

5.5.3 静态代码块与静态导入

静态代码块是指在类中用 static 修饰的代码块,可以在类中定义一个或多个静态代码块。JVM 在加载类时,会在第一时间执行静态代码块,而且只会被执行一次。如果有多个静态代码块,JVM 将按它们在类中出现的顺序依据执行。静态代码块中可以访问该类中的静态变量,也可以调用静态方法。注意静态代码块仅能出现在类体中,不能出现在方法体中。

对于需要经常访问的静态变量或需要经常调用的静态方法,静态导入可以有效简化程序。静态导入的语法是 import static 后接需要导入的静态变量或静态方法。

在例 5.10 中,MyInfo 类中定义两个静态代码块,第 6 行在代码块中访问了静态变量 info。由于第 1 行导入静态变量 out,在第 6 行和第 12 行可直接使用该变量,简化了 System.out 的书写;第 2 行导入静态方法 parseInt,而在第 10 行调用了该方法,简化了 Integer.parseInt 的书写。

【例 5.10】 TestStatic.java

```
1:  import static java.lang.System.out;
2:  import static java.lang.Integer.parseInt;
3:  class MyInfo {
4:      static String info = "Hello!";
5:      static {
6:          out.println(info);
7:      }
8:      static {
9:          String str = "12345";
10:         int x = parseInt(str);
11:         x+=10000;
12:         out.println(info+x);
```

```
13:         }
14:     }
15: public class TestStatic {
16:     public static void main(String[] args) {
17:         new MyInfo();
18:         new MyInfo();
19:         new MyInfo();
20:     }
21: }
/* 运行结果:
Hello!
Hello!22345
*/
```

由运行结果可见,虽然在第17～19行创建了多个对象,但静态代码块仅被执行一次。

5.5.4　对象的初始化再探讨

5.3.3节讨论了不含静态变量成员的类在创建对象过程中,对象的初始化过程。当类中含有静态变量成员时,创建对象的初始化过程是:静态变量先初始化,然后是非静态变量,最后才是构造方法。值得注意的是,静态变量的初始化仅在类加载时进行一次;而每创建一次对象,非静态变量的初始化就进行一次。

例5.11的类中,定义了两个非静态变量和两个静态变量,在主方法中创建了两个匿名对象。

【例5.11】　TestInit2.java

```
1:  public class TestInit2 {
2:      int x1=fun1(100);
3:      static int y1=fun2(111);
4:      static int y2=fun2(222);
5:      int x2=fun1(200);
6:      TestInit2(){
7:          System.out.println("执行构造方法");
8:      }
9:      int fun1(int t){
10:         System.out.println("fun1: "+t);
11:         return t;
12:     }
13:     static int fun2(int t){
14:         System.out.println("fun2: "+t);
15:         return t;
16:     }
17:     public static void main(String[] args) {
18:         new TestInit2();
19:         new TestInit2();
20:     }
21: }
```

```
/* 运行结果:
fun2: 111
fun2: 222
fun1: 100
fun1: 200
执行构造方法
fun1: 100
fun1: 200
执行构造方法
*/
```

对运行结果进行分析：用类的构造方法创建对象,在首次加载类时,先初始化静态变量 y1 和 y2,然后初始化非静态变量 x1 和 x2,最后调用构造方法。当再次用该类创建对象时,不需要再初始化静态变量,只进行非静态变量 x1 和 x2 的初始化,然后调用构造方法。

5.6 this 关键字

对象的使用一般需要通过对象的引用来操作。为了方便针对对象本身的操作,Java 语言提供了 this 关键字用于表示当前对象的引用。由于对象引用是和具体对象关联的,因此 this 关键字只能在构造方法或其他非静态方法中使用,不能在静态方法或静态代码块中使用。this 的使用格式如下:

```
this.成员变量
this.成员方法
```

虽然可以通过 this 来访问静态的成员变量或调用静态的成员方法,但不推荐这样做。如在 5.5 节中提及的,静态的成员应该使用类名来访问。

在例 5.12 中,在构造方法中第 7 行调用非静态成员方法 init(),该行可以用"this.init();" 替换,表示通过当前对象的引用来调用。第 10 行的非静态成员变量 info 也可以用"this. info"方式来访问。第 13 行对 getNewPrice()方法的调用,可以用"this.getNewPrice();"替换。由此可见,对于非静态成员的访问,可以加上 this 以当前对象引用的方式进行。由于第 13 行定义了一个 price 局部变量,其作用域在第 13~16 行范围,在此范围内与它同名的成员变量将被隐藏,因此第 15 行中访问到的 price 变量是局部变量,如果想访问被隐藏的 price 成员变量,则需要通过 this 引用进行,如第 14 行所示。

【例 5.12】 TestCar.java

```
1:    class Car {
2:        String info;
3:        double price = 150000.0;
4:        Car(String info, double price) {
5:            this.info = info;
6:            this.price = price;
7:            init(); //this.init();
8:        }
9:        void init() {
10:           System.out.println("初始化..." + info); //this.info
11:       }
```

```
12:        void showInfo() {
13:            double price = getNewPrice();        //this.getNewPrice();
14:            System.out.println("原价格: " + this.price);
15:            System.out.println("新价格: " + price);
16:        }
17:        double getNewPrice() {
18:            return price + 3000.0;                //this.price
19:        }
20:    }
21:    public class TestCar {
22:        public static void main(String[] args) {
23:            Car c = new Car("新能源汽车", 110000.0);
24:            c.showInfo();
25:        }
26:    }
/* 运行结果:
初始化...新能源汽车
原价格: 110000.0
新价格: 113000.0
*/
```

在静态方法中不存在当前对象引用 this,因此无法通过 this 来访问任何变量或调用任何方法。这也解释了静态方法不能访问非静态成员的原因。

5.7　包

Java 的类型(包括类、接口、注解和枚举等)在命名时,如果出现名称相同,将发生冲突现象。例如,Java 的标准库中就存在两个 Date 类,分别来自 java.util 包和 java.sql 包,开发者也可能定义自己的 Date 类,这些类在被使用时可能存在二义性,即发生冲突。为了区分名称相同的不同类型,对大量的类型进行有效组织和管理,Java 语言引入了包(package)的管理机制。包可以为类型提供特定的访问途径和名称空间管理。与包对应的文件组织方式是文件夹,包的名称就是文件夹的名称。相同名称的类对应的源文件或字节码文件可以保存在不同的文件夹中,避免了存储覆盖。

5.7.1　包的定义

Java 使用 package 语句来定义包,package 语句只能放在源文件中非注释行的首行,而且每个源文件最多只能包含一个 package 语句。包定义的语法形式如下:

```
package 包名 1[.包名 2[.包名 3 ...[.包名 n]]];
```

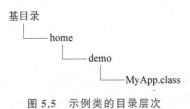

图 5.5　示例类的目录层次

其中,包名 2 是包名 1 的子包,包名 3 是包名 2 的子包,以此类推。包和子包之间体现了层次关系,和文件系统中的目录与子目录之间的结构关系类似。编译后,类的字节码放在包名目录之下。例如,一个带有"package home.demo;"语句的 MyApp 类编译后的目录层次如图 5.5 所示。

以命令行方式运行带有包名的程序时,需要带完整包名信息,在该程序所在的基目录处输入命令。例如运行图 5.5 中的 MyApp 类的命令行如下:

```
java home.demo.MyApp
```

自定义包的名称需要满足 Java 标识符的命名规范。此外,如果以 java 作为自定义包的根名,虽然编译可以通过,但运行将出现错误。

如果在 Java 代码中没有 package 语句,该代码中定义的类将被放置在默认包(default package)中。默认包是没有名称的包。

5.7.2　类型的引入

为了使用位于不同包里的类型,通常可以采用两种方式,其中一种是使用含有包信息的完整类型名称。例如,使用 java.util 包中的 Date 类来创建对象的语句如下:

```
java.util.Date d = new java.util.Date();
```

显然,这种书写方式比较烦琐,尤其是对于需要大量重复使用其他包中的类时。如果采用另一种方式,即利用类型的引入,就可以简化类型使用的书写。

```
import java.util.Date;
...
Date d = new Date();
```

Java 使用 import 语句来进行类型的引入,表示引入包名下的指定类型。其语法形式如下:

```
import 包名 1[.包名 2[.包名 3 ...[.类型名]]];
```

如果最后一项"类型名"是通配符"＊",则代表引入包名下的所有类型。注意,通配符仅引入当前包名下的各个具体类型,并不能引入当前包名下的子包中的类型。

对于引入不同包的具有相同名称的类型时,将导致二义性的编译错误。例如以下程序片段中,由于两条 import 语句都引入了 Date 类,最后一行语句编译时将给出二义性错误。

```
import java.util.*;
import java.sql.*;
...
Date d1 = new Date();
Date d2 = new Date();
```

解决办法是显式地指定具体类,代码如下:

```
java.util.Date d1 = new java.util.Date();
java.sql.Date d2 = new java.sql.Date();
```

5.7.3　Java 常用的包

Java SE 开发平台中的标准库提供了大量实用的功能,标准库中各种类型以包的形式进行组织,主要包括 java 包和 javax 包等功能包。其中,称 java 包为核心包,称 javax 为扩展包。核心包是最早提供的基础库,覆盖了 Java 的大部分核心功能;而扩展包则是后续新增的部分,提供了兼容性的增强功能。常用的包如表 5.1 所示。

表 5.1　Java 常用的包

包的名称	功 能 描 述
java.lang	包含 Java 语言的核心类如 Object、Class 等，也包含包装类的数据类型如 Boolean、Integer 等。使用该包中的类型不需要使用 import 语句来引入，而是由编译器自动引入
java.io	包含各种输入输出流类如 InputStream、Writer 等，以及文件管理类如 File 等
java.net	包含网络应用的相关操作的类和接口，如 URL、Socket 等
java.util	包含一些常用的工具类和接口，如集合框架、日历和日期类等
java.text	包含格式化处理文本、日期、数字和消息的类与接口
java.sql	包含数据库应用的相关操作的类和接口
java.awt	包含抽象窗口工具集相关的类和接口，主要用于构建图形用户界面程序
javax.swing	包含 Swing 图形界面编程的相关类和接口

5.7.4　打包程序

一个 Java 应用软件通常含有多个类和多个包，因此编译后对应有多个字节码类文件和多个文件目录。为了方便 Java 应用程序的存储和部署，有必要把这些编译结果进行打包处理。JDK 提供了 jar 命令用于打包应用程序，形成一个以.jar 作为文件扩展名的压缩文档，可以作为独立应用程序直接运行，也可以作为库文件供第三方程序调用。例如，要把A.class 和 B.class 这两个字节码文件打包成 mypack.jar 文档，命令如下：

```
jar cvf mypack.jar A.class B.class
```

其中，参数 c 表示创建新文档；参数 v 在控制台中生成详细输出；参数 f 用于指定输出文档的文件名。在命令行运行 jar 命令可以获得详细的帮助信息。

假设有第三方应用程序 TestApp.java 需要利用 A 类或 B 类完成工作，则编译时可以引入 mypack.jar 库，命令如下：

```
javac -cp mypack.jar TestApp.java
```

命令行中的-cp 参数表示指定查找用户的类文件或包文件，也可以写成-classpath。运行该应用程序时，同样需要引入 mypack.jar 库，命令如下：

```
java -cp mypack.jar;. TestApp
```

当需要把程序打包成可直接运行程序包时，需要指定包中的可运行主入口程序。这时需要编写一个清单文件（manifest），文件内指明可运行的主入口类。例如，编写一个 m.txt 清单文件，设该主入口类是一个 pk 包下面的 TestInherit 类，文件内容如下：

```
Main-Class: pk.TestInherit
```

注意：清单文件的格式较为严格，在"Main-Class:"和入口类之间必须留有空格，否则打包时会出现 invalid header field 错误。此外，Main-Class 声明行的后面必须换行，否则无法生效。

执行打包命令如下：

```
jar cvfm myapp.jar m.txt ./pk
```

　　其中,用 m 参数指定清单文件名为 m.txt,把 pk 包下的所有文件进行打包,输出打包结果文件 myapp.jar。运行该打包结果文件的命令如下:

```
java -jar myapp.jar
```

　　事实上,很多 IDE 开发工具提供了打包 Java 应用程序的导航功能。例如,Eclipse 开发环境提供了导出功能,开发者可以很方便地选择所要打包的形式,包括普通 jar 包(JAR file)和可运行 jar 包(Runnable JAR file)。Eclipse 中的打包选择对话框如图 5.6 所示。

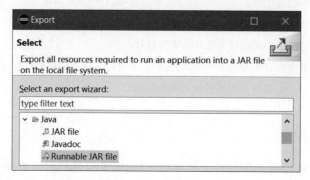

图 5.6　Eclipse 中的打包选择对话框

5.8　访问权限

　　Java 语言通过封装体现了安全优势,在语法层面通过提供访问权限机制进一步提升了安全性保障。访问权限修饰符可以施加在成员变量、构造方法、一般方法、类和内部类上,部分场景有使用的限制。

　　访问权限影响到类中定义的各成员的可见性或可访问性,Java 有 4 种不同的访问权限,分别是:

　　(1)默认的(default)访问权限,也称为友好的(friendly)访问权限,不使用任何修饰符,在同一包内可见。

　　(2)私有的访问权限,以 private 修饰符指定,在同一类内可见。

　　(3)公有的访问权限,以 public 修饰符指定,对所有类可见。

　　(4)受保护的访问权限,以 protected 修饰符指定,对同一包内的类和所有子类可见。

　　Java 类仅允许加 public 访问权限修饰符;Java 的类成员(包括成员变量、成员方法和内部类)允许加任何访问权限修饰符;而局部变量和代码块则不允许加任何访问权限修饰符。具体如例 5.13 所示。

　　【例 5.13】　TestClass.java

```
1:    public class TestClass{              //类仅允许加 public 访问权限修饰符
2:        protected int x=100;            //成员变量允许加任何访问权限修饰符
3:        private TestClass(){             //构造方法允许加任何访问权限修饰符
4:        }
5:        protected void fun(){            //一般方法允许加任何访问权限修饰符
```

```
6:          final double x=0;              //局部变量不允许加任何访问权限修饰符
7:          System.out.println(x);
8:      }
9:      {                                  //块不允许加任何访问权限修饰符
10:         System.out.println("初始化块");  //创建对象时,就会被执行
11:     }
12:     private class Inner{               //内部类允许加任何访问权限修饰符
13:     }
14: }
```

访问权限的验证可以尝试通过对象的"."运算符来操作对象中的各成员,或者通过类的"."运算符来操作类中定义的静态成员。表 5.2 列出了不同访问权限组合情景下的可访问范围。对应的示意图如图 5.7 所示,其中,D 情况访问权限最窄,A 情况访问权限最宽。总体上各种权限获得的可访问范围从窄到宽的顺序是:private<默认<protected<public。

表 5.2 访问权限

类 别	public 类				默 认 类			
访问权限修饰符	private	默认	protected	public	private	默认	protected	public
可访问的范围	D	B	B+C	A	D	B	B	B

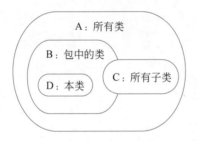

图 5.7 访问权限示意

为了解不同情况下类中定义的变量和方法的可访问性,以下通过简单的程序进行访问权限的验证。

【例 5.14】 A.java

```
1:  class A {
2:      int x = 100;
3:      void fun() {
4:      }
5:      void test() {
6:          A a = new A();
7:          a.x = 200;
8:          a.fun();
9:      }
10: }
11:
12: class B {
13:     void test() {
```

```
14:          A a = new A();
15:          a.x = 200;
16:          a.fun();
17:      }
18: }
```

例 5.14 中定义了两个类,其中类 A 中的成员变量 x 和成员方法 fun()作为待验证的目标,需要分别在第 2、3 行加上各种访问权限修饰符。类 A 中的 test()方法用于验证本类中的访问可见性,其中第 7 行用于验证成员变量的可见性,第 8 行用于验证成员方法的可见性。验证时发现,对于第 2、3 行中设定的任何访问权限,第 7、8 行都能通过编译,说明本类中具备可访问性。

同样地,类 B 中的 test()方法用于验证同一包中的访问可见性。要求类 A 和类 B 都定义在默认包中,或者在同一个有名包中。验证时发现,当第 2、3 行是 private 访问权限时,第 7、8 行编译出现×××is not visible 的错误,表示无访问权限;其余情况则都能通过编译。

为了进一步验证在不同包情况下的访问可见性,假设类 A 定义在 pk1 包中,在与类 A 不同包的 pk2 包处定义另一个类 C。代码如下:

【例 5.15】 C.java

```
1:  package pk2;
2:  import pk1.A;
3:  class C {
4:      void test() {
5:          A a = new A();
6:          a.x = 200;
7:          a.fun();
8:      }
9:  }
```

为了顺利引入 pk1 包下的类 A,类 A 必须声明为 public 类。此时进行验证时发现,仅当例 5.14 中第 2、3 行设置为 public 权限时,例 5.15 中第 6、7 行才能通过编译,其余情况都出现×××is not visible 错误。通过这些实验,可以验证表 5.2 中的多数情况,涉及子类的访问权限问题将在第 6 章的继承内容中进一步讨论。

5.9   小结

类和对象是面向对象程序设计中最基本的概念。Java 的类定义用于描述事物的概念,通过类的构造方法来创建具体对象。对象的初始化和清理是对象生命周期中的重要环节,JVM 提供的垃圾回收机制,有效简化了对象清理和内存管理工作。通过方法重载为同种功能传递不同信息,重载体现了统一规范的设计优势。Java 在方法调用时,以传值方式进行参数传递。用 static 关键字声明与类相关的共享部分;通过 this 关键字可进行自身对象的操作。Java 通过包进行类的有效管理;通过访问权限设置,从语法上提高了应用程序的安全性。

习题

1. 思考并回答以下问题。

(1) 成员变量和局部变量有什么区别?

(2) 对象相等和对象的引用相等有什么区别?

(3) 为什么说 Java 方法调用时,其中的参数都是传值的?

(4) 为什么在一个静态方法内访问一个非静态成员是非法的?

(5) JVM 的垃圾回收机制是如何工作的?

2. 编写类似例 5.14 和例 5.15 的程序,各类中含有数据成员和方法成员,为类设置不同的包,验证类中各个成员在不同访问权限条件下的可访问性。

3. 编写程序,定义一个 Circle 类,其对象表示圆,能根据输入参数(半径值,圆心坐标)进行初始化;可求出周长、面积。设计一个带主方法的测试类,使之能使用 Circle 类完成各项功能测试。要求进行构造方法的重载。

4. 编写程序,定义一个描述学生基本情况的类,数据成员包括姓名、学号、数学成绩、英语成绩和计算机成绩;方法包括数据初始化所需的构造方法、修改单科成绩的方法、求各科平均成绩的方法、求带权值的总成绩的方法。设计一个测试类完成各项功能的测试。要求:使用常量定义成绩权值,进行构造方法重载。

5. 编写程序,定义一个野生动物类,类中包含构造方法、实例变量(体型)和实例方法(活动方式)、类变量(活动区域)和类方法(显示活动区域)。设计一个测试类完成各变量访问和方法调用的测试。要求:进行构造方法、实例方法和类方法的重载。

6. 编写程序,模拟教师、课程和学生的关系,其关系是教师讲授某些课程,而学生选修某些课程。基本功能包括通过教师对象可查看讲授了什么课程;通过学生对象可查看选修了什么课程。定义教师类、课程类、学生类和测试类。测试各项基本功能。要求:对类中的数据成员和方法成员设置合理的访问权限。各个类定义在自定义的不同包中。对类、变量、方法等进行较详细的注释说明。用 jar 命令打包程序,并在命令行运行测试。用 javadoc 命令生成 API 帮助文档。

第 6 章

继承与接口

内容提要：

☑ 继承	☑ 向上转型与多态
☑ 隐藏与方法重写	☑ 抽象类
☑ super 关键字	☑ 接口
☑ Object 类	☑ 内部类
☑ 继承的几个问题	☑ 匿名类

继承与多态是面向对象设计的重要特征。本章介绍 Java 面向对象程序设计中的继承与接口等语法元素，Java 通过继承和向上转型实现重要的多态机制。继承时涉及了变量、方法的隐藏，以及方法重写等现象。Java 提供了抽象类和接口等语法元素，便于进行面向抽象的设计；还提供了内部类和匿名类等特殊的类定义方式。

6.1 继承

在对现实世界中的概念进行描述时，许多概念之间存在着包含关系，体现了父类和子类的层次关系。第 4 章已经介绍了父类和子类的基本概念。继承是在面向对象程序设计时，从一种已存在的类来创建新类的机制，也就是从父类来创建子类的过程，体现了软件设计的复用思想。Java 语言提供 extends 关键字来描述继承关系，其语法格式如下：

```
[修饰符]class 子类名 extends 父类名{
    类体
}
```

在 Java 语言中，由继承产生的类体系为树形结构：一个父类可以有多个子类，每个子类还可以有多个子类，以此类推，形成多层继承的情况。然而 Java 限定子类只能有唯一一个父类，即 Java 是单继承的，其目的是减少二义性，防止多继承被滥用造成软件可维护性变差的后果。继承的具体案例可参考第 4 章的图 4.2，该图中的学生类体系用 Java 语言进行描述如下：

```
class 学生{
}
class 大学生 extends 学生{
}
class 中学生 extends 学生{
}
class 理工生 extends 大学生{
}
class 文科生 extends 大学生{
}
```

在面向对象设计时,使用类对事物进行描述,对于不同的类可能存在一些共同的特征(即类中的属性变量)和行为(即类中的方法),可以用一个更为通用的类进行描述,该类可以设计为父类。通过继承机制,以该类为基础,除了这些共同的特征和行为以外,还可以增加一些新的特征和行为,形成特定的子类。由此可见,子类是更为具体的类,比父类含有更多的信息。子类的特征和行为除了本身定义的之外,还包含继承自父类的特征和行为。考虑父类中变量和方法的可访问性,子类可继承的部分指在子类中能够访问到的父类中的变量或方法。

注意:构造方法不同于成员方法,是不能被继承的。

例6.1中给出了父类Father和子类Son的实现。Son类继承了Father类的属性变量 x 和方法 fun(),还增加定义了一个新变量 y 和一个新方法 fun_s()。在子类中第 11 行可以直接访问父类定义的变量 x;第 17 行的 Son 对象 s 可以访问 Father 类定义的方法 fun;第 19 行的 Son 对象 s 可以访问 Father 类定义的变量 x。可见,子类及子类对象可以访问因继承获得的来自父类的变量或方法,就像访问子类自己定义的变量或方法一样。

【例 6.1】 TestInherit0.java

```
1:    class Father{
2:      int x=100;
3:      void fun(){
4:        System.out.println("fun{father}: x="+x);
5:      }
6:    }
7:    class Son extends Father{
8:      int y=111;
9:      void fun_s(){
10:         fun();
11:       System.out.println("fun{s-son}:x="+x+"; y="+y);
12:      }
13:    }
14:   public class TestInherit0{
15:     public static void main(String[]args){
16:       Son s=newSon();
17:       s.fun();
18:       s.fun_s();
19:       System.out.println(s.x);
```

```
20:        System.out.println(s.y);
21:     }
22:  }
/* 运行结果:
fun{father}:x=100
fun{father}:x=100
fun{s-son}:x=100;y=111
100
111
*/
```

访问权限影响变量或方法的可见性,因此也影响变量或方法的可继承性。考虑访问权限的可继承性规则,如果子类和父类处在同一个包中,那么子类可以继承父类中非 private 访问权限的变量或方法;如果子类和父类分别处在不同的包中,那么子类只能继承父类中带有 protected 或 public 访问权限的变量或方法。

作为验证,尝试在例 6.1 的第 2、3 行加上 private 访问权限修饰符,那么由于有 private 权限限制的变量和方法只能在本类中访问,造成在 Son 类中无法访问到变量 x 和方法 fun(),这时第 10、11 行编译出错;同样,无法通过 Son 对象来访问,第 17、19 行也编译出错。从另一个角度看,Father 类中带 private 修饰符的变量和方法都无法被 Son 类所继承。

运行时,子类对象总保留有父类对象非静态数据成员的空间,而不管这些非静态数据成员是否被子类继承。例如,假设例 6.1 中第 2 行的 x 变量带有 private 修饰符,该变量不被 Son 类所继承,然而在 Son 类的对象中,仍然保留有 x 变量的空间。可以在程序运行时设置断点,通过调试操作来观察子类对象空间信息,以进行验证。如图 6.1 所示,尽管无法通过对象 s 来访问 x 变量,对象 s 的空间确实存在 x 变量的内容。

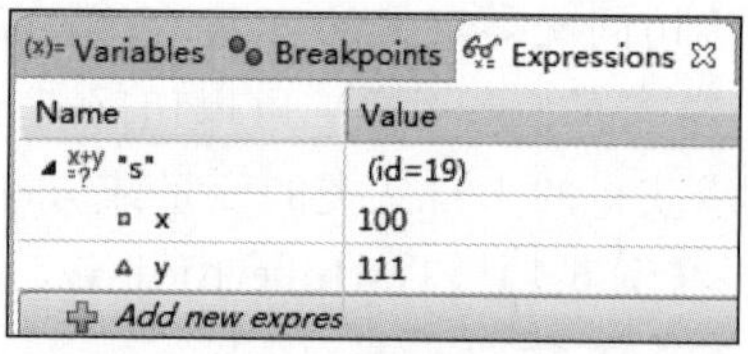

图 6.1   调试例 6.1 时观察到的对象 s

6.2   隐藏与方法重写

子类除了可以继承父类的变量和方法外,子类还可以重新定义与父类中名称一样的变量和方法,这就形成了变量、方法的隐藏,以及方法重写现象。

6.2.1   变量的隐藏

一般来说,子类可以继承父类的变量而无须重复定义,然而,子类也可以定义新变量,且变量的名称与父类存在的变量名称一样,这样在子类中直接使用的变量是子类定义的新变量,而继承自父类的变量将被隐藏。

在例 6.2 中,父类第 2、3 行已定义 x、y 变量,而子类在第 12、13 行分别定义了 x 和 y 新变量,当在第 16、22 行进行 x、y 变量访问时,访问的是新变量(x=111.1,y=222)。父类的变量(x=100,y=200)被隐藏了。

【例 6.2】 TestInherit1.java

```
1:    class Father{
2:    int x=100;
3:    static int y=200;
4:    void fun0(){
5:        System.out.println("fun0-father:"+"x="+x+"; y="+y);
6:    }
7:    static void fun1(){
8:        System.out.println("fun1-father(static):"+"y="+y);
9:    }
10:    }
11:    class Son extends Father{
12:    double x=111.1;
13:    static int y=222;
14:    int z=300;
15:    void fun0(){
16:        System.out.println("fun0-son:"+"x="+x+"; y="+y+"; z="+z);
17:    }
18:    static void fun1(){
19:        System.out.println("fun1-son(static):"+"y="+y);
20:    }
21:    void fun2(){
22:        System.out.println("fun2-son:"+"x="+x+"; y="+y+"; z="+z);
23:    }
24:    }
25:    public class TestInherit1{
26:    public static void main(String[]args){
27:        Son s=newSon();
28:        s.fun0();
29:        s.fun1();
30:        s.fun2();
31:    }
32:    }
/* 运行结果:
fun0-son:x=111.1; y=222; z=300
fun1-son(static):y=222
fun2-son:x=111.1; y=222; z=300
* /
```

同样,在第 27 行处设置断点,通过调试操作可以发现,对象 s 的数据域同时包含了变量 x 的两个值,一个值来自父类,一个值来自子类,如图 6.2 所示。

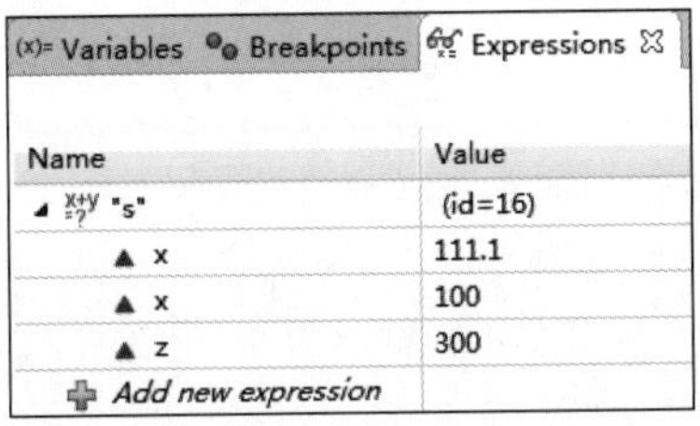

图 6.2 调试例 6.2 时观察到的对象 s

6.2.2　方法的隐藏与重写

当子类重新定义的实例方法与继承自父类的方法的原型一样时,原来继承自父类的方法将被覆盖,或称为重写(override)。通过方法重写,子类获得了新的行为。

在例 6.2 中,子类第 15 行重写了父类第 4 行的非静态方法。另外,父类第 7 行定义了静态方法,在子类第 18 行定义的方法与父类中的方法原型一致,然而这是一个重新定义的方法,而不是重写。此时父类的 fun1()方法被隐藏,在第 29 行静态方法的调用语句等效于"Son.fun1();"。同样道理,对于父类中不能被继承的带 private 权限的方法,子类可以定义一个与之相同原型的方法,这也不是重写,而是重新定义,此时父类的方法被隐藏。

方法的重写一般要求子类和父类的方法原型要完全一致,即方法的名称、返回类型和参数列表都要一致。假设例 6.2 的第 15～17 行用以下代码替换,即重新定义的方法和父类的方法仅返回类型不同,那么将出现编译错误。其原因是这种方式无法成功进行方法重写:子类将继承父类的 void fun0(),而在子类中又定义了一个 int fun0(),显然在子类中形成了fun0()方法重复定义的情况,这是不被允许的。

```
int fun0(){
    System.out.println("fun0-son:"+"x="+x+";y="+y+";z="+z);
    return 0;
}
```

尝试把上面的 int fun0()方法改为 int fun0(int a),发现可以通过编译。原因是此时子类既继承了 void fun0()方法,又定义了 int fun0(int a)方法,这两个方法将同时存在于子类中,此时是方法重载现象,而不是重写现象。

方法重写的另一个要求是,在子类重写的方法不能缩小对应父类方法的可见性,即子类中的重写方法的访问权限应当不小于对应父类的方法。可以在例 6.2 中进行验证:例如,对程序第 15 行的重写方法 fun0 加上 private 修饰符,由于父类对应的方法是包访问权限,子类重写方法的权限比父类方法的小,编译时将出现继承的方法可见性被缩小的错误提示。当然,如果对第 15 行的 fun0()方法加上 public 修饰符,子类中重写方法的访问权限被扩大,可以正常编译。而对于被子类隐藏的静态方法,也有类似的访问权限要求。

除了当子类中重写方法与父类中被重写方法的方法原型完全一致的情况外,在子类中重写的方法可以返回父类中被重写方法的返回类型的子类型,这种返回类型称为协变返回类型(covariant return type)。如例 6.3 中,第 13 行的 fun()方法返回的类型 B 是第 6 行的fun()方法返回的类型 A 的子类,通过这种方式也可以成功进行方法重写。

【例 6.3】 TestOverride.java

```
1:    class A{
2:    }
3:    class B extends A{
4:    }
5:    class Father{
6:      A fun(){
7:        System.out.println("fun-father");
8:        return new A();
9:      }
```

```
10:    }
11:    class Son extends Father{
12:    @Override
13:    B fun(){
14:        System.out.println("fun-son");
15:        return new B();
16:    }
17:    }
```

程序中第 12 行的@Override 是一个表示重写的注解。自 Java SE 5.0,Java 提供了该注解。开发者在重写的方法前面加上@Override 注解后,编译系统将会检查重写方法编写的规范性。

6.3 super 关键字

在子类继承过程中,当发生了隐藏和方法重写时,为了在子类中访问被隐藏的变量、方法或被重写的方法,可以利用 Java 提供的 super 关键字进行处理。此外,还可以通过 super 关键字来调用父类构造方法。

6.3.1 访问被隐藏的变量、方法和被重写的方法

在子类中通过 super 关键字可以访问其父类中被继承的变量或方法。在例 6.4 中,定义了 3 个类形成继承链。

【例 6.4】 **TestSuper.java**

```
1:    class A{
2:    int x=100;
3:    int y=200;
4:    void fun0(){
5:        System.out.println("A-fun0");
6:    }
7:    void fun1(){
8:        System.out.println("A-fun1");
9:    }
10:    }
11:    class B extends A{
12:    double x=111.11;
13:    void fun0(){
14:        System.out.println("B-fun0");
15:    }
16:    }
17:    class C extends B{
18:    void testFun(){
19:        System.out.println("C-testFun:x="+x+";super.x="+super.x);
20:        System.out.println("C-testFun:y="+y+";super.y="+super.y);
21:        fun0();
22:        super.fun0();
23:        fun1();
24:        super.fun1();
25:    }
```

```
26:   }
27:   public class TestSuper{
28:   public static void main(String[]args){
29:       C c=new C();
30:       c.testFun();
31:   }
32:   }
/*运行结果:
C-testFun:x=111.11;super.x=111.11
C-testFun:y=200;super.y=200
B-fun0
B-fun0
A-fun1
A-fun1
*/
```

在子类中可以直接访问继承的变量,也可以通过 super 进行访问,两种方式等价。例如,例 6.4 中第 19 行对变量 x 的两种访问方式是等价的,第 20 行也类似。注意到 A 类的变量 x 被 B 类的变量 x 隐藏,因此在 C 类中访问到的是最近的父类 B 中的变量 x。而 A 类的变量 y 被 B 类继承后没有被隐藏,因此 C 类仍然可以访问到 A 类的变量 y。

类似地,在子类中可以直接调用继承的方法,也可以通过 super 进行调用,这两种方式等价,例如,第 21、22 行对 fun0()方法的调用是等价的,同样,第 23、24 行也等价。与变量的访问类似,在 C 类中调用的是最近的父类 B 中的 fun0()方法;而调用的 fun1()方法来自父类 A。由例 6.4 可以发现,在子类中,当继承的变量被隐藏或继承的方法被重写时,通过 super 可以访问被隐藏的父类变量或被重写的父类方法。

为了进一步验证 super 的作用,在例 6.2 的基础上,为 Son 子类增加一个测试方法 testSuper(),代码如下:

```
1:   void testSuper(){
2:       System.out.println("Son:x="+x+";super.x="+super.x);
3:       System.out.println("Son:y="+y+";super.y="+super.y);
4:       super.fun0();
5:       super.fun1();
6:   }
```

该方法中第 2 行和第 3 行中分别利用 super 访问了被隐藏的变量 x 和 y。由于 y 为静态变量,super.y 等价于 Father.y。第 4 行和第 5 行利用 super 调用被重写的方法 fun0()和被隐藏的方法 fun1()。由于 fun1()为静态方法,"super.fun1();"等价于"Father.fun1();"。在例 6.2 的主方法 main()中增加一行调用该方法的语句"s.testSuper();",该句运行后输出结果如下:

```
Son:x=111.1;super.x=100
Son:y=222;super.y=200
fun0-father:x=100;y=200
fun1-father(static):y=200
```

6.3.2   调用父类构造方法

开发者调用子类本身的构造方法来创建子类对象,而在子类的构造方法中将先调用父类的构造方法。对于父类的默认构造方法或无参构造方法,子类构造方法将自动进行调用,而无须显式地进行调用。为了方便创建对象,通常对构造方法进行重载。由于子类不继承父类的构造方法,如果子类需要调用父类重载的构造方法,可以显式地使用关键字 super 来表示,并且 super 语句必须是子类构造方法的首句,显然一个子类构造方法中不可能出现两个 super 语句。

在例 6.5 中,第 13 行调用 B 类的默认构造方法来创建对象,而该默认构造方法将自动先调用父类 A 的无参构造方法,因此运行结果输出 AAA。

【例 6.5】 TestSuper2.java

```
1:    class A{
2:    A(){
3:        System.out.println("AAA");
4:    }
5:    A(int x){
6:        System.out.println("AAA:"+x);
7:    }
8:    }
9:    class B extends A{
10:   }
11:   public class TestSuper2{
12:   public static void main(String[]args){
13:       new B();
14:   }
15:   }
/* 运行结果:
AAA
*/
```

当然,也可以为该例中 B 类提供无参构造方法,代码如下所示,其运行结果也一样。

```
class B extends A{
    B(){
        super();
    }
}
```

在例 6.5 中,如果把第 2~4 行注释去掉,则 A 类的默认构造方法也被去掉,因此程序将出现编译错误,提示缺少默认构造方法。可以在子类 B 中的构造方法里显式地用 super 来调用父类 A 中带参数的构造方法。例如,B 类可按如下进行设计,运行结果输出"AAA:100"。

```
class B extends A{
    B(){
        super(100);
    }
}
```

6.4 Object 类

Object 类是 Java 所有类的顶级父类,即所有类都继承自 Object 类。Object 类位于

java.lang 系统包中,编译时会自动导入。Java 是单继承的,如果定义的类没有继承其他父类,则将隐式地自动继承 Object 类,成为 Object 的直接子类。以下两种声明 A 类的方式是等效的,通常无须采用显式继承方式以便简化书写。

```
class A{      //隐式继承 Object 类
}
class A extends Object{      //显式继承 Object 类
}
```

Object 类定义了一些基本操作方法,如表 6.1 所示。

表 6.1　Object 类中的方法

方法基本原型	功　　能
Object clone()	对象克隆,创建并返回本对象的一个副本
boolean equals(Object obj)	判别目标对象 obj 是否等于本对象
void finalize()	当本对象不再使用时,在垃圾回收阶段由垃圾回收器调用
Class<?>getClass()	在运行期间返回本对象对应的类
int hashCode()	获得本对象在堆空间中的哈希值
String toString()	获得本对象的字符串描述
notify(),notifyAll()	在独立线程运行中进行同步时的通知功能
wait(),wait(long),wait(long,int)	在独立线程运行中进行同步时的等待功能

开发者对 Object 类中 toString()、equals() 和 clone() 等常用方法的使用一般是在子类继承时,通过重写这些方法来获得所需的具体功能。下面介绍这几个常用的方法的使用。

1. toString()方法

Object 类中的 toString()方法的功能是返回一个描述对象的字符串,其形式是"类名@堆空间哈希值"。开发者一般需要在自己的类中重写该方法,以便获得所需的对象描述字符串。在例 6.6 中,第 8~10 行重写了继承自 Object 类的 toString()方法,返回一个具体描述学生对象的字符串。执行第 15 行打印 s 对象将输出由 toString()方法返回的字符串。重写 toString()方法时,注意必须加 public 访问修饰符,原因是 Object 类的 toString()方法的访问权限就是 public,而子类中重写方法的访问权限不能缩小。

如果未对 toString()方法进行重写,即把第 8~10 行代码注释掉后,执行第 15 行打印 s 对象时,将调用继承自 Object 类的 toString()方法,因此输出结果为 Student@15db9742。

【例 6.6】　TestObj.java

```
1:   class Student{         //学生类
2:       String name;       //姓名
3:       int age;           //年龄
4:       Student(String name,int age){
5:           this.name=name;
6:           this.age=age;
7:       }
8:       public String toString(){
9:           return"姓名: "+name+";年龄: "+age;
10:      }
11:  }
```

```
12:   public class TestObj{
13:     public static void main(String[] args)throws CloneNotSupportedException{
14:         Student s=new Student("张三",18);
15:         System.out.println(s);
16:     }
17:   }
/ * 运行结果:
姓名:张三;年龄: 18
* /
```

2. equals()方法

采用 equals()方法用于判别目标对象是否和当前对象相等。Object 类的 equals()方法中判别相等采用的运算符是"=="，用于检测是否为同一个对象。开发者可根据实际需要，通过重写该方法来定义相等的具体含义。例如，在例 6.6 中为 Student 类增加一个重写的 equals()方法如下:

```
1:  public boolean equals(Object obj){
2:      if(obj instanceof Student){
3:        return name.equals(((Student)obj).name) && age == ((Student)obj).age;
4:      }else
5:          return false;
6:  }
```

该方法定义了学生对象相等的含义指学生的姓名和年龄的一致。为了安全起见，在第 2 行首先利用 instanceof 运算符进行对象的类型检测，判别 obj 对象是否是 Student 类的一个实例。

3. clone()方法

为了利用 clone()方法来获得克隆对象的功能，首先需要让该类实现 Cloneable 接口，然后在该类中重写 clone()方法。例如，对例 6.6 的 Student 类改造，如例 6.7 所示。

【例 6.7】 **TestObj1.java**

```
1:  class Student implements Cloneable{      //学生类
2:  String name;                             //姓名
3:  int age;                                 //年龄
4:  Student(String name,int age){
5:      this.name=name;
6:      this.age=age;
7:  }
8:  protected Student clone() throws CloneNotSupportedException{
9:      return(Student) super.clone();
10: }
11: }
12: public class TestObj1{
13: public static void main(String[] args)throws CloneNotSupportedException{
14:   Student s=new Student("张三",18);
15:   Student s_Copy=s.clone();
16: }
17: }
```

程序中第 1 行声明实现 Cloneable 接口。第 8～10 行进行 clone()方法的重写。第 9 行调用 super.clone()方法进行处理，最终会调用到 Object 类的 clone()方法。通过调试观察到对象 s 和它的克隆对象 s_Copy 的空间信息如图 6.3 所示。

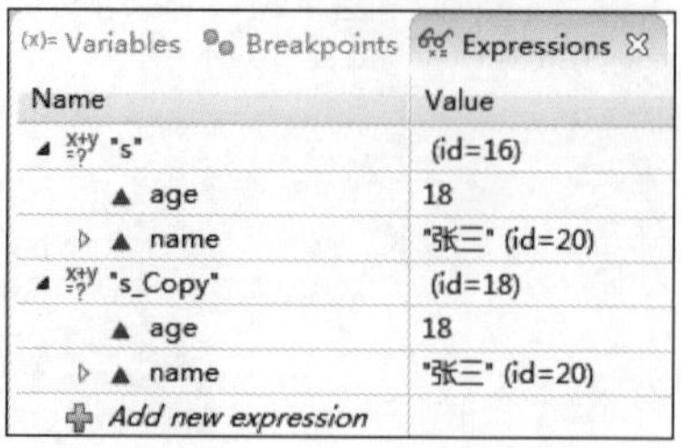

Name	Value
▲ "s"	(id=16)
▲ age	18
▷ ▲ name	"张三" (id=20)
▲ "s_Copy"	(id=18)
▲ age	18
▷ ▲ name	"张三" (id=20)
➕ Add new expression	

图 6.3　调试时观察到的对象 s 和它的克隆对象 s_Copy 的空间信息

6.5　继承的几个问题

在继承过程中,涉及的子类对象的初始化、子类访问权限和继承的限制等重要问题需要进一步探讨。

6.5.1　子类对象的初始化

在第 5 章中介绍过没有继承情况下对象的初始化过程。当存在继承时,子类对象创建时,需要首先创建其父类的对象,多级继承时以此类推。父类对象创建时,遵循 5.5.4 节介绍的对象初始化规则,即先进行静态变量初始化,再进行非静态变量初始化,最后调用构造方法;并且静态变量初始化仅进行一次。总体上看,子类对象创建过程的处理顺序是:加载父类,初始化父类中的静态变量;加载子类,初始化子类的静态变量;初始化父类的非静态变量;调用父类的构造方法;初始化子类的非静态变量;调用子类构造方法。所有静态变量的初始化仅进行一次。在例 6.8 中,父类 A 和子类 B 中分别定义了非静态和静态的成员变量,第 23、24 行在主方法中创建两个匿名子类对象。

【例 6.8】　TestInit.java

```
1:   class Print{
2:   static int print(int a){
3:       System.out.println("info:"+a);
4:       return a;
5:   }
6:   }
7:   class A{
8:   int x=Print.print(100);
9:   static int y=Print.print(111);
10:  A(){
11:      System.out.println("AAA");
12:  }
13:  }
14:  class B extends A{
15:  B(){
16:      System.out.println("BBB");
17:  }
18:  int m=Print.print(200);
```

```
19:    static int n=Print.print(222);
20:    }
21:    public class TestInit{
22:    public static void main(String[] args){
23:        new B();         //匿名子类对象 1
24:        new B();         //匿名子类对象 2
25:    }
26:    }
/*运行结果:
info: 111
info: 222
info: 100
AAA
info: 200
BBB
info: 100
AAA
info: 200
BBB
*/
```

当第一次创建子类 B 的对象时,加载类,先进行父类 A 中静态变量 y 的初始化;再进行子类中静态变量 n 的初始化;接下来创建父类对象,先初始化父类中的非静态变量 x,再调用父类构造方法;然后创建子类对象,先初始化子类中的非静态变量 m,再调用子类构造方法。当第二次创建子类 B 的对象时,对各静态变量无须再初始化,仅需要按序创建父类对象和子类对象。

6.5.2　子类的访问权限

在 5.8 节中介绍了访问权限问题,在未涉及继承时,包访问权限和 protected 访问权限没有区别。当考虑继承时,假设父类和子类处于不同的包中,利用子类创建的对象,可以访问到 protected 权限的父类变量和父类方法,而无法访问到包访问权限的父类变量或父类方法。

以下进行子类访问权限的验证。例 6.9 在包 pk1 中定义 A 类,含有包访问权限的变量 x 和方法 fun0(),也含有 protected 访问权限的变量 x 和方法 fun1()。

【例 6.9】　A.java

```
1:  package pk1;
2:  public class A{
3:  int x;
4:  protected int y;
5:  void fun0(){
6:  }
7:  protected void fun1(){
8:  }
9:  }
```

例 6.10 在 pk2 包中定义子类 B,第 2 行引入 pk1 包中的 A 类,第 5 行创建子类对象 b。编译时发现第 6 行在访问 b.x 时和第 7 行在调用 b.fun0()方法时,分别提示变量 x 和 fun0()方法不可见。而访问 b.y 和调用 b.fun1()方法则正常。这说明子类对象无法访问包访问权限的父类变量或方法；而子类对象可以访问 protected 访问权限的父类变量或方法。

【例 6.10】　B.java

```
1:    package pk2;
2:    import pk1.A;
3:    public class B extends A{
4:    void test(){
5:        B b=new B();
6:        System.out.println("x="+b.x+";y="+b.y);
7:        b.fun0();
8:        b.fun1();
9:    }
10:   }
```

6.5.3　继承的限制

5.1.2 节提及在类的定义中，常量采用 final 关键字进行声明。实际上，final 关键字也可以修饰一个方法或一个类。若用 final 关键字修饰父类中的方法，则该方法不允许被子类重写。确切地说，父类中可被继承的方法如果带有 final 修饰符，则该方法虽然可以被子类继承，但不能被子类重写。若用 final 关键字修饰一个类，则该类不允许被继承，即该类不能有子类，final 关键字限制了类的可继承性。

对于例 6.11，由于第 3 行的 fun()方法声明为 final，编译时，在第 9 行处出现不允许重写父类方法的错误提示。尝试在第 3 行增加一个 private 访问修饰符，发现错误提示消失，原因是这时父类 A 中带 private 的 fun()方法无法被继承，这时子类 B 中的 fun()方法成为重新定义的方法，而不是方法重写，这是被允许的。

【例 6.11】　TestFinal.java

```
1:    class A{
2:    final int x=100;
3:    final void fun(){
4:        System.out.println("A-fun.");
5:    }
6:    }
7:    class B extends A{
8:    int x=200;
9:    void fun(){
10:        System.out.println("B-fun.");
11:    }
12:   }
13:   public class TestFinal{
14:   public static void main(String[] args){
15:        B b=new B();
16:        b.fun();
17:    }
18:   }
```

尝试在第 1 行为 A 类增加一个 final 修饰符，这时在第 7 行处出现 B 类无法成为 A 类的子类的编译错误提示,原因是 final 类不可被继承。

6.6 向上转型与多态

在继承过程中,进行对象的向上转型是很普遍的一种操作。多态是面向对象设计的一个重要特征,通过向上转型和相应的方法调用,可以获得多态的效果。

6.6.1 向上转型

根据 2.3 节介绍,对于基本数据类型的转换过程中,低精度类型向高精度类型可以自动转换,而高精度类型向低精度类型转换则需要进行强制类型转换。例如:

```
int x=100;
double y=x;
short z=(short)x;          //强制类型转换
```

存在继承关系的引用类型也存在类似的情况。继承体系中事物的概念具有层次性,子类和父类存在 is-a(是)的关系,子类对象可以从父类对象的角度去看待。在设计时,把子类创建的对象赋予父类对象的引用,就是向上转型操作。此时,父类对象即为子类对象的上转型对象。例如,把大学生对象向上转型为学生对象如下:

```
学生 stu=new 学生();
大学生 c_stu=new 大学生();
stu=c_stu;          //向上转型
```

这里的 stu 对象称为 c_stu 对象的上转型对象。向上转型操作也可以简写为:

```
学生 stu=new 大学生();
```

此外,如果尝试把一个学生对象转换为大学生对象,则需要进行强制类型转换,如下:

```
大学生 stu=(大学生)new 学生();
```

上转型对象的特点是:
(1) 上转型对象可以访问子类继承的成员变量,也可以调用子类继承的方法。
(2) 上转型对象不能访问子类新增的成员变量,也不能调用子类新增的方法。
(3) 如果父类的变量被子类隐藏,而上转型对象访问的变量仍是父类的变量。
(4) 如果父类的方法被子类重写,则上转型对象调用的是子类重写的方法。
上转型对象与子类对象的访问或调用的范围示意如图 6.4 所示。

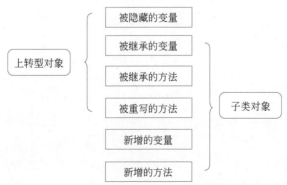

图 6.4 上转型对象与子类对象的访问或调用范围示意

在例 6.12 中,父类 A 中的 x1 变量被子类继承,x2 变量被子类隐藏,fun1()方法被子类继承且未被重写,fun2()方法被子类重写;子类 B 中新增了 x3 变量,新增了 fun3()方法。主方法中,第 25 行进行向上转型操作,第 26 行将上转型对象强制转换回原来的类型。第 27～29 行测试通过上转型对象进行变量访问和方法调用;第 30～33 行测试通过上转型对象强制类型转换后的对象进行变量访问和方法调用。

【例 6.12】　TestCast.java

```
1:    class A{
2:    int x1=100;
3:    int x2=200;
4:    void fun1(){
5:        System.out.println("A-fun1");
6:    }
7:    void fun2(){
8:        System.out.println("A-fun2");
9:    }
10:   }
11:   class B extends A{
12:   int x2=222;
13:   int x3=333;
14:   void fun2(){     //重写方法
15:       System.out.println("B-fun2");
16:   }
17:   void fun3(){
18:       System.out.println("B-fun3");
19:   }
20:   }
21:   public class TestCast{
22:   public static void main(String[] args){
23:       A a=new A();
24:       B b=new B();
25:       a=b;
26:       b=(B)a;
27:       System.out.println("a.x1="+a.x1+";a.x2="+a.x2);
28:       a.fun1();
29:       a.fun2();
30:       System.out.println("b.x1="+b.x1+";b.x2="+b.x2+";b.x3="+b.x3);
31:       b.fun1();
32:       b.fun2();
33:       b.fun3();
34:   }
35:   }
/* 运行结果:
a.x1=100;a.x2=200
A-fun1
B-fun2
b.x1=100;b.x2=222;b.x3=333
A-fun1
B-fun2
B-fun3
*/
```

事实上,当注释掉第 26 行后,将获得完全一致的结果,说明上转型对象强制类型转换后,可以恢复成原来的子类对象。假设没有进行向上转型操作,而直接进行强制类型转换,也就是注释掉第 25 行,而保留第 26 行,这时运行时将出现错误,提示 A 类无法转换为 B 类。验证可知,无论变量是否被子类隐藏,通过上转型对象 a 访问到的总是父类变量 x1 和 x2 的内容。通过上转型对象 a 调用方法时,fun1()方法未被子类重写,调用是该父类的方法;fun2()方法被子类重写,调用的则是子类的重写方法。上转型对象调用重写方法是多态的基础。

6.6.2　多态

在编程语言中,多态(polymorphism)指为不同数据类型的实体提供统一的访问形式,而在进行这样的统一访问时,却能获得因不同的实体而体现出不同行为的效果,简言之即所谓一种事物表现出多种形态。具体地,在 Java 语言中的多态包括静态多态和动态多态。Java 的方法重载提供了相同方法名而具备不同参数的方法形态。在编译阶段可以区别不同的重载方法,这是一种静态多态。Java 的继承机制中,允许一个父类对象引用指向不同的类型的子类对象,而通过父类调用方法在运行时,将根据不同的子类对象产生不同的功能形态,这是一种动态多态。动态多态通过动态绑定(dynamic binding)来实现。动态绑定指在运行时根据具体对象的类型进行的绑定。也就是说,在 Java 的继承体系中,一个方法在不同类中可以有不同的实现,由 JVM 在运行时间根据对象的类型来决定调用哪个实现版本。动态绑定针对的只是对象的方法,而不是对象的属性。在继承条件下的多态现象是 Java 动态绑定产生的效果。

例 6.13 中,定义了一个学生父类,父类含有一个学习的成员方法 study()。然后分别定义了大学生、中学生和小学生这 3 个子类继承该学生类。在各子类中,重写了父类的 study()方法。在测试主方法中,声明了学生父类的引用,然后分别创建各种学生对象,并向上转型到学生类对象,再通过上转型对象来调用 study()方法。

【例 6.13】　**StuApp.java**

```
1:    class Student{                      //学生类
2:    void study(){                       //学习
3:        System.out.println("学生:开展学习");
4:    }
5:    }
6:    class CollegeStu extends Student{     //大学生类
7:    void study(){
8:        System.out.println("大学生:开展研究性质的学习");
9:    }
10:    }
11:   class MiddleStu extends Student{      //中学生类
12:    void study(){
13:        System.out.println("中学生:开展多学科课程学习");
14:    }
15:    }
16:   class PrimaryStu extends Student{     //小学生类
17:    void study(){
```

```
18:        System.out.println("小学生：开展基础课程学习");
19:    }
20:    }
21:    public class StuApp{
22:    public static void main(String[] args){
23:        Student stu;
24:        stu=new CollegeStu();
25:        stu.study();
26:        stu=new MiddleStu();
27:        stu.study();
28:        stu=new PrimaryStu();
29:        stu.study();
30:    }
31:    }
/* 运行结果：
大学生：开展研究性质的学习
中学生：开展多学科课程学习
小学生：开展基础课程学习
*/
```

由程序的运行结果可见，同一个上转型对象的相同方法调用，根据来自不同的子类对象，能够体现出不同的功能形态。这些结果也反映出动态绑定产生的效果。

6.7　抽象类

抽象类是以 abstract 关键字修饰的一种特殊的类，是对类的进一步抽象，可以对类的属性进行隐藏，有利于进行面向抽象的设计。

6.7.1　抽象类与抽象方法

在面向对象设计时，类是用来创建对象的概念描述，如果一个类中没有包含足够的信息来描述具体对象时，这种类就是抽象类。抽象类的基本语法形式如下：

```
abstract class 类名{
    类体
}
```

由于没有包含足够的对象描述信息，抽象类不能用来创建对象，因此抽象类只能被继承后，才可能通过其子类来创建对象。抽象类的类体中除了可包含普通类的类体所能包含的成员外，还可以包含抽象方法。带有抽象方法的类必须声明为抽象类。很显然，一个抽象类不能同时声明为 final 类，原因是 final 类无法被继承，而这与抽象类需要依靠继承的子类来创建对象的目的相违背。继承抽象类的子类也可以是抽象类，然而在设计实践中，最后继承抽象类的子类一般是非抽象的具体类。

抽象方法是以 abstract 关键字修饰的一种特殊成员方法。抽象方法只含有方法原型描述，而没有方法体。也就是，抽象方法没有具体定义，仅是声明，后面以分号结束而不是花括号。抽象方法的具体实现是通过继承体系中子类的重写方法来实现的。非抽象子类必须重写抽象父类中的所有抽象方法。由于带 private 访问权限的方法不能被继承,抽象方法不能带 private 修饰符,因此其访问权限只能是包访问、public 或 protected。而由于静态方法无法被重写,抽象方法也不能被声明为 static。

在例 6.14 中,定义的抽象类 A 中包含了变量 x、构造方法 A、普通成员方法 fun0() 和抽象成员方法 fun1();定义的具体类 B 继承了类 A,需要在该类中重写抽象方法 fun1()。

【例 6.14】　TestAbstract.java

```
1:   abstract class A{
2:   int x;
3:   A(){
4:       System.out.println("AAAA");
5:   }
6:   void fun0(){
7:       System.out.println("A-fun0");
8:   }
9:   abstract protected void fun1();
10:  }
11:  class B extends A{
12:  @Override
13:  protected void fun1(){
14:      System.out.println("B-fun1");
15:  }
16:  }
17:  public class TestAbstract{
18:  public static void main(String[] args){
19:      A a=new B();
20:      a.fun0();
21:      a.fun1();
22:  }
23:  }
/*运行结果:
AAAA
A-fun0
B-fun1
*/
```

6.7.2　抽象类与多态

在 6.6 节中,在父类和子类的继承关系中可以获得多态的效果。如果父类是抽象类,那么同样可以在继承关系中实现多态。把父类设计为抽象类,可利用抽象方法提高抽象层次,隐藏一些无用的具体实现。例如,例 6.13 中,作为父类的学生类中的 study() 方法在实际应用中没有必要去具体实现,因此可以声明为抽象方法,这样学生类成为一个抽象类,其改造结果如下。

```
abstract class Student{     //学生类
    abstract void study();
}
```

例 6.13 的其他部分不需要修改,可以获得同样的多态效果。这时在测试主方法中具体子类的对象向上转型到抽象父类的引用。引入抽象类的优点是简化了父类的设计。

6.8   接口

接口是一种与类相似的结构,用来为对象定义共同的操作。一个类可以实现多个接口,弥补了 Java 单继承的不足。

6.8.1   接口的定义

与抽象类相似,接口不能用来创建对象。接口是为了指明相关或不相关类的对象之间的共同行为,并可为这些行为提供抽象化描述;而抽象类是对相关具体类的抽象化描述,这两者使用的目的不同。每个接口与类一样,都将被编译为独立的.class 字节码文件。接口用 interface 关键字进行修饰。其基本语法如下:

```
interface 接口名{
    接口体
}
```

接口体可以包含常量、抽象方法、默认方法和静态方法。接口体中各成员的访问权限都是 public 的,而 public 修饰符可以省略。接口体中出现的变量符号代表的是个静态常量,也就是说,static 和 final 修饰符可以省略。接口体中出现的抽象方法没有方法体,abstract 关键字可以省略。自 JDK 8 之后,接口体中可出现带方法体的方法,这些方法只能是默认方法或者静态方法中的一种。而自 JDK 9 之后,增加了私有方法允许有方法体。私有方法主要用于在接口内部共享代码和实现细节,一般被默认方法所调用。

接口由类来完成实现,一个类在类定义时使用 implements 关键字来声明实现一个或多个接口。形式如下:

```
class 类名 implements 接口名 1[,接口名 2[,…接口名 n]]{
    接口体
}
```

Java 是单继承的,然而通过实现多接口可获得一定的多继承效果。也就是说,Java 类最多有一个父类,却可以拥有多个父接口。此外,一个接口也可以使用 extends 关键字来继承另外一个接口,表示功能的扩展。形式如下:

```
interface 接口名 2 extends 接口名 1{
    接口体
}
```

例 6.15 中,第 2 行定义的 x 实质上是个共有的静态常量,public、static 和 final 修饰符都被省略了。由于 x 是常量,因此需要在声明处进行赋值。第 3 行定义了一个抽象方法;第 4~6 行定义了一个默认方法;第 7~9 行定义了一个静态方法。第 11 行声明一个具体类 B 实现了 A 接口,由于接口中存在一个抽象方法 fun0(),在 B 类中必须对该抽象方法进行重写,即完成抽象方法的具体实现,对应第 13~15 行。在测试主方法中,第 19 行创建 B 类的对象并向上转型到 A 接口的引用。对于接口中的常量或非静态方法可以通过对象引用名进行访问或调用,如第 20~22 行。对于接口中的静态方法,只能通过接口名进行调用,如第 23 行,如果该行换成"a.fun2();",将出现编译错误,其原因是接口中的静态方法不能被继承。

【例 6.15】 TestInterface.java

```
1:    interface A{
2:    int x=0;
3:    void fun0();
4:    default void fun1(){
5:        System.out.println("A-fun1");
6:    }
7:    static void fun2(){
8:        System.out.println("A-fun2");
9:    }
10:   }
11:   class B implements A{
12:   @Override
13:   public void fun0(){
14:       System.out.println("B-fun0");
15:   }
16:   }
17:   public class TestInterface{
18:   public static void main(String[] args){
19:       A a=new B();
20:       System.out.println("x="+a.x);
21:       a.fun0();
22:       a.fun1();
23:       A.fun2();
24:   }
25:   }
/* 运行结果:
x=0
B-fun0
A-fun1
A-fun2
*/
```

6.8.2 接口回调

在程序设计中,回调(call back)技术是一种把函数功能作为参数传递的设计方案。Java 的接口描述的是功能,通过参数传递接口引用的方式,可以实现回调效果。接口中的方法提供了回调的形式,接口的实现类中的重写方法则提供了实际的功能。

例 6.16 给出了一个接口回调的例子。其中,StudyInterface 接口包含了一个 study()方法,有大学生类和小学生类实现了该接口。测试程序的第 16~19 行定义了一个以接口作为形参的调用方法 CallStudy();测试时,该方法传入一个向上转型为接口的对象作为实参,如第 22、23 行所示。

【例 6.16】 TestCallback.java

```
1:    interface StudyInterface{
2:    void study();
3:    }
```

```
4:    class CollegeStu implements StudyInterface{    //大学生类
5:    @Override
6:    public void study(){
7:        System.out.println("大学生：开展研究性质的学习");
8:    }
9:    }
10:   class PrimaryStu implements StudyInterface{     //小学生类
11:   @Override
12:   public void study(){
13:       System.out.println("小学生：开展基础课程学习");
14:   }
15:   }
16:   public class TestCallback{
17:   void CallStudy(StudyInterface si){
18:       si.study();
19:   }
20:   public static void main(String[] args){
21:       TestCallback test=new TestCallback();
22:       test.CallStudy(new CollegeStu());
23:       test.CallStudy(new PrimaryStu());
24:   }
25:   }
/* 运行结果：
大学生：开展研究性质的学习
小学生：开展基础课程学习
*/
```

6.8.3　接口与多态

利用类的继承关系可以实现多态。同样地，通过接口和其实现类的关系也可以实现多态。当不同的类实现同一个接口时，存在不同的实现方式，当通过接口变量进行方法调用时，将出现多态现象。

例 6.16 中设计的 CollegeStu 类和 PrimaryStu 类都实现了 StudyInterface 接口，这两个类各自重写了接口中的 study()抽象方法。例 6.17 给出利用接口实现多态效果的演示，第 3 行声明了一个接口引用，第 4、6 行分别创建接口实现类的对象，并向上转型为该接口引用；第 5、7 行通过接口引用来调用 study()方法，根据不同的上转型对象，将获得不同的输出结果。

【例 6.17】　TestPM.java

```
1:   public class TestPM{
2:   public static void main(String[] args){
3:       StudyInterface si;
4:       si=new CollegeStu();
5:       si.study();
6:       si=new PrimaryStu();
7:       si.study();
8:   }
9:   }
```

```
/* 运行结果:
大学生:开展研究性质的学习
小学生:开展基础课程学习
*/
```

6.8.4 Cloneable 接口及应用

在 Java 中有一类特殊形式的接口,这些接口体是空的,不包含任何方法或变量,称为标记接口(marker interface)或标签接口(tag interface)。标记接口用来判断某个类是否具有某种能力,其功能类似于元数据,Java 程序在运行中可以通过反射机制获取这些标记信息。JDK 提供了一些常用的标记接口,例如,对象克隆时需用到的 java.lang.Cloneable 接口;对象系列化时需要用到的 java.io.Serializable 接口。

Cloneable 接口是一个典型的标记接口,在进行对象的克隆时,指示 Object.clone()方法可以合法地对该接口的类对象进行按字段复制。如果在没有实现 Cloneable 接口的对象上调用 clone()方法,则将在运行时间抛出 CloneNotSupportedException 异常。

对象的拷贝形式有浅拷贝和深拷贝两种。浅拷贝指在对一个对象进行拷贝时,只拷贝对象包含的基本类型数据,而不拷贝对象内部的引用类型数据。因此,在浅拷贝的对象中,引用类型的变量指向的依旧是原始对象中的实体。深拷贝则不仅拷贝对象包含的基本类型数据,也拷贝对象内部的引用类型数据,因此,在深拷贝的对象中,引用类型的变量指向的是全新的实体。

在例 6.18 中,第 7 行的 X 类声明实现 Cloneable 接口,在第 12~20 行重写了 clone()方法,该类可以支持浅拷贝功能。关键的第 15 行语句进行对象本身的克隆,对象中的基本类型数据和不可变类数据(如 String 对象)将被克隆。测试时,第 38 行克隆了对象,第 39 行尝试修改原来的对象,运行结果发现浅拷贝的效果:当原对象的 Info 型和数组型数据被修改时,克隆对象对应的数据也跟着被修改,说明这些数据在两个对象中是共享的。

【例 6.18】 TestClone.java

```
1:    class Info{
2:    private String txt;
3:    public void setTxt(String txt){this.txt=txt;}
4:    public String getTxt(){return this.txt;}
5:    public String toString(){return txt;}
6:    }
7:    class X implements Cloneable{
8:    int a;
9:    String b;
10:   Info c=new Info();
11:   double []d=new double[2];
12:   protected X clone(){
13:       X copy=null;
14:       try{
15:           copy=(X)super.clone();
16:       }catch(CloneNotSupportedException e){
17:           e.printStackTrace();
```

```
18:        }
19:        return copy;
20:    }
21:    void setData(int a,String b,String c,double d0,double d1){
22:        this.a=a;
23:        this.b=b;
24:        this.c.setTxt(c);
25:        this.d[0]=d0;
26:        this.d[1]=d1;
27:    }
28:    void getData(){
29:        System.out.println(this.a+";"+this.b+";"+this.c+";"+this.d[0]+";"+
           this.d[1]);
30:    }
31: }
32: public class TestClone{
33: public static void main(String[] args){
34:        X x1=new X();
35:        x1.setData(111,"aaa","Hello!",1.1,2.2);
36:        System.out.println("原对象信息--------> ");
37:        x1.getData();
38:        X x2=x1.clone();
39:        x1.setData(222,"bbb","你好!",3.3,4.4);
40:        System.out.println("克隆对象信息--------> ");
41:        x2.getData();
42:    }
43: }
/* 运行结果:
原对象信息-------->
111;aaa;Hello!;1.1;2.2
克隆对象信息-------->
111;aaa;你好!;3.3;4.4
*/
```

考虑在例6.18的第15行后,加入以下3条语句,获得深拷贝的效果。其中,第3行语句可以直接调用数组支持的 clone() 方法进行克隆。如果让 Info 类也实现 Cloneable 接口,那么可以采用"copy.c=copy.c.clone();"语句来代替第1、2行语句,实现对象 c 的克隆。运行结果在语句后,显示了深拷贝后克隆对象和原对象中含有的数据都是独立的。

```
1:    copy.c=new Info();
2:    copy.c.setTxt(c.getTxt());
3:    copy.d=d.clone();
/* 运行结果:
原对象信息-------->
111;aaa;Hello!;1.1;2.2
克隆对象信息-------->
111;aaa;Hello!;1.1;2.2
*/
```

6.9 内部类

内部类(inner class)是定义在另一个类中的类,内部类成为另一个类的组成部分。把包含内部类的类称为该内部类的外嵌类或外围类(outer class)。常见的内部类是作为外嵌类的成员来定义的,这种内部类与一般的类对比具有一些特殊的用法:

(1) 内部类的方法可以访问外嵌类的成员变量和成员方法,包括 private 权限的成员。

(2) 内部类的类体中不能定义静态的变量或静态的方法,除了静态常量。

(3) 在外嵌类中,可以直接使用内部类来声明一个对象;而外嵌类以外的其他类需要通过外嵌类来使用内部类。

引入内部类是为了获得更好的类组织层次,以及更好的封装形式,同时提高代码的可读性和可维护性,满足特定应用需求。

例 6.19 中定义了一个外嵌类 Outer 和一个内部类 Inner。第 4 行展示了在外嵌类中,可以直接用内部类来声明一个对象。第 5 行展示了外嵌类通过内部类对象来访问内部类的成员变量 y。第 6 行展示了外嵌类通过内部类对象来调用内部类的成员方法 fun3()。第 11 行展示了在内部类的方法中,可以直接访问外嵌类的成员变量 x。第 12 行展示了在内部类的方法里,可以直接调用外嵌类的方法fun1()。第 23 行展示了如何在外嵌类以外创建一个内部类的对象,即需要通过外嵌类来实现。

【例 6.19】 TestInner.java

```
1:    class Outer{
2:    private int x=100;
3:    protected void fun1(){
4:        Inner in=new Inner();      //在外嵌类中创建一个内部类的对象
5:        System.out.println("Outer-fun1 x="+x+"; y="+in.y);
6:        in.fun3();
7:    }
8:    class Inner{
9:        int y=200;
10:       void fun2(){
11:           System.out.println("Inner-fun 2x="+x+"; y="+y);
12:           fun1();
13:       }
14:       void fun3(){
15:           System.out.println("Inner-fun3");
16:       }
17:   }
18:   }
19:   public class TestInner{
20:   public static void main(String[] args){
21:       Outer ot=new Outer();
22:       ot.fun1();
23:       Outer.Inner in=ot.new Inner();      //在外嵌类以外创建一个内部类的对象
24:       in.fun2();
25:   }
26:   }
```

```
/ * 运行结果:
Outer- fun1 x=100; y=200
Inner- fun3
Inner- fun2 x=100; y=200
Outer- fun1 x=100; y=200
Inner- fun3
* /
```

每个内部类编译后都生成一个字节码文件,其文件名以外嵌类名接 $ 符号开头。例如编译例 6.19 后,将生成 Outer.class、Outer $ Inner.class 和 TestInner.class 这 3 个字节码文件。

内部类除了定义为外嵌类的类成员这种常见的情况外,还存在静态内部类和局部内部类这两种情况。

一种情况是内部类在声明时带有 static 修饰关键字,即为静态内部类。静态内部类可提供类似包的命名空间机制。静态内部类只能访问外嵌类的静态成员。静态内部类和成员内部类的另外区别在于静态内部类可以直接生成对象,而不需要通过生成外部类对象来生成。

另一种情况是,内部类定义在代码块中,这种内部类称为局部内部类。局部内部类的典型形式是在一个方法体中定义类。

6.10 匿名类

匿名类是一种特殊的内部类,本身没有名称。匿名类具有内部类的所有特点,例如,可以访问外嵌类的成员变量和成员方法等。当一个内部类对象仅在一处被使用,例如在某个方法调用中被作为实参使用时,可以考虑匿名化,以便简化设计。匿名类的实现形式包括作为子类的匿名类和作为接口实现类的匿名类。

6.10.1 作为子类的匿名类

常见的匿名类是一种子类,形式上是一个去掉声明的子类类体。这种匿名类是在继承关系中的子类,因此具有子类的基本特点,例如可以继承父类的变量和方法,也可以重写父类的方法,通常需要通过方法重写来获得匿名类的新功能。由于没有类名,因此不能用匿名子类来声明对象,但可以用匿名子类来创建对象。创建对象的方式是调用父类的构造方法,接上匿名类的类体,形式如下:

```
new 父类构造方法(){
    匿名子类的类体
}
```

匿名类的父类可以是具体类,也可以是抽象类。匿名类的对象可以直接进行变量访问或方法调用,也可以向上转型到其父类对象后再使用。一种常见的匿名类定义是在向方法参数传值时进行的。

例 6.20 给出在类的继承关系中,通过一般类的实现方式与通过匿名类的实现方式对照。其中 A 类是父类,B 类是子类。当需要利用子类创建对象时,第 10 行是一般类的实现方式;第 11～13 行是匿名类的实现方式。当需要利用子类对象来传递参数时,第 14 行是一般类的实现方式；第 15～17 行是匿名类的实现方式。第 4 行子类类体的内容和第 12 行及第 16 行的内容一致。父类可以是抽象类，尝试在第 1 行把 A 类声明为 abstract，程序仍可以正常工作。

【例 6.20】　TestAnony01.java

```
1:    class A{       //abstract
2:    }
3:    class B extends A{
4:    //子类类体
5:    }
6:    public class TestAnony01{
7:    static void test(A a){
8:    }
9:    public static void main(String[] args){
10:       new B();
11:       new A(){
12:          //子类类体
13:       };
14:       test(new B());
15:       test(new A(){
16:          //子类类体
17:       });
18:    }
19:    }
```

一个较为具体的实例如例 6.21 所示，该例演示通过父类（学生类）实现一个匿名子类（大学生类），并用该子类来创建对象和传递对象。本例同样给出一般子类和匿名子类这两种不同实现方式的对照。匿名子类的设计在创建对象时完成，如程序第 24～28 行和第 30～34 行。可以发现，匿名类的应用使得代码更为紧凑。

【例 6.21】　StuApp01.java

```
1:    class Student{       //学生类
2:    String name;
3:    Student(String name){
4:       this.name=name;
5:    }
6:    void Study(){
7:       System.out.println(name+"学生：开展学习");
8:    }
9:    }
10:   class CollegeStu extends Student{      //大学生类
11:   CollegeStu(String name){
12:      super(name);
13:   }
14:   void Study(){
15:      System.out.println(name+"大学生：开展研究性质的学习");
16:   }
17:   }
18:   public class StuApp01{
19:   static void test(Student s){
```

```
20:        s.Study();
21:    }
22: public static void main(String[] args){
23:     new CollegeStu("张三").Study();
24:     new Student("李四"){
25:         void Study(){
26:             System.out.println(name+"大学生：开展研究性质的学习");
27:         }
28:     }.Study();
29:     test(new CollegeStu("王五"));
30:     test(newS tudent("赵六"){
31:         void Study(){
32:             System.out.println(name+"大学生：开展研究性质的学习");
33:         }
34:     });
35: }
36: }
/* 运行结果：
张三大学生 开展研究性质的学习
李四大学生：开展研究性质的学习
王五大学生：开展研究性质的学习
赵六大学生：开展研究性质的学习
*/
```

6.10.2　作为接口实现类的匿名类

Java 允许直接采用接口名和一个类体来创建一个匿名对象，那么该类体是实现了该接口的一个实现类，由于该类声明中没有类名，因此也是一种匿名类。利用这种作为接口实现类的匿名类创建对象的形式如下：

```
new 接口名(){
    匿名实现类的类体
}
```

这种匿名类的对象可以直接进行变量访问或方法调用，也可以向上转型到接口对象后再使用。常见的匿名类是在向方法参数传值时定义的。

例 6.22 给出了在接口的实现关系中，通过一般类的实现方式与通过匿名类的实现方式对照。本例的基本形式和例 6.20 相似，区别之处是原来的父类 A 对应本例是接口 A。

【例 6.22】　TestAnony02.java

```
1:  interface A{
2:  }
3:  class B implements A{
4:  //实现类类体
5:  }
6:  public class TestAnony02{
7:  static void test(A a){
8:  }
9:  public static void main(String[] args){
10:     new B();
```

```
11:        new A() {
12:            //实现类类体
13:        };
14:        test(new B());
15:        test(new A() {
16:            //实现类类体
17:        });
18:    }
19:    }
```

一个具体化的实例如例 6.23 所示,该例演示通过接口实现一个匿名子类(大学生类),并用该子类来创建对象和传递对象。本例同样给出一般的接口实现类和匿名的接口实现类这两种不同实现方式的对照。匿名实现类的定义在创建对象时完成,如程序第 15~19 行和第 21~25 行。

【例 6.23】 StuApp02.java

```
1:    interface StudyInterface{
2:    void study();
3:    }
4:    class CollegeStu implements StudyInterface{    //大学生类
5:    public void study(){
6:        System.out.println("大学生:开展研究性质的学习");
7:    }
8:    }
9:    public class StuApp02{
10:   static void test(StudyInterface s){
11:       s.study();
12:   }
13:   public static void main(String[] args){
14:       new CollegeStu().study();
15:       new StudyInterface(){
16:           public void study(){
17:               System.out.println("大学生:开展研究性质的学习");
18:           }
19:       }.study();
20:       test(new CollegeStu());
21:       test(new StudyInterface(){
22:           public void study(){
23:               System.out.println("大学生:开展研究性质的学习");
24:           }
25:       });
26:   }
27:   }
```

6.11 小结

在进行面向对象设计时,继承机制用于实现概念泛化,提高代码的可重用性;多态机制则允许软件在进行统一的实体访问时,因不同具体实体而获得不同具体行为的效果,提高了软件的适应性。Java 提供了继承语法,通过结合向上转型,可实现多态机制。Java 还提供了抽象类和接口,为面向抽象的程序设计提供支持。为了简单起见,Java 是单继承的,但通过实现多接口可获得一定的多继承效果。Java 的内部类和匿名类是特殊的类定义形式,可简化代码,便于对象的访问和隐藏,适合特定的应用场合。

习题

1. 思考并回答以下问题:
(1) 为什么要进行面向抽象的设计?
(2) 抽象类和接口的区别是什么? 在什么情况下使用?
(3) 方法的覆盖和重载有什么区别?
(4) Java 能否获得多继承的效果?
(5) 内部类和匿名类的关系是什么? 在什么情况下使用?

2. 编写程序,定义一个抽象的学生类 Student,该类有学生姓名、性别等数据成员,以及一个抽象的学习方法 study();定义 3 个学生子类 Graduate、Undergraduate、Junior 分别代表研究生类、本科生类和专科生类,并实现各自的 study()具体方法。设计一个测试类,实现对不同类型学生的 study()测试。要求:应用继承机制完成类设计;采用多态形式完成不同类型学生的测试。

3. 编写程序,设计一个图形系统。定义一个所有图形的共同的接口 Coloring,内含一个着色的抽象方法;定义一个抽象的图形类 Shape,内含着色方法的实现,以及求面积的抽象方法;定义一个圆类 Circle,继承自 Shape;定义一个矩形类 Rectangle,继承自 Shape;定义一个测试类,用于测试各项功能。要求:完善系统功能,具有输入图形参数创建图形对象、获取图形信息、着色、求面积等功能。进行构造方法的重载。进行实例方法的重写。测试多态现象。重写圆和矩形类中的 toString()方法,可获得圆或矩形对象的具体信息。

4. 编写程序,定义一个公司类 Company,内含各部门人数总和的变量 sum;一个统计各部门人数的方法 getSum(),用于统计各部门人数总和,并给 sum 赋值;另外在公司类中定义一个内部类——Department 部门类;并在 Company 类中定义两个 Department 的对象。Department 类中有部门人员数的变量 pnum,以及一个 getInfo()方法,用于调用公司类的 getSum()方法,再访问变量 sum。测试 getInfo()方法的功能。

5. 编写程序,定义一个 Work 接口用于描述工作功能,接口内含两个抽象方法 doWork1()和 doWork2()。由 Work 接口创建一个匿名对象,把该对象直接作为参数传递给测试类 MyTest 中的一个方法 TestWork(Work w),完成各工作功能的测试。

第 7 章

设 计 模 式

内容提要：

☑ UML 类图	☑ 创建型模式
☑ 面向对象的设计原则	☑ 结构型模式
☑ 设计模式	☑ 行为型模式

　　设计模式是面向对象编程的高阶内容,本章介绍设计模式的相关内容。UML 类图提供了直观的描述工具,可适用于复杂系统的描述,在面向对象软件设计中应用广泛。为了更好地进行面向对象设计,开发者需要了解和掌握基本的设计原则。设计模式是人们解决特定设计问题的重要经验总结,通过在设计过程中使用合适的设计模式,以优化面向对象的设计;对于原有设计,通过结合设计模式进行重构,以提高软件的质量。本章按设计模式的分类,介绍各类别中若干常用的设计模式。

7.1　UML 类图

　　UML(Unified Modeling Language,统一建模语言)是一种为面向对象系统的设计进行说明、可视化和编制文档的标准语言。UML 作为面向对象设计的建模工具,是独立于任何具体编程语言的。UML 提供不同的图形化工具用于描述不同的模型,例如对于软件系统中 3 种主要的模型：①功能模型,可用用例图来描述；②对象模型,可用类图、对象图来描述；③动态模型,可用序列图、活动图和状态图来描述。其中,UML 类图是一种静态模型描述工具,用于刻画软件系统中各实体及其关系。开发者借助类图来描述设计方案,从而在编写代码以前对系统有一个全面的直观认识。为了方便后续内容的讲解,本章首先介绍 UML 类图相关知识。

　　用于描述 Java 类的结构的类图如图 7.1(a)所示,包含 3 部分：类名、数据域和方法域。数据域中的变量和方法域中的方法可以带访问权限标识,图中的一、十、♯和空白分别代表 private、public、protected 和默认访问权限。接口可以按类图的方式描述,区别是做了标识,如果不含变量,数据域部分可以省略,如图 7.1(b)所示。

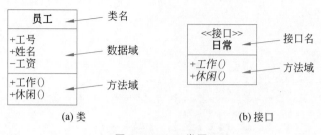

(a) 类   (b) 接口

图 7.1　UML 类图

在面向对象的软件中,类之间存在各种关系,而这些关系反映了类之间的耦合度强弱。一般来说,按耦合度从弱到强进行排列,类之间的常用关系有依赖(dependency)关系、关联(association)关系、聚合(aggregation)关系、组合(composition)关系、泛化(generalization)关系与实现(realization)关系。其中,依赖关系耦合度最弱;泛化关系与实现关系的耦合度最强。各关系具体列举如下。

(1) 依赖关系:主要体现为一种使用关系,反映的类之间的耦合度最弱,是一种临时关系。在代码中,某个类的实例方法通过方法参数、局部变量或通过调用静态方法来访问另一个类(被依赖类),两个类之间就形成了依赖关系。UML 类图以带箭头的虚线表示,指向被依赖类。如图 7.2(a)所示,人员类的方法"使用"以手机类对象作为参数,在该方法中访问了手机对象。

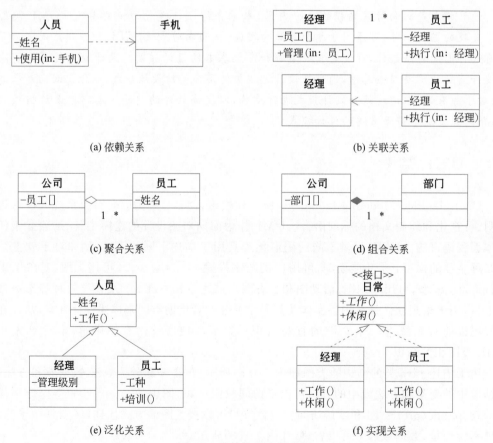

图 7.2　常见的类之间关系

(2) 关联关系：主要体现为类之间的一种引用关系，表示一类对象与另一类对象之间的联系。现实中，关联最为常见，具体包含一般关联关系、聚合关系和组合关系。一般关联关系有双向的，也有单向的。在代码中，若一个类的对象是另一个类的数据成员，则这两个类之间形成关联关系。图 7.2(b) 的上半部分，经理类含有员工数据成员，而员工类含有经理数据成员，体现了双向关联关系，可省略两个方向上的箭头，仅表示为一条实线。图 7.2(b) 的下半部分，仅有员工类含有经理数据成员，体现了单向关联关系，用带箭头的实线表示。

(3) 聚合关系：关联关系的一种，比一般关联关系强，反映了整体和部分之间的关系。从语义上看，聚合关系中部分对象可以脱离整体对象而独立存在。UML 类图以带空心菱形的实线来表示聚合关系。如图 7.2(c) 所示，反映了一个公司可以拥有多名员工。

(4) 组合关系：与聚合关系类似，组合关系也是关联关系的一种，反映了整体和部分之间的关系，但比聚合关系更强，从语义上看，组合关系中部分对象不能脱离整体对象而独立存在。UML 类图以带实心菱形的实线来表示聚合关系。如图 7.2(d) 所示，反映了一个公司拥有多个部门，然而这些部门不能独立于公司而存在，公司不在了，部门也会消失。

(5) 泛化关系：表示一般与特殊的关系，反映的是父类和子类的继承关系。在代码中，利用面向对象的继承机制来体现泛化。UML 类图以带空三角箭头的实线表示，由子类指向父类。如图 7.2(e) 所示，人员父类有两个子类，分别是经理类和员工类。

(6) 实现关系：表示接口和实现类的关系。UML 类图以带空三角箭头的虚线表示，由实现类指向接口。如图 7.2(f) 所示，日常接口有两个实现类，分别是经理类和员工类。

UML 类图为复杂软件的设计和理解提供了有效的手段，以一个图书管理系统为例，系统主要用于管理用户借阅图书，包含的主要类有读者和图书，其中读者可细分为教师和学生；图书可细分为中文图书和外文图书，这些概念层次的划分属于泛化关系。为了降低类之间的耦合度，读者的借阅功能抽象出来作为接口，借阅接口依赖于图书，而藏书馆与图书存在聚合关系，如图 7.3 所示。

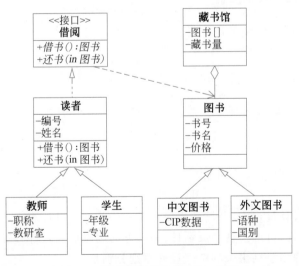

图 7.3　图书管理系统的 UML 类图

图 7.3 中类图对应的 Java 代码如例 7.1 所示，程序中定义了一个接口和 7 个类。

【例 7.1】   Lib.java

```
1:    interface 借阅{
2:        public 图书 借书();
3:        public void 还书(图书 book);
4:    }
5:    class 藏书馆{
6:        private 图书[] books;
7:        private int 藏书量;
8:    }
9:    class 读者 implements 借阅{
10:       private String 编号;
11:       private String 姓名;
12:       @Override
13:       public 图书 借书() {
14:           return null;
15:       }
16:       @Override
17:       public void 还书(图书 book) {
18:       }
19:   }
20:   class 教师 extends 读者{
21:       private String 职称;
22:       private String 教研室;
23:   }
24:   class 学生 extends 读者{
25:       private String 年级;
26:       private String 专业;
27:   }
28:   class 图书{
29:       private String 书号;
30:       private String 书名;
31:       private double 价格;
32:   }
33:   class 中文图书 extends 图书{
34:       private String CIP 数据;
35:   }
36:   class 外文图书 extends 图书{
37:       private String 语种;
38:       private String 国别;
39:   }
```

7.2   面向对象的设计原则

在面向对象的设计过程中,开发者需要遵循一些基本的设计原则,一方面用以提高软件的可复用性、可扩展性、可维护性和灵活性;另一方面用以提高软件开发的效率并节约成本。人们在开发实践过程中总结出来的 7 个设计原则分别是:

1. 开闭原则

开闭原则(Open-Closed Principle,OCP)提出一个软件实体,如类、模块和函数,都应该对扩展开放,而对修改关闭。实施途径是用抽象概念构建框架,用具体实现扩展细节。OCP的目的是提高软件系统的可复用性及可维护性。

例如,设计一个购物应用,顾客购买来自不同店的产品。一种方案是设计多个店的类,在顾客类中提供购买功能。由图7.4(a)可见,各种商店的类独立开发;当要购买不同产品,顾客类需要增加相应的购买功能的方法,该类需要不断修改,可维护性差。改进后如图7.4(b)所示,通过把各种商店的共同出售功能抽象化,提出一个出售产品的接口,顾客类只需要和该接口对接,购买功能得以简化,能适应不同产品的购买;接口维持不变,而对于不同商店的扩展是保持开放的。该设计体现了OCP。

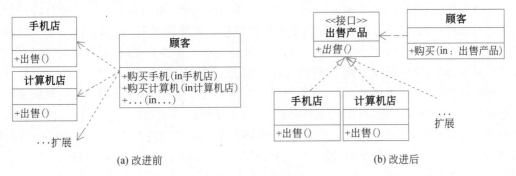

图 7.4 OCP 的应用

2. 里氏替换原则

里氏替换原则(Liskov Substitution Principle,LSP)规定了继承的原则,一个软件实体如果适用父类,那么也一定适用于其子类。所有引用父类的地方必须能透明地适用其子类。子类对象能够替换父类对象,而程序逻辑不变。LSP规范了如何进行继承,可防止继承泛滥,是OCP的一个实施保障。

例如,需要对鸟类的飞行进行测试。原有的设计如图7.5(a)所示,父类鸟类提供了飞行方法,子类鸵鸟类重写了该方法。在测试App时,对于鸵鸟对象进行飞越大河测试时将发生悲剧,原因是鸵鸟不会飞。由于该设计违反了LSP,父类的行为被子类修改了,导致了不可预期的错误。一种改进的方案如图7.5(b)所示,把飞行能力从鸟类分离出来,以接口形式供有飞行能力的老鹰类来实现。测试时也针对该接口进行,避免了继承不当可能导致的未可知错误。

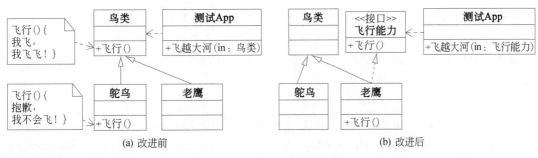

图 7.5 LSP 的应用

3. 依赖倒转原则

依赖倒转原则（Dependence Inversion Principle，DIP）提出高层模块不应该依赖低层模块，二者都应该依赖其抽象。也就是说，抽象不应该依赖细节，而是相反，细节应依赖抽象。DIP 显示了面向抽象编程的必要性。DIP 是实现 OCP 的一个重要途径。具体的案例可以参考图 7.4，该例中，顾客类原先依赖具体的商店类，导致购买方法需要关注商店类实现的更多细节；改进后面向抽象的出售产品接口，简化了购买功能的设计，也提高了顾客类的稳定性。

4. 接口隔离原则

接口隔离原则（Interface Segregation Principle，ISP）提出使用多个专门的接口，而不使用单一的总接口，客户端不应该依赖它不需要的接口。该原则说明一个类对应一个类的依赖应该建立在最小的接口上；建立单一接口，不要建立庞大臃肿的接口；细化接口，接口中的方法尽量少；同时掌握适度原则。ISP 可以提供系统内聚度，降低耦合度。

例如，设计一个带界面的系统，系统提供了游客功能和用户功能，分别以不同界面展示。改进前的设计采用单一接口，如图 7.6(a)所示，由于不同的界面访问相同的接口，因此功能之间的耦合度较高，不利于模块化处理。采用 ISP 进行改进后如图 7.6(b)所示，通过接口隔离，不同界面对应不同的接口，使得功能界面单一化，有利于功能模块的解耦。

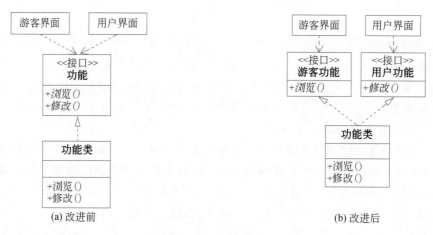

图 7.6　ISP 的应用

5. 单一职责原则

单一职责原则（Single Responsibility Principle，SRP）要求在设计时，不要存在多于一个导致类变更的原因，否则类应当被拆分。其核心是控制类的粒度大小，提高其内聚度，有利于对象之间的解耦。SRP 也适用于方法的设计，一个方法尽可能只完成一件事，以避免因功能过于庞杂而造成难以维护和复用。

6. 迪米特法则

迪米特法则（Law of Demeter，LoD）或称最少知道原则（Least Knowledge Principle，LKP）要求一个对象应该对其他对象保持最少的了解，强调只和朋友交流，不和陌生人说话。这里的朋友指出现在成员变量、方法的输入或输出参数中的类，而出现在方法体内部的类不属于朋友。该原则的目的在于尽量降低类与类之间的耦合度，从而提高类的可复性和系统的可扩展性。

例如,在原有的某公司业务系统中,研发人员除了肩负研发任务外,在研发过程中需要获取客户的需求和供应商的支持,因此需要和他们进行沟通,如图7.7(a)所示。该设计中容易造成研发人员不堪重负,效率低下。为了让研发任务人员专注于研发,引入市场部人员作为沟通中介,改进设计后如图7.7(b)所示。市场部人员为研发人员与供应商、研发人员与客户之间提供沟通服务,极大减轻了研发人员的负担。

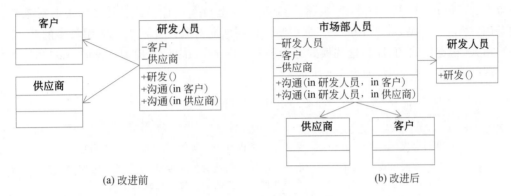

图 7.7　LoD 的应用

7. 合成复用原则

合成复用原则(Composite Reuse Principle,CRP)或称组合/聚合复用原则(Composite/Aggregate Reuse Principle,CARP)指尽量使用对象组合/聚合,而不是继承关系来达到软件复用的目的。仅采用组合或聚合方式进行设计,可以使系统更有弹性,降低类与类之间的耦合度,减少一个类的变化对其他类造成的影响。

例如,设计一个学生系统,系统中包含本科生和专科生,还需要从专业上再细化为理科生和工科生。原有的设计如图7.8(a)所示,该设计采用多层继承方式,先分出本科生和专科生,再分出对应的理科生和工科生。根据CRP进行改进,如图7.8(b)所示,该设计把专业作为学生类的聚合对象,使得学生和专业有了一定解耦,系统的设计更有弹性,当专业变化时,避免了大量子类需要修改;当专业增加时,不至于出现大量子类。

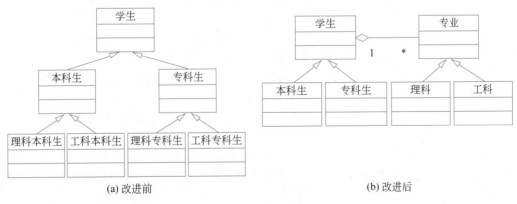

图 7.8　CRP 的应用

对于以上介绍的面向对象设计的7个原则,开发者在从事软件设计时应当尽量遵循,这些原则也是设计模式的基本指导原则。

7.3　设计模式

设计模式(design pattern)这个术语源自建筑学领域,是指解决常见设计问题的一般方法,后来在软件工程领域中引入该术语,代表针对软件设计过程中重复出现的问题的有效解决方案。Gamma E 等 4 位作者(被称为 GoF,4 人组)在《设计模式:可复用面向对象软件的基础》(Addison-Wesley,1995)一书中归纳出在面向对象设计过程中应用较多的共 23 种设计模式,根据模式的目的,这些模式分为创建型(creational)、结构型(structural)和行为型(behavioral)这 3 大类型,如表 7.1 所示。

表 7.1　经典的 23 种设计模式

类　型	名　称	作 用 描 述
创建型模式 (5 种)	单例模式(singleton)	保证一个类仅有一个实例,并提供一个访问它的全局访问点
	工厂方法模式(factory method)	定义一个用于创建对象的接口,让子类决定实例化哪一个类。该模式使一个类的实例化延迟到其子类
	抽象工厂模式(abstract factory)	提供一个创建一系列相关或相互依赖对象的接口,而无须指定它们具体的类
	原型模式(prototype)	用原型实例指定创建对象的种类,并且通过复制这些原型创建新的对象
	建造者模式(builder)	将一个复杂对象的构建与它的表示分离,使得同样的构建过程可以创建不同的表示
结构型模式 (7 种)	适配器模式(adapter)	将一个类的接口转换为客户希望的另外一个接口。该模式使得原本由于接口不兼容而不能一起工作的那些类可以一起工作
	桥接模式(bridge)	将抽象部分与它的实现部分分离,使它们都可以独立地变化
	装饰器模式(decorator)	动态地给一个对象添加一些额外的职责。就增加功能来说,该模式相比生成子类更为灵活
	组合模式(composite)	将对象组合成树形结构以表示"部分-整体"的层次结构。该模式使得用户对单个对象和组合对象的使用具有一致性
	外观模式(facade)	为子系统中的一组接口提供一个一致的界面,该模式定义了一个高层接口,这个接口使得这一子系统更加容易使用
	享元模式(flyweight)	运用共享技术有效地支持大量细粒度的对象
	代理模式(proxy)	为其他对象提供一种代理以控制对这个对象的访问
行为型模式 (11 种)	模板方法模式(template method)	定义一个操作中的算法的骨架,而将一些步骤延迟到子类中。该模式使得子类可以不改变一个算法的结构即可重定义该算法的某些特定步骤
	命令模式(command)	将一个请求封装为一个对象,从而允许用不同的请求对客户进行参数化;可以在运行时更改、排队或记录请求,支持可撤销的操作
	访问者模式(visitor)	表示一个作用于某对象结构中的各元素的操作。该模式使得可以在不改变各元素的类的前提下定义作用于这些元素的新操作

续表

类　型	名　称	作 用 描 述
行为型模式 （11种）	迭代器模式（iterator）	提供一种方法顺序访问一个聚合对象中各个元素，而又不需要暴露该对象的内部表示
	观察者模式（observer）	定义对象间的一种一对多的依赖关系，当一个对象的状态发生改变时，所有依赖于它的对象都得到通知并被自动更新
	中介者模式（mediator）	用一个中介对象来封装一系列的对象交互。中介使各对象不需要显式地相互引用，从而使其耦合松散，而且可以独立地改变它们之间的交互
	备忘录模式（memento）	在不破坏封装性的前提下，捕获一个对象的内部状态，并在该对象之外保存这个状态。后续就可将该对象恢复到原先保存的状态
	解释器模式（interpreter）	给定一个语言，定义它的文法的一种表示，并定义一个解释器，这个解释器使用该表示来解释语言中的句子
	状态模式（state）	定义对象间的一种一对多的依赖关系，当一个对象的状态发生改变时，所有依赖于它的对象都得到通知并被自动更新
	策略模式（strategy）	定义一系列的算法，把它们一个个封装起来，并且使它们可相互替换。该模式使得算法可独立于使用它的客户而变化
	责任链模式（chain of responsibility）	使多个对象都有机会处理请求，从而避免请求的发送者和接收者之间的耦合关系。将这些对象连成一条链，并沿着这条链传递该请求，直到有一个对象处理它为止

　　开发者在从事面向对象的软件设计时，首先可根据所要解决的问题性质，关注大类范围的模式；再结合深入理解业务需求，根据模式的具体作用特点，选择合适的设计模式。例如，设计某个系统时，需要解决对象的创建问题，那么应关注创建型模式；进一步地，根据该系统运行中对象要求维持唯一实例的具体需求，考虑选择单例模式。

　　某些模式之间较为接近，需要注意其具体的适用性问题，选择最合理的模式来解决实际问题。例如，单例模式和原型模式都属于创建型模式，然而，二者所要解决的问题并不同，可根据具体业务来选择合理的模式。此外，在软件实际开发过程中，一个软件系统中通常需要结合多种设计模式以达成优化设计目的，因此数种设计模式的混合使用很常见。

　　为了适应新的环境或运行需求，往往需要进行软件重构（refactoring）。软件重构是指在不改变软件的基本功能和外部可见性的情况下，为了改善软件的组织结构，提高软件结构的清晰性、代码的可扩展性和可重用性而对其进行的改造。也就是说，重构就是对已经设计好的软件进行改进。从软件开发存在不同阶段的角度看，一方面，熟悉常用的设计模式可以帮助开发者尽可能在软件的设计阶段就考虑最佳的设计方案，有利于减少以后的重构工作；另一方面，软件重构阶段常需要结合合理的设计模式进行设计优化。

　　下面从3大类型模式的各类中分别选择两种典型的设计模式进行介绍。对每种模式，采用简例进行基本结构描述，再举实例进行应用说明。

7.4　创建型模式

创建型设计模式的目标是优化对象的创建机制,提供的设计方式将对象的创建和使用分离,使得创建对象的逻辑更加灵活和可定制。这类设计模式目的是降低系统的耦合度,让使用者不需要关注对象的创建细节。创建型模式包括单例模式等5种典型的具体模式,本节介绍两种常用的模式:单例模式和工厂方法模式。

7.4.1　单例模式

单例模式是一种简单的创建型设计模式,它确保某一个类在系统中只有一个实例,并且提供了一个全局访问点来获取该实例。

1. 特点

单例模式主要有以下特点。

(1)只能有一个实例。单例模式的实现通常是通过在类中添加一个静态的私有变量来存储唯一实例。

(2)必须自己创建自己的唯一实例。单例模式中的构造函数通常是私有的,这样类的外部无法通过该构造方法来创建实例。

(3)必须提供访问该实例的类方法。单例模式的实现通常包含一个公有的静态方法来获取这个唯一实例,这个方法通常被命名为 getInstance()。

单例模式在某些情况下非常有用,例如需要频繁使用某个类但只需要一个实例时,或者需要确保某个类只有一个实例时。但是,单例模式也有一些潜在的问题,例如单例没有抽象层,难以扩展;可能造成类的责任过重,一定程度上违反了单一职责原则。

2. 应用场景

以下是单例设计模式的常见应用场景。

(1)工具类:例如日志记录、缓存等工具类,只需要一个实例就可以完成相应的功能。

(2)系统级对象:例如操作系统中的某些对象,如文件系统、网络连接等,需要保证在系统中只有一个实例。

(3)数据库连接:在数据库访问中,如果需要频繁地访问数据库,就需要创建数据库连接对象。但是,频繁地创建和关闭连接会消耗大量的资源。因此,使用单例设计模式来创建数据库连接对象可以避免这种情况。

3. 结构与实现

单例模式的结构如图 7.9 所示,其中的主要角色有:

(1)单例类:包含一个实例且能自行创建该实例的类。

(2)访问类:使用单例类的客户端类。

在实践中,该模式的具体实现方式主要有两种:饿汉式和懒汉式。饿汉式是在类加载时就已经创建好实例,而懒汉式则是在需要使用时才创建实例。例 7.2 是一种懒汉式实现,在类加载时没有生成单例,当首次调用 getInstance()方法时才创建单例。

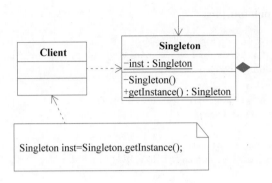

图 7.9　单例模式的结构

【例 7.2】　TestSingleton.java

```
1:  class Singleton{
2:      private static Singleton inst;
3:      private Singleton() {
4:      }
5:      public static synchronized Singleton getInstance() {
6:          if(inst == null)
7:              inst = new Singleton();
8:          return inst;
9:      }
10: }
11: public class TestSingleton {
12:     public static void main(String[] args) {
13:         Singleton inst = Singleton.getInstance();
14:     }
15: }
```

在例 7.2 中,第 3 行把单例类的构造方法声明为 private,限制为本类调用。第 5 行的 getInstance()方法是一个 static 型,表示为一种工具方法;声明为 synchronized 表示进行线程同步,以确保在多线程环境下创建唯一一个实例。若把例 7.2 改为饿汉式实现,单例类的代码如下:

```
1:  class Singleton{
2:      private static final Singleton inst = new Singleton();
3:      private Singleton() {
4:      }
5:      public static Singleton getInstance() {
6:          return inst;
7:      }
8:  }
```

以上代码中第 2 行的变量 inst 将在类加载的第一时间进行初始化,完成对象创建。

4. 案例

例 7.3 给出了一个冠军的单例设计。假设某场比赛的结果要求冠军是唯一的。程序第 1~11 行采用饿汉式实现了一个冠军单例类;程序第 18 行对通过单例类获得的两个冠军对象进行比较,发现这两个对象是完全一样的。

【例 7.3】 DemoSingleton.java

```
1:    class Champion {      //冠军单例类
2:       private static Champion instance = new Champion();
3:       private Champion() {
4:       }
5:       public static Champion getInstance() {
6:          return instance;
7:       }
8:       public void getInfo() {
9:          System.out.println("我是冠军!");
10:      }
11:   }
12:   public class DemoSingleton {
13:      public static void main(String[] args) {
14:         Champion chp1 = Champion.getInstance();
15:         chp1.getInfo();
16:         Champion chp2 = Champion.getInstance();
17:         chp2.getInfo();
18:         if(chp1 == chp2)
19:            System.out.println("冠军是同一个人!");
20:         else
21:            System.out.println("冠军不是同一个人!");
22:      }
23:   }
/* 运行结果:
我是冠军!
我是冠军!
冠军是同一个人!
*/
```

7.4.2 工厂方法模式

工厂方法模式是一种广泛使用的创建型设计模式,它定义了一个创建对象的接口,但让实现这个接口的子类来决定实例化哪个类。该模式使得对象的创建和使用分离,提高了可扩展性。

1. 特点

工厂方法模式的优点如下。

(1)降低耦合度。工厂方法模式中定义了一个创建产品对象的接口,并由实现这个接口的子类来负责实例化具体的产品类。这样可以降低客户端与具体产品类之间的耦合度。

(2)延迟实例化。工厂方法让类的实例化推迟到子类中进行。通过子类实现创建实例对象的方法,创建具体的实例对象。这样可避免在父类中定义过多的创建实例的逻辑。

(3)抽象化。工厂方法模式中需要一个抽象类或接口来定义父类工厂,与之对应的则需要产品抽象类或接口来定义产品类。这样可提高代码的抽象化和模块化程度。

(4)提高可扩展性。如果需要增加新的产品,只需要实现产品接口,并在对应的工厂中添加新的实例化逻辑,而不会影响到已有的代码,从而提高系统的可扩展性。

(5)提高代码安全性。由于客户端不依赖具体的产品类,而是通过工厂来获取产品对象,因此可以隐藏产品的具体实现细节,提高代码的安全性。

工厂方法模式的缺点包括：一是类的个数容易过多。由于工厂方法模式需要定义子类来分别实例化不同的产品类,随着子类的增加,可能导致系统中类的个数过于庞大,提高了复杂度和维护难度。二是增加系统的抽象性和理解难度。由于工厂方法模式涉及大量的抽象和接口,这可能会增加系统的抽象性和理解难度。

2. 应用场景

以下是工厂方法模式的应用场景。

（1）避免重复代码。当创建对象需要大量重复的代码时,可以使用该模式,将对象的实例化推迟到子类中进行,即在需要时再确定具体的类,从而减少代码的冗余。

（2）不关心创建过程。当客户端不依赖产品类,不关心实例如何被创建、实现等细节时,可以使用该模式来提供一种灵活且易于维护的解决方案。

（3）一个类通过其子类来指定创建哪个对象。当一个类需要通过其子类来指定创建哪个对象时,可以使用工厂方法模式来实现这种需求。

通过使用工厂方法模式,可以将对象的创建与使用分离,提高代码的可读性,同时增强系统的可扩展性和灵活性。

3. 结构与实现

工厂方法模式的结构如图 7.10 所示,其中的主要角色有:

（1）抽象产品（product）：定义产品的规范,描述产品的主要特性和功能。

（2）具体产品（concrete product）：实现了抽象产品所定义的接口,由具体构造者来创建,该类与具体构造者一一对应。

（3）构造者（creator）：提供创建产品的接口或抽象类,内含有称为工厂方法的抽象方法。

（4）具体构造者（concrete creator）：实现构造者中的抽象方法,完成具体产品的创建。

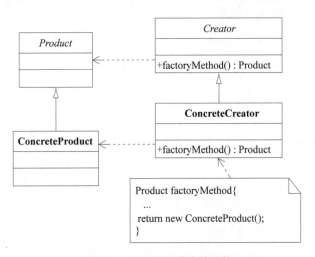

图 7.10 工厂方法模式的结构

对应图 7.10 的代码如例 7.4 所示。程序中,第 1、2 行抽象产品采用抽象类来定义,可视具体需要,改为用接口来定义。同样,第 5~7 行的构造者也可采用接口来定义。在客户端程序方面,在第 16 行获取一个具体构造者,然后在第 17 行获得相应的具体产品。客户端开发时,不需要关注创建产品的复杂逻辑,只要提供一个具体构造者对象,即可获取具体产品。

【例 7.4】 **TestFactory.java**

```
1:   abstract class Product{
2:   }
3:   class ConcreteProduct extends Product{
4:   }
5:   abstract class Creator {                        //构造者,或抽象的工厂
6:       abstract Product factoryMethod();           //工厂方法
7:   }
8:   class ConcreteCreator extends Creator{          //具体构造者,或具体的工厂
9:       @Override
10:      Product factoryMethod() {                   //工厂方法
11:          return new ConcreteProduct();
12:      }
13:  }
14:  public class TestFactory {
15:      public static void main(String[] args) {
16:          Creator creator = new ConcreteCreator();
17:          Product product = creator.factoryMethod();
18:      }
19:  }
```

4. 案例

举一个创建动物对象的简单案例。由于不同类的动物对象具有各自特定的创建方式,难以统一处理,因此引入工厂方法模式,可以规范动物对象的创建行为,提高可扩展性。设计一个 Animal 抽象类和它的具体动物子类,通过创建工厂类来生成这些动物对象,获得富有弹性的对象的创建和使用途径。程序如例 7.5 所示。

【例 7.5】 **DemoFactory.java**

```
1:   abstract class Animal{
2:       abstract void move();
3:   }
4:   class Bird extends Animal{
5:       void move() {
6:           System.out.println("以飞行方式移动!");
7:       }
8:   }
9:   class Fish extends Animal{
10:      void move() {
11:          System.out.println("以游泳方式移动!");
12:      }
13:  }
14:  abstract class GetAnimal {            //抽象的工厂
15:      abstract Animal getAnimal();      //工厂方法
16:  }
17:  class GetBird extends GetAnimal{      //具体的工厂
18:      Animal getAnimal() {              //工厂方法
19:          return new Bird();
20:      }
21:  }
22:  class GetFish extends GetAnimal{      //具体的工厂
23:      Animal getAnimal() {              //工厂方法
24:          return new Fish();
25:      }
```

```
26:    }
27:    public class DemoFactory {
28:        public static void main(String[] args) {
29:            GetAnimal an1 = new GetBird();
30:            Animal bird = an1.getAnimal();
31:            bird.move();
32:            GetAnimal an2 = new GetFish();
33:            Animal fish = an2.getAnimal();
34:            fish.move();
35:        }
36:    }
/* 运行结果:
以飞行方式移动!
以游泳方式移动!
*/
```

在例 7.5 中,首先定义了一个 Animal 抽象类接口和它的子类 Bird 类和 Fish 类。然后,定义了一个 GetAnimal 抽象工厂,它包含一个 getAnimal()抽象方法用于创建 Animal 对象。接着,创建了两个继承 GetAnimal 的具体工厂类: GetBird 和 GetFish,它们分别用于创建 Bird 和 Fish 对象。最后在 main()方法中进行测试,为获得一个 Bird 对象,需要先创建一个 GetBird 对象(第 29 行),然后使用它创建一个 Bird 对象(第 30 行),调用了其 move()方法进行测试(第 31 行)。后续用同样方式对 Fish 对象进行测试。为了简洁起见,第 29～31 行代码,以及第 32～34 行代码分别由以下两行代码替换,可获得相同的测试效果。

```
new GetBird().getAnimal().move();
new GetFish().getAnimal().move();
```

5. 拓展说明

与工厂方法有密切联系的两种模式: 简单工厂模式和抽象工厂模式。当创建产品的过程较为简单,无须分门别类进行创建时,不引入抽象的构造者,而仅有一个具体构造者,内含如何进行产品创建的逻辑。此时,工厂方法模式退化为简单工厂模式,其结构如图 7.11 所示。与工厂方法模式对比,简单工厂模式可扩展性差,例如想增加一种产品,需要修改构造者的产品创建逻辑。

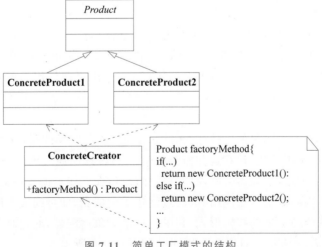

图 7.11 简单工厂模式的结构

在实际应用场景中，可能面临更复杂的情况：系统的产品有多于一个的产品族，而系统只消费其中某一族的产品。这时可以考虑在一个产品族里定义多个产品，而在一个工厂里聚合多个同类产品，为此引入一个超级工厂，用于创建其他工厂，这就是抽象工厂模式的基本设计思想。抽象工厂模式也是经典的 23 种模式之一，该模式的具体内容可以进一步参考相关资料。

7.5　结构型模式

结构型模式主要关注类和对象的结构，以及不同对象之间的组合关系，通过类的继承或对象的组合设计来构造更大的结构。它可用来解决模块之间的耦合问题，使得不同的模块以更加灵活的方式进行交互。这类模式还可以再分为两种类型：类结构型模式和对象结构型模式。类结构型模式主要通过继承机制来组织接口或实现。对象结构型模式则通过组合对象的方式来实现新的功能。具体的结构型模式包括适配器模式等 7 种模式，本节介绍两种常用的模式：适配器模式和装饰器模式。

7.5.1　适配器模式

适配器模式将一个类的接口转换为用户可以调用的另一个接口，目的是使接口不兼容的两个类可以一起工作。

1. 特点

适配器设计模式的优点包括：

（1）提高类的透明性和复用。适配器模式能够使得原本由于接口不兼容而不能一起工作的那些类可以一起工作。

（2）提高类的可扩展性。在适配器模式中，可以方便地更换适配器，使得系统更加灵活和易于扩展。

该模式存在的缺点来自两方面：一方面，过多地使用适配器会使系统变得复杂，增加了系统的理解难度和维护成本；另一方面，适配器模式要求开发者对现有组件的内部结构有足够的了解，这可能会增加开发的难度和风险。

2. 应用场景

适配器模式的应用场景是复用现存的类。当存在功能正确但接口不匹配的情况，例如对于之前开发好的类，其操作和返回值都是正确的，但其定义的方法接口无法调用。此时可以使用适配器模式，使该类与用户的接口匹配，让用户使用适配器的接口，间接调用该类。

3. 结构与实现

适配器模式其中的主要角色有被适配者（adaptee，现有的功能类，该类需要被适配）、用户目标（target，用户调用的接口）和适配器类（adapter，客户端通过调用该类，间接调用被适配者类）。其简易原理是，适配器类实现用户目标接口，在该接口的实现类中调用被适配者，从而实现了接口转接的效果。在使用时，通过创建适配器类，即可间接调用被适配者方法。

适配器模式有两种基本的结构形式，其中一种是对象适配器，通过对象组合方式实现适配，结构描述如图 7.12 所示。对应图 7.12 的代码如例 7.6 所示。

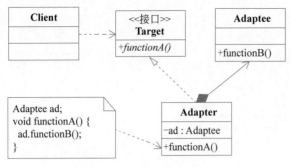

图 7.12 对象适配器的结构

【例 7.6】 TestAdapter1.java

```
1:  interface Target{
2:      void functionA();
3:  }
4:  class Adaptee{
5:      public void functionB() {
6:      }
7:  }
8:  class Adapter implements Target{
9:      private Adaptee ad;
10:     @Override
11:     public void functionA() {
12:         ad.functionB();
13:     }
14: }
15: public class TestAdapter1{
16:     public static void main(String[] args) {
17:         Target target = new Adapter();
18:         target.functionA();     //获得调用 functionB 的效果
19:     }
20: }
```

在例 7.6 中,适配器类 Adapter 实现了目标接口 Target,并持有一个被适配者类 Adaptee 的实例。在目标接口的实现方法中,适配器类调用了被适配者类的实例的方法。这样,客户端就可以通过目标接口来调用被适配者类的方法。

另外一种是类适配器,通过继承方式进行匹配,结构如图 7.13 所示。对应图 7.13 的代码如例 7.7 所示。

【例 7.7】 TestAdapter2.java

```
1:  interface Target{
2:      void functionA();
3:  }
4:  class Adaptee{
5:      public void functionB() {
6:      }
7:  }
8:  class Adapter extends Adaptee implements Target{
9:      @Override
```

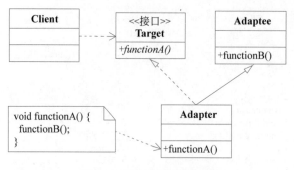

图 7.13　类适配器的结构

```
10:       public void functionA() {
11:           functionB();
12:       }
13:   }
14:   public class TestAdapter2{
15:       public static void main(String[] args) {
16:           Target target = new Adapter();
17:           target.functionA();        //获得调用 functionB 的效果
18:       }
19:   }
```

在例 7.7 中,适配器类 Adapter 继承了被适配者类 Adaptee 并实现了目标接口 Target,然后在目标接口的实现方法中调用了被适配者类的方法。这样,客户端就可以通过目标接口来调用被适配者类的方法。

4. 案例

以播放器设计为例,该例采用对象适配器方式进行设计,程序如例 7.8 所示。该例中,假设有一个现成的播放器 OldPlayer 可以播放音乐文件,目前需要将旧播放器适配到一个具备新播放模式的 NewPlayer 接口上。为此,创建一个适配器类 PlayerAdapter,该类实现了 NewPlayer 接口,而内部的播放功能则沿用了 OldPlayer 的原有播放功能,程序中第 16 行示意性地调用了播放器模式设置功能。在 main()方法中,首先创建了一个旧的播放器对象,并调用了旧的播放方法 play();然后创建了一个适配器对象,将旧的播放器适配到新的播放接口上,并调用了新的播放方法 playMusic()。

【例 7.8】　DemoAdapter.java

```
1:    class OldPlayer {
2:        public void play(String fileName) {
3:            System.out.println("Playing " + fileName);
4:        }
5:    }
6:    interface NewPlayer {
7:        void playMusic(String fileName);
8:    }
9:    class PlayerAdapter implements NewPlayer {
10:       private final OldPlayer oldPlayer;
11:       public PlayerAdapter(OldPlayer oldPlayer) {
```

```
12:            this.oldPlayer = oldPlayer;
13:        }
14:        @Override
15:        public void playMusic(String fileName) {
16:            setPlayMode();
17:            oldPlayer.play(fileName);
18:        }
19:        private void setPlayMode() {
20:            System.out.print("新播放器模式==>");
21:        }
22:    }
23: public class DemoAdapter {
24:        public static void main(String[] args) {
25:            OldPlayer oldPlayer = new OldPlayer();
26:            oldPlayer.play("song.mp3");
27:            NewPlayer newPlayer = new PlayerAdapter(oldPlayer);
28:            newPlayer.playMusic("song.mp3");
29:        }
30:    }
/* 运行结果:
Playing song.mp3
新播放器模式==>Playing song.mp3
*/
```

7.5.2 装饰器模式

装饰器模式是一种常见的结构型模式,允许行为在运行时添加到单个对象,动态地修饰对象。装饰器模式提供了与继承类似的功能,但是添加的行为可以动态地添加或撤销。

1. 特点

装饰器模式的优点包括:

(1)动态性。可以在运行时动态地添加或撤销行为。

(2)透明性。客户端代码无须知道对象是否已经被装饰,也不需要知道被装饰的具体行为。

(3)灵活性。可以将多个装饰器应用于同一个对象,以添加多个行为。

(4)可扩展性。基于接口的设计使得可以很容易地添加新的装饰器或修改现有装饰器的行为。

该模式存在的缺点包括:一是复杂性问题,使用装饰器模式可能会导致代码变得更加复杂,特别是当使用多个装饰器时,可能会增加代码的阅读和维护难度;二是性能开销问题,由于装饰器模式涉及额外的方法调用和对象创建,因此可能会导致一定的性能开销。

2. 应用场景

当存在以下应用需求时,可以考虑装饰器模式。

(1)需要动态地添加或撤销行为的情况。

(2)需要对对象进行多种不同行为的组合的情况。

(3)需要通过运行时配置来改变对象行为的情况。

(4)需要扩展现有类的功能,但又不想通过继承来扩展的情况。

3. 结构与实现

装饰器模式的结构如图 7.14 所示,其中的主要角色有:

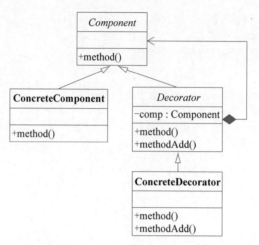

图 7.14　装饰器模式的结构

（1）抽象组件（component）。这是一个接口或者抽象类,它定义了准备接收附加责任的对象的基本方法和属性。

（2）具体组件（concrete component）。这是实现抽象组件接口或继承抽象组件类的具体类。

（3）装饰器（decorator）。这是继承或实现抽象组件接口的抽象类。它包含具体组件的实例,并通过其子类扩展具体组件的功能。

（4）具体装饰器（concrete decorator）。这是继承抽象装饰器的具体类。它负责给具体组件对象添加附加的责任。每一个具体装饰器可定义一些新的行为,它可以调用在具体组件中定义的行为,并可以增加新的行为以扩展具体组件的功能。

对应图 7.14 的代码如例 7.9 所示。在例 7.9 中第 16～18 行,装饰器重写了抽象组件的方法,把 method() 委托给被装饰的组件执行;第 19 行装饰器新增了一个方法 methodAdd()。在具体装饰器中,第 26～29 行重新定义了 method() 方法的行为。在第 37～39 行的测试代码中,客户端和抽象组件对象进行交互,可以获得装饰后的效果。

【例 7.9】　TestDecorator.java

```
1:   abstract class Component{
2:       abstract void method();
3:   }
4:   class ConcreteComponent extends Component{
5:       @Override
6:       void method() {
7:           System.out.println("原来的处理!");
8:       }
9:   }
10:  abstract class Decorator extends Component{
11:      private Component comp;
12:      Decorator(Component comp){
```

```
13:            this.comp=comp;
14:        }
15:        @Override
16:        void method() {
17:            comp.method();          //委托给被装饰者执行
18:        }
19:        abstract void methodAdd();   //新增的处理
20: }
21: class ConcreteDecorator extends Decorator{
22:        ConcreteDecorator(Component comp) {
23:            super(comp);
24:        }
25:        @Override
26:        void method() {
27:            super.method();
28:            methodAdd();
29:        }
30:        @Override
31:        void methodAdd() {
32:            System.out.println("新增的处理!");
33:        }
34: }
35: public class TestDecorator {
36:        public static void main(String[] args) {
37:            Component cc = new ConcreteComponent();
38:            cc = new ConcreteDecorator(cc);
39:            cc.method();
40:        }
41: }
```

4. 案例

举一个获取摄像机信息的实例,传统摄像机的信息已经相当完备,而新产品的出现,需要在原有产品信息的基础上增加一些新功能内容以及进行价格调整。利用装饰器模式进行设计,以展示新旧产品不同的价格和功能。程序如例 7.10 所示。

【例 7.10】 DemoDecorator.java

```
1:  abstract class Camera {
2:        abstract double getCost();          //获取价格信息
3:        abstract String getFunctions();     //获取功能信息
4:  }
5:  class SimpleCamera extends Camera {
6:        public double getCost() { return 1500.0; }
7:        public String getFunctions() { return "摄像功能"; }
8:  }
9:  abstract class CameraDecorator extends Camera {
10:       Camera camera;
11:       public CameraDecorator(Camera c) { this.camera = c; }
12:       public double getCost() { return camera.getCost(); }
13:       public String getIngredients() { return camera.getFunctions(); }
14: }
15: class WithInfrared extends CameraDecorator {
```

```
16:        public WithInfrared(Camera c) { super(c); }
17:        public double getCost() {
18:            return camera.getCost() + 600;
19:        }
20:        public String getFunctions() {
21:            return camera.getFunctions() + ",红外功能";
22:        }
23:    }
24: class WithRemote extends CameraDecorator {
25:        public WithRemote(Camera c) { super(c); }
26:        public double getCost() {
27:            return camera.getCost() + 450;
28:        }
29:        public String getFunctions() {
30:            return camera.getFunctions() + ",远控功能";
31:        }
32:    }
33: public class DemoDecorator {
34:        public static void main(String[] args) {
35:            Camera simpleCamera = new SimpleCamera(); //创建一个简单的摄像机对象
36:            System.out.println("价格(元): " + simpleCamera.getCost()
                    + ",功能: " + simpleCamera.getFunctions());
37:            Camera WithInfrared = new WithInfrared(simpleCamera);
                //创建一个带红外的摄像机对象
38:            System.out.println("价格(元): " + WithInfrared.getCost()
                    + ",功能: " + WithInfrared.getFunctions());
39:            Camera WithInfraredRemote = new WithRemote(WithInfrared);
                //创建一个带红外及远控的摄像机对象
40:            System.out.println("价格(元): " + WithInfraredRemote.getCost()
                    + ",功能: " + WithInfraredRemote.getFunctions());
41:        }
42: }
/* 运行结果:
价格(元): 1500.0,功能: 摄像功能
价格(元): 2100.0,功能: 摄像功能,红外功能
价格(元): 2550.0,功能: 摄像功能,红外功能,远控功能
*/
```

在例 7.10 中,首先定义了一个 Camera 抽象类,其中包含了两个抽象方法:getCost()和 getFunctions()。然后创建了一个继承 Camera 类的 SimpleCamera 类,作为基础摄像机对象。接下来创建了一个抽象类 CameraDecorator,它也继承了 Camera 类,并包含一个被装饰的摄像机对象的引用(第 10 行)。这个抽象类实现了 getCost()和 getFunctions()方法,并调用被装饰对象的相应方法。然后,创建了两个具体的装饰器类:WithInfrared 和 WithRemote。这些类扩展了 CameraDecorator,并覆盖了 getCost()和 getFunctions()方法,以获取额外的成本和功能信息。最后,可以使用这些装饰器类来动态地添加行为到基础摄像机对象中。例如,用户可首先创建一个简单的摄像机对象,然后将其装饰为具有红外和远控功能的摄像机对象。

7.6 行为型模式

行为型模式关注的是如何通过类或对象的交互来完成特定的任务。这些模式描述了在多对象系统中如何让多个对象相互协作,以完成一些单个对象无法完成的任务。行为型模式的灵活性和可重用性使得它们在各种应用场景中都很有用,从简单的算法封装到复杂的业务逻辑都可以使用这些模式来设计。行为型模式包括策略模式等11种典型的具体模式,本节介绍两种常用的模式:策略模式和观察者模式。

7.6.1 策略模式

策略模式定义了一系列的算法,并将每一个算法封装起来,使得它们可以互相替换。策略模式使得算法可以独立于使用它的客户端变化。

1. 特点

策略模式的特点包括:

(1)策略模式中的算法是独立的,可以互相替换。

(2)策略模式使得算法可以独立于客户端变化。

策略模式的优点是提供了管理相关算法族的有效办法。恰当使用继承可以把公共的代码移到父类里面,从而避免代码重复;使用该模式可以避免使用多重条件转移语句,还可以提供相同行为的不同实现。

策略模式的缺点是客户端必须知道所有的策略类,并自行决定使用哪一个策略类。也就是,策略模式将选择与使用算法的责任交给了客户端代码,这可能会增加客户端的复杂性。另外,该模式可能会因需要较多的策略类,造成系统过于复杂。

2. 应用场景

以下是策略模式的应用场景。

(1)如果在一个系统中有许多类,它们之间的区别仅在于它们的行为,那么使用策略模式可以动态地让一个对象在许多行为中选择一种行为或者在几种算法中选择一种算法。

(2)如果一个对象有很多的行为,而这些代码依靠大量的if-else语句进行选择,不便于维护。对此,可改用策略模式。

3. 结构与实现

策略模式的结构如图7.15所示,其中的主要角色有:

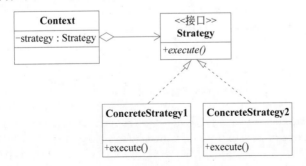

图 7.15 策略模式的结构

（1）策略（strategy）。这是一个抽象角色,定义了所有的具体策略类所需的接口。通常这个接口只有一个方法。如果这个策略模式只有一个具体策略,那么这个抽象策略角色可以被省略。

（2）具体策略（concrete strategy）。该角色定义了具体的算法或行为。每一个具体策略角色都是抽象策略角色的一个实现。在多个具体策略中,每个具体策略可以有不同的行为或算法。

（3）上下文环境（context）。该角色持有一个对抽象策略角色的引用。在客户对对象调用策略方法时,最终会调用到具体策略对象的方法。上下文环境角色可以在运行时动态地改变其持有的具体策略对象,从而动态地改变对象的行为或算法。

对应图 7.15 的代码如例 7.11 所示。程序中,定义了一个策略接口 Strategy,以及该接口的两个实现类 ConcreteStrategy1 和 ConcreteStrategy2 具体策略类。定义的上下文类 Context 中,包含有策略的引用(第 15 行)、策略的设置方法 setStrategy()和策略的执行方法 executeStrategy()。在 main()方法中完成了测试。

【例 7.11】　TestStrategy.java

```
1:   interface Strategy {
2:       public void execute();
3:   }
4:   class ConcreteStrategy1 implements Strategy {
5:       public void execute() {
6:           System.out.println("执行具体策略 1");
7:       }
8:   }
9:   class ConcreteStrategy2 implements Strategy {
10:      public void execute() {
11:          System.out.println("执行具体策略 2");
12:      }
13:  }
14:  class Context {
15:      private Strategy strategy;
16:      public Context(Strategy strategy) {
17:          this.strategy = strategy;
18:      }
19:      public void setStrategy(Strategy strategy) {
20:          this.strategy = strategy;
21:      }
22:      public void executeStrategy() {
23:          strategy.execute();
24:      }
25:  }
26:  public class TestStrategy {
27:      public static void main(String[] args) {
28:          Strategy strategy1 = new ConcreteStrategy1(); //创建具体策略对象
29:          Strategy strategy2 = new ConcreteStrategy2(); //创建具体策略对象
30:          Context context = new Context(strategy1);      //创建环境对象,并设置
                                                            //具体策略
31:          context.executeStrategy();                     //执行具体策略 1
```

```
32:            context.setStrategy(strategy2);    //动态改变具体策略
33:            context.executeStrategy();         //执行具体策略 2
34:        }
35: }
/* 运行结果:
执行具体策略 1
执行具体策略 2
*/
```

4. 案例

以一个图像处理系统为例,该系统支持用户对图像进行不同处理,而且在使用时可灵活根据用户指定的不同策略进行处理,考虑采用策略模式进行设计。程序如例 7.12 所示。其中,第 2 行定义一个图像类。第 3～5 行定义了图像处理的抽象策略接口;第 6～20 行分别实现了 3 种具体图像处理策略。第 21～32 行定义了图像处理的上下文环境,其中包含了增加策略的方法 addStrategy()和执行策略的方法 executeStrategy()。为了方便策略的存取,在第 22 行使用了哈希表工具 HashMap 来存储策略。在 main()方法中进行测试,首先第 36～38 行存储了 3 种策略,然后第 40～43 行使用不同策略进行图像处理,注意,由于"处理均衡化"策略不存在,第 42 行运行时给出了相应提示。

【例 7.12】 DemoStrategy.java

```
1:  import java.util.*;
2:  class Image { }
3:  interface ImageProcessorStrategy {
4:      void processImage(Image image);
5:  }
6:  class BrightnessProcessor implements ImageProcessorStrategy {
7:      public void processImage(Image image) {
8:          System.out.println("进行图像亮度处理...");
9:      }
10: }
11: class ContrastProcessor implements ImageProcessorStrategy {
12:     public void processImage(Image image) {
13:         System.out.println("进行图像对比度处理...");
14:     }
15: }
16: class FilterProcessor implements ImageProcessorStrategy {
17:     public void processImage(Image image) {
18:         System.out.println("进行图像滤波处理...");
19:     }
20: }
21: class ProcessSystem {                //上下文环境
22:     private Map<String, ImageProcessorStrategy> strategies = new HashMap<>();
23:     public void addStrategy(String name, ImageProcessorStrategy strategy) {
24:         strategies.put(name, strategy);
25:     }
26:     public void executeStrategy(String name, Image image) {
27:         ImageProcessorStrategy strategy = strategies.get(name);
28:         if(strategy != null)
29:             strategy.processImage(image);
```

```
30:            else System.out.println("未找到相应的处理方法!");
31:        }
32:    }
33: public class DemoStrategy {
34:    public static void main(String[] args) {
35:        ProcessSystem sys = new ProcessSystem();
36:        sys.addStrategy("处理亮度", new BrightnessProcessor());
37:        sys.addStrategy("处理对比度", new ContrastProcessor());
38:        sys.addStrategy("处理滤波", new FilterProcessor());
39:        Image image = new Image();              //待处理的图像对象
40:        sys.executeStrategy("处理对比度", image);
41:        sys.executeStrategy("处理滤波", image);
42:        sys.executeStrategy("处理均衡化", image);
43:        sys.executeStrategy("处理亮度", image);
44:    }
45: }
/* 运行结果:
进行图像对比度处理...
进行图像滤波处理...
未找到相应的处理方法!
进行图像亮度处理...
*/
```

7.6.2 观察者模式

观察者模式定义了对象之间的一对多依赖关系,当一个对象的状态发生改变时,所有依赖于它的对象都会得到通知并被自动更新。

1. 特点

观察者模式的特点包括:

(1)观察者和被观察者是松耦合的。

(2)观察者可以动态地添加或移除。

(3)被观察者可以根据需要选择通知所有的观察者或者只通知特定的观察者。

(4)观察者模式支持广播通信,即一个被观察者可以通知多个观察者。

该模式的优点:观察者和被观察者之间建立了一个抽象耦合,使得它们之间的依赖关系更加灵活和可维护;该模式支持动态地添加或移除观察者,使得系统更加可扩展和可重用;该模式将观察者和被观察者之间的通信封装起来,使得它们之间的交互更加清晰和简单,从而简化系统的设计和实现。

该模式存在的缺点:观察者模式的实现可能涉及大量的细节和复杂性,可能会导致系统的复杂性增加,例如在处理异步通信和错误方面。另外,当被观察者状态发生变化时,所有的观察者都会被通知并更新,这可能会涉及大量的计算和内存消耗,导致系统的性能问题。

2. 应用场景

当存在以下应用需求时,可以考虑使用观察者模式。

(1)当一个对象的状态变化需要自动通知其他对象时。例如,在图形界面系统中,当一个按钮被单击时,可能需要自动更新界面上的其他组件。

(2) 当需要在多个对象之间建立一对多的依赖关系时。例如,在一个分布式系统中,当一个结点发生故障时,可能需要通知其他所有结点进行故障恢复。

(3) 当需要实现事件驱动的系统时。例如,在一个游戏中,当玩家进行操作时,可能需要触发一系列的事件来更新游戏状态。

3. 结构与实现

观察者模式的结构如图 7.16 所示,其中的主要角色有:

(1) 主题(subject)。这是被观察的对象,它维护了一个观察者列表,并在状态发生变化时通知所有的观察者。

(2) 具体主题(concrete subject)。这是主题的具体实现,它包含了具体的状态数据和行为,并在状态发生变化时调用观察者的更新方法。

(3) 观察者(observer)。这是一个接口或抽象类,它定义了一个更新方法,当被观察者的状态发生变化时会被调用。

(4) 具体观察者(concrete observer)。这是观察者的具体实现,它实现了更新方法并在被观察者的状态发生变化时进行相应的操作。

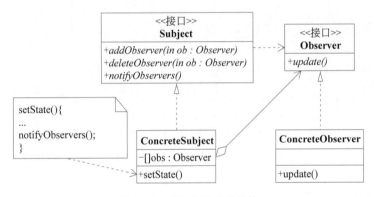

图 7.16 观察者模式的结构

对应图 7.16 的代码如例 7.13 所示。程序中,定义了一个 Subject 接口,其中包含了加入观察者、删除观察者和通知观察者的方法。然后定义了一个实现该接口的具体主题类 ConcreteSubject,该类包含了一个观察者的列表(第 8 行),以及具体的状态数据(第 9 行)和行为,并在状态发生变化时调用观察者的更新方法(第 22 行)。接下来定义了一个 Observer 接口,其中包含了更新方法,当被观察者的状态发生变化时会被调用。最后,定义了一个实现该接口的具体观察者类 ConcreteObserver,它实现了更新方法并在被观察者的状态发生变化时进行相应的操作。在 main()方法中进行测试,创建了一个具体主题对象(第 36 行)和一个具体观察者对象(第 37 行),并将观察者对象加到主题对象上(第 38 行),然后修改主题对象的状态并通知观察者更新(第 39 行)。

【例 7.13】 **TestObserver.java**

```
1:    import java.util.*;
2:    interface Subject {
3:        void addObserver(Observer ob);
```

```
 4:        void removeObserver(Observer ob);
 5:        void notifyObservers();
 6:    }
 7:    class ConcreteSubject implements Subject {
 8:        private List<Observer> obs = new ArrayList<>();
 9:        private String state;
10:        public void setState(String state) {
11:            this.state = state;
12:            notifyObservers();
13:        }
14:        public void addObserver(Observer ob) {
15:            obs.add(ob);
16:        }
17:        public void removeObserver(Observer ob) {
18:            obs.remove(ob);
19:        }
20:        public void notifyObservers() {
21:            for(Observer ob : obs) {
22:                ob.update(state);
23:            }
24:        }
25:    }
26:    interface Observer {
27:        void update(String state);
28:    }
29:    class ConcreteObserver implements Observer {
30:        public void update(String state) {
31:            System.out.println("具体观察者收到更新: " + state);
32:        }
33:    }
34:    public class TestObserver {
35:        public static void main(String[] args) {
36:            ConcreteSubject subject = new ConcreteSubject(); //创建具体主题对象
37:            ConcreteObserver ob = new ConcreteObserver();
                //创建具体观察者对象并注册到主题对象上
38:            subject.addObserver(ob);          //把具体观察者对象加到主题对象上
39:            subject.setState("状态已更新");   //修改主题对象的状态并通知观察者更新
40:        }
41:    }
/* 运行结果:
具体观察者收到更新: 状态已更新
*/
```

　　实际上,开发者可以利用 java.util 包提供的 Observable 类和 Observer 接口来简化基于观察者模式的应用开发。把例 7.13 改为由 Observable/Observer 实现的版本,如例 7.14 所示。程序中无须再自定义抽象的主题和观察者,改为具体主题继承自 Observable 类(第 2 行);具体观察者实现 Observer 接口(第 10 行)。而在 main()方法中的测试代码无须做任何修改,即可获得相同的运行效果。从程序可见,这种实现方式很大地简化了开发代码。

【例 7.14】 TestObserverJDK.java

```
1:    import java.util.*;
2:    class ConcreteSubject extends Observable {
3:        private String state;
4:        public void setState(String state) {
5:            this.state = state;
6:            this.setChanged(); //必须增加这句!
7:            notifyObservers(this.state);
8:        }
9:    }
10:   class ConcreteObserver implements Observer {
11:       @Override
12:       public void update(Observable o, Object arg) {
13:           System.out.println("具体观察者收到更新: " + arg);
14:       }
15:   }
16:   public class TestObserverJDK {
17:       public static void main(String[] args) {
18:           ConcreteSubject subject = new ConcreteSubject();
19:           ConcreteObserver ob = new ConcreteObserver();
20:           subject.addObserver(ob);
21:           subject.setState("状态已更新");
22:       }
23:   }
/* 运行结果:
具体观察者收到更新: 状态已更新
*/
```

4. 案例

以交通信号灯系统为例,需要模拟驾驶员观察到信号灯不同状态时进行各种反应的情况。该例按完整的观察者模式框架进行开发,如例 7.15 所示。程序第 2 行枚举了信号灯的 3 种状态。第 3~7 行定义了主题接口,第 8~26 行实现了信号灯具体主题。第 27~31 行定义了抽象观察者,第 32~42 行实现了驾驶员的具体观察及相应反应。测试时,第 48~54 行模拟每秒改变一次信号灯状态。运行结果显示了一个驾驶员能根据信号灯变化而有不同的动作。

【例 7.15】 DemoObserver.java

```
1:    import java.util.*;
2:    enum State { RED, GREEN, YELLOW }
3:    interface Subject {
4:        void addObserver(Observer ob);
5:        void removeObserver(Observer ob);
6:        void notifyObservers();
7:    }
8:    class TrafficLight implements Subject {        //信号灯
9:        private State state;
10:       private List<Observer> obs = new ArrayList<>();
11:       public void addObserver(Observer ob) { obs.add(ob); }
12:       public void removeObserver(Observer ob) { obs.remove(ob); }
13:       public void notifyObservers() {
14:           for(Observer ob : obs) {
```

```
15:            switch(state) {
16:            case RED: ob.onRed(); break;
17:            case YELLOW: ob.onYellow(); break;
18:            case GREEN: ob.onGreen(); break;
19:            }
20:        }
21:    }
22:    public void changeState() {
23:        state = (state == State.RED) ? State.GREEN : (state == State.GREEN) ?
           State.YELLOW : State.RED;
24:        notifyObservers();
25:    }
26: }
27: interface Observer {
28:    void onRed();
29:    void onYellow();
30:    void onGreen();
31: }
32: class Driver implements Observer {          //驾驶员
33:    public void onRed() {
34:        System.out.println("驾驶员：看到红灯,停车...");
35:    }
36:    public void onYellow() {
37:        System.out.println("驾驶员：看到黄灯,准备停车...");
38:    }
39:    public void onGreen() {
40:        System.out.println("驾驶员：看到绿灯,行车...");
41:    }
42: }
43: public class DemoObserver {
44:    public static void main(String[] args) {
45:        TrafficLight tLight = new TrafficLight();
46:        Driver driver = new Driver();
47:        tLight.addObserver(driver);
48:        while(true) {
49:            tLight.changeState();
50:            try { Thread.sleep(1000);      //每秒暂停一次
51:            } catch(InterruptedException e) {
52:                e.printStackTrace();
53:            }
54:        }
55:    }
56: }
/* 运行结果：
驾驶员：看到红灯,停车...
驾驶员：看到绿灯,行车...
驾驶员：看到黄灯,准备停车...
驾驶员：看到红灯,停车...
驾驶员：看到绿灯,行车...
驾驶员：看到黄灯,准备停车...
...
*/
```

7.7 小结

在面向对象编程过程中,开发者需要遵循包括开闭原则等设计原则。这些原则旨在使软件设计更加健壮、灵活和可维护。设计模式是解决特定问题的优化方法,是大量设计实践的经验总结,其中也体现了常见的设计原则。设计模式有 3 类:创建型模式、结构型模式和行为型模式。这些模式在不同的场景和需求下有不同的应用。开发者需要了解各种设计模式,以便在设计时选用合适的模式;而在进行软件重构时,同样需要结合设计模式进行优化设计。总的来说,面向对象设计原则和设计模式都是为了提高软件的质量和可维护性。开发者需要通过合理地应用这些设计原则和模式,使代码更加清晰、易于维护,并且提高系统的可扩展性和可重用性。

习题

1. 思考并回答以下问题。

(1) 面向对象的 7 个设计原则中各个原则的关注点是什么?

(2) 设计原则和设计模式的作用分别是什么?

(3) 查找相关资料,调查 23 种设计模式中哪些模式的使用率较高。

2. 画出第 6 章习题第 3 题中图形系统的完整 UML 类图。

3. 在一个公司中,仅有一名总经理。运用单例模式为公司任命总经理,并验证总经理是唯一的。编程实现。

4. 为某个管理系统提供加密功能,允许对系统中关键数据进行加密,系统已经定义好了其他功能类。为了提高开发效率,需要利用第三方提供的加密功能,而这些功能的访问受限制,无法在代码上直接调用。运用适配器模式进行设计,实现在不修改现有类的基础上重用第三方的加密功能。要求画出完整的 UML 类图并编程实现。

5. 设计一个会员积分计算系统,可以为会员提供不同的积分方法。例如,消费积分,按消费值每元积 1 分;签到积分,每签到一次加 20 分;推荐积分,每成功推荐一名新会员获得150 分。运用策略模式完成具体设计,画出完整的 UML 类图并编程实现。

第 **8** 章

异常处理、反射与注解

内容提要:

☑ 异常处理	☑ 注解
☑ 反射	

Java 为开发者编写健壮、灵活、易管理的程序提供了相应的实用技术。本章重点介绍 Java 的异常处理机制、反射以及注解技术。

8.1 异常处理

8.1.1 异常

程序在运行过程中,很可能出现各种无法让程序继续正常运行的状况,这就是异常(exception)现象。例如,运行时出现的用户输入错误、设备错误、网络故障以及磁盘空间不够等情况。作为一种安全性很高的编程语言,Java 提供了完善的异常处理机制,便于开发者应对各种异常情况,实现业务逻辑与异常处理逻辑的分离,提高了代码的可读性。

Java 的异常处理机制拥有特定的语法和继承结构,如图 8.1 所示。此外,Java 语言提供了大量的实用异常类,同时允许开发者定义自己的异常。异常对象都继承自 Throwable 类,其子类分为 Error 和 Exception 这两大类别。Error 一般指是程序无法处理的错误,表示运行应用程序中较严重问题,例如 VirtualMachineError(虚拟机错误)、ThreadDeath(线程死亡)等。抛出了 Error 的程序从语义角度看,程序无法通过后续代码修复,因此需要终止。Exception 是应用更为普遍的异常处理类,可再划分出两个分支,一个分支是 RuntimeException(运行时间异常),代表由程序错误导致的异常;剩下的作为另外一个分支,包括输入输出异常(IOException)、文本解析异常(ParseException)等。当然,各个异常类还有更为具体化的子类。例如,RuntimeException 异常的子类包含几种常见的运行时间异常情况,包括数组访问越界(IndexOutOfBoundsException)、错误类型转换(ClassCastException)、访问空指针(NullPointerException)等。

此外,根据异常处理方式的不同,Java 把 Error 类和 RuntimeException 类以及它们的子类称为非被检查异常(unchecked exceptions);其余的异常类则称为被检查异常(checked exceptions)。编译器将检查开发者是否为被检查异常提供异常处理,也就是说,开发者编程时必须处理被检查异常,否则程序无法完成编译。

例 8.1 展示了几个常见的运行时间异常。分别运行第 3 行、第 4~5 行、第 6~7 行和第 8~9 行代码,每次测试前注释掉其他无关代码,4 次运行的结果如程序后所示。其中运行 1 触发除 0 算术异常;运行 2 触发数组越界访问异常;运行 3 触发空指针异常;运行 4 触发类型转换异常。由于这些异常都继承自 RuntimeException,属于非被检查异常,因此编译器没有强制开发者在程序中进行异常处理。

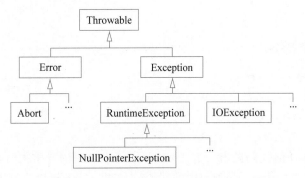

图 8.1 Java 的异常类层次结构

【例 8.1】 TestExcept.java

```
1:   public class TestExcept {
2:      public static void main(String[] args) {
3:          int x=100/0;            //运行 1
4:  //      int []a=new int[5];
5:  //      a[8]=111;               //运行 2
6:  //      int []b=null;
7:  //      b[0]=222;               //运行 3
8:  //      Object str="12345";
9:  //      int num=(int) str;      //运行 4
10:     }
11: }
/*    运行结果 1:
Exception in thread "main" java.lang.ArithmeticException: / by zero
    at TestExcept.main(TestExcept.java:3)

    运行结果 2:
Exception in thread "main" java.lang.ArrayIndexOutOfBoundsException: Index 8
out of bounds for length 5
    at TestExcept.main(TestExcept.java:5)

    运行结果 3:
Exception in thread "main" java.lang.NullPointerException
    at TestExcept.main(TestExcept.java:7)
```

```
    运行结果 4:
Exception in thread "main" java.lang.ClassCastException: class java.lang.String
cannot be cast to class java. lang. Integer (java. lang. String and java. lang.
Integer are in module java.base of loader 'bootstrap')
    at TestExcept.main(TestExcept.java:9)
*/
```

8.1.2   异常的捕获

如果异常发生的时候没有进行捕获，那么程序将会终止，并打印出异常信息，包含异常的类型和堆栈内容。Java 在语法上提供的异常捕获方式是设置 try-catch 语句块，基本的语法结构如下：

```
try {
    可能产生异常的代码
}catch(异常类型   e) {
    异常处理代码
} finally {
    都要执行的代码
}
```

当 try 语句块中任何代码抛出一个在 catch 子句中说明的异常类时，程序将跳过 try 语句块的其余代码，转向执行 catch 子句中的代码。如果 try 语句块执行完都没有出现异常，则跳过 catch 子句。如果 try 语句块中出现异常的类型与 catch 子句中声明的异常类型不匹配，那么程序将在异常出现的地方直接终止，而无法利用 catch 子句中的异常处理。

finally 子句包含的代码总是要被执行，不管 try 语句块中是否出现异常。一般的应用场景是当需要把内存之外的资源恢复到初始状态时，例如，文件或网络资源的清理。至于内存资源，可交由 JVM 的垃圾回收机制负责处理。当没有这方面的处理需求时，finally 子句可以省略。

在一个 try 语句块中，可以捕获多个类型的异常，开发者可对不同的异常做出不同处理。语法上按以下方式组织：

```
try {
    可能产生异常的代码
}catch(异常类型 1  e) {
    异常处理代码 1
} catch(异常类型 2  e) {
    异常处理代码 2
} catch(异常类型 3  e) {
    异常处理代码 3
}
```

不同类型异常可能是继承关系，如果把父类异常放在子类异常的前面，编译时将出现 Unreachable catch block for xxx. It is already handled by the catch block for xxx 的错误提示。

自 JDK 1.7 之后，Java 支持同一个 catch 子句捕获多个异常类型的语法，这种语法使代码更为简洁高效。例如：

```
try {
    可能产生异常的代码
}catch(异常类型 1 |异常类型 2 |异常类型 3  e) {
    异常处理代码
}
```

8.1.3 定义异常类

在开发过程中,Java 提供的标准异常类可能无法满足实际的具体需求,因此开发者需要定义自己的异常类。自定义的异常类一般可以选择继承自 java.lang.Exception 类,自定义异常类作为 Exception 类的子类,属于被检查异常,需要开发者进行异常捕获等处理。自定义异常类及应用的步骤如下。

(1) 设计异常类,继承 Exception 类,设置必要的异常信息。

(2) 在功能类中,根据业务逻辑或异常检查条件,在要求异常处理的地方,用 throw 关键字抛出该异常类的对象;然后对涉及的功能方法用 throws 关键字声明抛出的该异常类。

(3) 在使用功能类时,对于调用功能方法的语句,用 try-catch 语句块进行异常捕获并处理。

例 8.2 中自定义了一个异常类并应用。第 1~5 行定义异常类,继承了 Exception 类。第 6~12 行设计一个功能类,内含有一个功能方法,声明抛出自定义的异常类;若 isExcept 条件为 true,则在第 10 行抛出异常对象。第 18 行在测试时,调用功能方法。第 16~24 行进行异常的捕获和处理,其中在 catch 子句中进行异常处理,在 finally 子句中进行必要的收尾处理。当 isExcept 为 true 时,运行结果附在程序后。

【例 8.2】 **TestMyExcept.java**

```
1:  class MyExcept extends Exception {
2:      MyExcept(String info) {
3:          super(info);
4:      }
5:  }
6:  class MyFun {
7:      void doWork(boolean isExcept) throws MyExcept {
8:          System.out.println("doWork@MyFun0");
9:          if(isExcept)
10:             throw new MyExcept("出现异常!");
11:     }
12: }
13: public class TestMyExcept {
14:     public static void main(String[] args) {
15:         MyFun mf = new MyFun();
16:         try {
17:             System.out.println("开始处理...");
18:             mf.doWork(true);
19:         } catch(MyExcept e) {
20:             e.printStackTrace();
21:             System.out.println("完成异常处理!");
22:         } finally {
```

```
23:            System.out.println("完成收尾处理。");
24:        }
25:        System.out.println("结束处理。");
26:    }
27: }
/* 运行结果:
开始处理...
doWork@MyFun0
ch8.except.MyExcept: 出现异常!
    at MyFun.doWork(TestMyExcept.java:10)
    at TestMyExcept.main(TestMyExcept.java:18)
完成异常处理!
完成收尾处理。
结束处理。
*/
```

作为测试，如果程序中第 18 行改为"mf.doWork(false);"，不触发异常，其运行结果如下：

```
/* 运行结果:
开始处理...
doWork@MyFun0
完成收尾处理。
结束处理。
*/
```

8.1.4　异常链

对于程序运行中出现的异常，通常的应对方式是进行捕获或者再抛出。开发者一般在知道如何处理异常的情况下，才去捕获异常，否则把异常再抛出。开发者在程序中可以把暂不处理的异常往后级抛出，直到主方法 main() 所在之处。对前级异常抛出处理的常见形式有：一种是调用功能方法所在的方法用 throws 声明抛出对应的异常类；另一种是进行异常捕获，在 catch() 子句中通过包装，用 throw 再次抛出异常。

异常链是指一个异常对象包含了另一个异常对象的信息作为其原因。这种机制可以帮助定位问题的根本原因，并提供更详细的错误信息。通过包装异常，可让子系统抛出高一级的异常，而不会丢失原始异常的细节。

例 8.3 中自定义了两个异常类，展示了异常的抛出和处理。第 12～17 定义了一个功能方法 doWork()，含有抛出 MyExcept 异常的逻辑。在定义的 Fun2 类的 useWork() 方法中，调用 doWork() 方法，第 19 行直接在方法声明中再抛出 MyExcept 异常。在定义的 Fun3 类的 useWork() 方法中构建了异常链，在完成异常捕获后，第 30 行定义一个新异常对象，第 31 行用捕获的原异常对象信息设置新异常对象，第 32 行再抛出该新异常对象。第 39～44 行在 main() 方法中进行最后的异常捕获和处理。从运行结果可见，异常链能保有原始异常的信息，有利于异常的追踪。

【例 8.3】 TestExceptChain.java

```
 1:    class MyExcept extends Exception{
 2:        MyExcept(String info){
 3:            super(info);
 4:        }
 5:    }
 6:    class MyExceptNew extends Exception{
 7:        MyExceptNew(String info){
 8:            super(info);
 9:        }
10:    }
11:    class Fun1{
12:        void doWork(boolean isExcept) throws MyExcept {
13:            System.out.println("doWork@Fun1");
14:            if(isExcept)
15:                throw new MyExcept("出现异常！MyExcept");
16:        }
17:    }
18:    class Fun2{
19:        void useWork() throws MyExcept{
20:            Fun1 f=new Fun1();
21:            f.doWork(true);
22:        }
23:    }
24:    class Fun3{
25:        void useWork() throws MyExceptNew{
26:            Fun2 f=new Fun2();
27:            try {
28:                f.useWork();
29:            } catch(MyExcept e) {
30:                MyExceptNew e1 = new MyExceptNew("出现异常！MyExceptNew");
31:                e1.initCause(e);
32:                throw e1;
33:            }
34:        }
35:    }
36:    public class TestExceptChain {
37:        public static void main(String[] args) {
38:            Fun3 ff=new Fun3();
39:            try {
40:                ff.useWork();
41:            } catch(MyExceptNew e) {
42:                e.printStackTrace();
43:                System.out.println("完成异常处理。");
44:            }
45:        }
46:    }
/* 运行结果:
doWork@Fun1
MyExceptNew: 出现异常！MyExceptNew
        at Fun3.useWork(TestExceptChain.java:30)
        at TestExceptChain.main(TestExceptChain.java:40)
```

```
Caused by: MyExcept: 出现异常！MyExcept
        at Fun1.doWork(TestExceptChain.java:15)
        at Fun2.useWork(TestExceptChain.java:21)
        at Fun3.useWork(TestExceptChain.java:28)
        ... 1 more
完成异常处理。
*/
```

8.2　反射

Java 反射(reflection)是动态获取程序信息以及动态调用对象方法的一种机制。通过反射技术，开发者可以编写动态操纵 Java 代码的程序。反射机制的功能强大，常用功能包括在运行中分析类、查看对象、实现通用的数组操作代码、动态调用方法等。

8.2.1　获取 Class 的实例

在 Java 程序运行时，JVM 为所有对象维护运行时类型标识信息，该信息跟踪所有对象所属的类，JVM 可以通过这些信息来选择相应的执行方法。Java 提供的 java.lang.Class 类可以保存和访问这些运行时类型信息。获取 Class 类型的实例的方式通常有以下 3 种。

(1) 通过 Java 的顶级父类 Object 类中提供的 getClass()方法来获取。通过具体对象来调用 getClass()方法，不适用 Java 基本类型。

(2) 通过调用 Class 类中的静态方法 forName()来获取。forName()方法参数是包含包名的完整类名，不能是 Java 基本类型。

(3) 通过用类型名加.class 后缀的形式直接获取。类型名可以是引用型类型，也可以是 Java 基本类型，加后缀如 int.class，还包括 void 关键字。对于基本类型，还可以通过其包装引用型类型名加.TYPE 后缀的形式直接获取，如 Integer.TYPE。

为了后续的举例说明，例 8.4 先定义了一个 Person 类作为测试对象。

【例 8.4】　Person.java

```
public class Person {
    private int id;
    public int getId() {
        return id;
    }
    public void setId(int id) {
        this.id = id;
    }
    public String toString() {
        return "Person[id=" + id + "]";
    }
}
```

例 8.5 展示了获取 Class 类型的实例的几种方式。程序中第 5 行是通过具体对象调用方法 getClass()的方式；第 7 行是调用静态方法 forName()的方式；第 9 行则是通过.class 直接赋值，包括基本类型、void 和引用型类型，另外还有一个包装型以.TYPE 形式赋值。

【例 8.5】 TestClass.java

```
1:    import java.util.Date;
2:    public class TestClass {
3:        public static void main(String[] args) throws Exception {
4:            Person p = new Person();
5:            Class c1 = p.getClass();
6:            System.out.println(c1.getName());
7:            Class c2 = Class.forName("Person");
8:            System.out.println(c2.getName());
9:            Class[] clzs = { int.class, void.class, Date.class, Person.class,
                 Integer.TYPE };
10:           for(Class c : clzs)
11:               System.out.print(c.getName()+ "  ");
12:       }
13:   }
/* 运行结果：
Person
Person
int  void  java.util.Date  Person  int
*/
```

测试时，把例 8.4 编译的结果 Person.class 和例 8.5 编译后的 TestClass.class 放置在同一个文件夹中，运行 TestClass 后，结果附在例 8.5 程序后。

8.2.2　动态操作对象

以反射方式分析类与对象，以及操作对象的基本途径是：通过 Class 的实例来获取类的数据域、构造方法（构造器）、成员方法，再实现动态操作对象，包括动态创建对象、访问数据域的值和动态调用方法。Java 的 java.lang.reflect 包下提供了 3 个重要的类：Constructor、Field、Method，分别代表类的构造器、数据域、方法。通过 java.lang.Class 类的方法调用，可以动态获取某个对象的构造器、数据域与方法。下面介绍这几个动态操作对象时通常需要用到的类。

（1）Class 类：该类提供的获取构造器、数据域、方法信息的相关方法简要列举如下。

① getConstructor()、getConstructors()、getDeclaredConstructors()：获取构造器对象。

② getField()、getFields()、getDeclaredFields()：获取数据域对象。

③ getMethod()、getMethods()、getDeclaredMethods()：获取方法对象。

（2）Constructor 类：该类提供有关类的单个构造器的信息和对该构造器的访问。该类常用的方法简要列举如下。

① getModifiers()：以 int 形式返回修饰符。

② getName()：返回构造器的全类名。

③ getParameterTypes()：返回参数类型的数组。

④ setAccessible()：设置访问权限。

⑤ newInstance()：创建对象。

（3）Field 类：该类提供有关类或接口的单个域的信息，并提供对该域的动态访问。反射的域可以是静态的，也可以是非静态的。该类常用的方法简要列举如下。

① getModifiers()：返回修饰符。

② getType()：返回数据域的类型。

③ getName()：返回数据域名(属性名)。

④ get()：获取数据域的值。

⑤ getXXX()：获取数据域的值,返回 XXX 类型。

⑥ set()：为指定对象的该数据域设置新值。

⑦ setXXX()：为指定对象的该数据域设置类型为 XXX 的新值。

(4) Method 类：该类提供关于类或接口上的单个方法的信息以及对该方法的访问。反射的方法可以是静态方法或非静态方法,可以是抽象方法。该类常用的方法简要列举如下。

① getModifiers()：返回方法的返回值类型。

② getParameterTypes()：返回参数类型的数组。

③ getName()：返回方法的名称。

④ invoke()：为指定对象调用方法,可以为方法传递参数。

利用以上几个类,关键的动态操作对象的方式如下。

(1) 创建对象：通过 Class 的实例引用获取构造器对象,然后通过该对象调用 newInstance()方法来创建一个 Class 实例所指类型的对象。代码片段如下:

```
Class 类引用 = Class.forName(类名);
Constructor 构造器引用 = 类引用.getConstructor();
Object 对象引用 = 构造器引用.newInstance();
```

(2) 访问数据域：通过 Class 的实例引用获取数据域对象,然后通过该对象调用 set()、setXXX()等方法来设置指定对象的数据域的值;或调用 get()、getXXX()方法来获取值。设置数据域的代码片段如下:

```
Class 类引用 = Class.forName(类名);
Field 数据域引用 = 类引用.getDeclaredField(数据域名);
数据域引用.set(对象引用, 新值);
```

(3) 调用方法：通过 Class 的实例引用获取方法对象,然后通过该对象调用 invoke()方法来为指定对象调用方法。代码片段如下:

```
Class 类引用 = Class.forName(类名);
Method 方法引用 = 类引用.getMethod (方法名[,参数类型...]);
方法引用.invoke(对象引用[,参数列表...]);
```

下面进行 Java 反射的基本功能测试。把例 8.4 编译后的字节码 Person.class 作为测试对象。编写反射处理程序,如例 8.6 所示。把 Person.class 和例 8.6 编译后的 TestReflect.class放到同一个文件夹下,然后运行 TestReflect 进行测试,运行结果附在程序后。

【例 8.6】 TestReflect.java

```
1:  import java.lang.reflect.*;
2:  public class TestReflect {
3:      public static void main(String[] args) throws Exception {
```

```
4:          Class clz = Class.forName("Person");
5:          Field idField = clz.getDeclaredField("id");
6:          Method setIdMethod = clz.getMethod("setId", int.class);
7:          Method getIdMethod = clz.getMethod("getId");
8:          Constructor personConstructor = clz.getConstructor();
9:          Object personObj = personConstructor.newInstance();
10:         idField.setAccessible(true);
11:         idField.set(personObj, 88);
12:         System.out.println("(1) Person id = " + getIdMethod.invoke(personObj));
13:         setIdMethod.invoke(personObj, 33);
14:         System.out.println("(2) Person id = " + getIdMethod.invoke(personObj));
15:      }
16:  }
/* 运行结果:
(1) Person id = 88
(2) Person id = 33
*/
```

例 8.6 中,第 4 行获取名字为 Person 的类的对象;第 5 行通过类的对象获取名字为 id 的数据域;第 6、7 行分别获取 setId()和 getId()方法;第 8 行获取类的构造方法。第 9 行以反射方式创建对象。第 11 行以反射方式为数据域 id 设置新值,注意,由于 id 的访问权限是 private,因此第 10 行需要先设置该域为可访问。第 12~14 行以反射方式进行方法调用,其中第 12、14 行调用 getId()方法;第 13 行调用 setId()方法。

8.2.3　通用的数组操作

一般来说,数组用于存储特定类型的数据。而采用反射技术可以动态地操作数组,实现通用的数组操作,适应各种具体数据类型,体现很大的灵活性。java.lang.reflect.Array 类是基于反射操作数组的关键类,提供了许多静态方法用于动态创建和存取数组,常用的方法有:

(1) Object newInstance(Class<?> componentType,int length):创建长度为 length、元素数据类型为 componentType 的数组。另外还有一个创建多维数组的 newInstance()重载方法。

(2) Object get(Object array,int index):获取 array 中的 index 索引位置处的元素。

(3) void set(Object array,int index,Object value):在 array 中的 index 索引位置处,存储一个对象 value。

(4) XXX getXXX(Object array,int index):获取 array 中的 index 索引位置处,数据类型为 XXX 的元素。

(5) void setXXX(Object array,int index,XXX x):在 array 中的 index 索引位置处,存储一个类型为 XXX 的值 x。

(6) int getLength(Object array):获取 array 数组的长度。

例 8.7 给出了利用 Array 进行数组操作的实例。本例中的 Person 定义来自例 8.4。程序中第 8、9 行用于动态创建一个长度为 3、元素类型为 Person 的数组对象。第 10、11 行分别把元素存入数组。第 12 行获取数组对象的类型。第 13 行检查如果为数组,才进行后续操作。第 14 行获取数组对象的实际长度;第 15 行获取数据对象中元素的类型。第 16 行检查如果元素类型是 Person，才进行后续操作。第 17、18 行逐一获取数组中的元素并打印。

【例 8.7】 TestArray.java

```
1:    import java.lang.reflect.Array;
2:    public class TestArray {
3:        public static void main(String[] args) throws Exception {
4:            Person p1 = new Person();
5:            p1.setId(111);
6:            Person p2 = new Person();
7:            p2.setId(222);
8:            Class clz = Class.forName("Person");
9:            Object a = Array.newInstance(clz, 3);
10:           Array.set(a, 0, p1);
11:           Array.set(a, 2, p2);
12:           Class clz_a = a.getClass();
13:           if(clz_a.isArray()) {
14:               int len = Array.getLength(a);
15:               Class type = clz_a.getComponentType();
16:               if(type.equals(clz)) {
17:                   for(int i = 0; i < len; i++)
18:                       System.out.println(Array.get(a, i));
19:               }
20:           }
21:       }
22:   }
/* 运行结果:
Person [id=111]
null
Person [id=222]
*/
```

测试时，把编译后的 Person.class 和 TestArray.class 放置在同一个文件夹中。运行结果附在例 8.7 程序后。

8.3 注解

注解（annotation）是一种元数据，可以提供描述程序、存储代码的额外信息、支持编译器的测试与验证以及生成模板描述文档等功能。自 JDK 1.5，Java 引入了注解技术。注解的语法简单，带有"@"符号，其他部分与 Java 语法基本一致。除了 Java 内置的注解以外，开发者也可以自定义注解。定义在 java.lang 包中的常用标准注解包括：

（1）@Override：检查是否为重写方法，若父类或实现的接口没有该方法，编译器将报错。

（2）@Deprecated：标记过时方法，若使用该方法编译器将警告。

（3）@SuppressWarnings：指示编译器忽略指定的警告。

图 8.2 是案例程序在 Eclipse IDE 中编辑器所显示的效果。程序中第 3 行定义的方法因返回 void，该方法是名称和构造方法一样的普通方法，如果不使用第 2 行的注解，编译时会给出 This method has a constructor name 的警告。第 5 行的注解用于标识 myFun()方法过时，这使得第 6 行的方法名带有删除线。第 8 行的注解用于标识 doIt()方法是个重载

父类或接口的方法，然而事实并不是，因此在第 9 行编译器给出了 The method doIt() of type TestAnno must override or implement a supertype method 的出错提示信息。

```
 1  public class TestAnno {
 2      @SuppressWarnings({"all"})
 3      void TestAnno() {
 4      }
 5      @Deprecated
 6      void myFun(){
 7      }
 8      @Override
 9      void doIt() {
10      }
11      public static void main(String[] args) {
12          TestAnno test = new TestAnno();
13          test.myFun();
14      }
15  }
```

图 8.2　Java 内置注解的使用案例

开发者可以自定义注解，以满足特定的应用需求。自定义注解需要用到一种称为元注解的注解。所谓元注解指用于定义注解的注解，Java 的 java.lang.annotation 包提供的常用元注解包括：

（1）@Retention：用于标明注解被保留的阶段。

（2）@Target：用来限制注解的使用范围。

（3）@Inherited：该注解使父类的注解能被其子类继承。

（4）@Documented：标记注解，用于指示一个注解将被文档化。

定义一个注解的语法形式如下：

```
元注解
...
@interface 注解名称{
    属性名称();
    ...
}
```

其中，元注解和属性名称可以有 0 到多个。以@interface 声明的注解，实质上是定义一个继承 java.lang.annotation.Annotation 的注解类。

例 8.8 给出一个自定义注解并使用的简单案例。程序中第 3～9 行自定义了一个注解 MyAnno，其中第 3 行声明该注解可被 javadoc 工具文档化；第 4 行声明注解的有效期可达运行时间；第 5 行声明注解类型为方法，即适用于方法。注解中包含了两个属性，给属性 id 赋予默认值 111。第 11 行给方法 test() 添加了 MyAnno 注解，需要为没有默认值的属性 name 赋值。在 main() 方法中进行测试，利用反射方式提取注解信息，第 18 行通过方法对象获取该方法上的注解，第 19 行打印输出注解的内容。

【例 8.8】　MyTest.java

```
1:    import java.lang.annotation.*;
2:    import java.lang.reflect.Method;
3:    @Documented
4:    @Retention(RetentionPolicy.RUNTIME)
```

```
 5:    @Target(ElementType.METHOD)
 6:    @interface MyAnno{
 7:        int id() default 111;
 8:        String name();
 9:    }
10:    public class MyTest {
11:        @MyAnno(name = "chen")
12:        public void test(){
13:        }
14:        public static void main(String[] args) throws Exception{
15:            MyTest t = new MyTest();
16:            t.test();
17:            Method method = Class.forName("MyTest").getMethod("test");
18:            MyAnno anno=method.getAnnotation(MyAnno.class);
19:            System.out.println("注解 MyAnno: id="+anno.id()+"; name="+anno
               .name());
20:        }
21:    }
/*  运行结果:
注解 MyAnno: id=111; name=chen
*/
```

8.4 小结

Java 的提供的异常处理、反射、注解等实用技术可支持开发者编写健壮、灵活、易管理的应用程序。Java 提供了强大的异常处理机制,支持开发者编写健壮、安全的程序。Java的反射技术允许开发者动态地操作对象。Java 的注解可为代码添加元数据,简化开发者对代码的控制和处理。

习题

1. 编写程序,先创建一个含有 20 个随机整数的数组,然后根据用户输入的整数值作为下标,访问数组元素并输出元素值。要求进行异常捕获,当用户输入超出范围的下标时,能够显示"注意: 数组访问越界!"的提示。

2. 编写程序,模拟指定温度范围条件,超出范围将发生异常的情况。自定义一个异常类 MyException,继承自 Exception 类,用于描述异常的具体信息;定义一个功能类,用于检查当前温度,如果超出温度范围(低于 100 度或高于 500 度)条件,将抛出 MyException 异常。写一个测试类用于测试。

3. 编写程序验证反射处理。首先定义一个圆类 Circle,包含半径变量、求周长的方法、重载的构造方法。然后以反射方式对 Circle 类进行以下操作: 采用不同构造方法进行对象生成,再设置半径变量,最后求周长。

4. 编写程序,自定义一个方法注解@NameNum,该注解含有两个属性:一个是字符串型属性 name;另一个是 double 型属性 num,其默认值为 3.14。定义一个类,类中的一个方法使用该注解。利用反射获取注解的信息。

第 **9** 章

泛型与集合框架

内容提要：

- ☑ 泛型
- ☑ Java 集合框架
- ☑ 列表
- ☑ 集合
- ☑ 队列
- ☑ 栈
- ☑ 映射

Java 的集合框架为开发者提供了常用数据结构的描述和操作工具，而集合框架基于泛型技术。本章首先介绍泛型技术，包括泛型方法、泛型类与泛型接口等内容；然后具体介绍 Java 集合框架中的几类常用结构的使用方法，包括列表、集合、队列、栈和映射。

9.1　泛型

9.1.1　泛型的作用

从 JDK 5 开始，Java 引入了泛型（generics）的概念。泛型实现了类型的参数化，使得同一代码可以适用于多种类型数据的处理。JDK 引入泛型的主要目的是建立具有类型安全的数据容器，例如链表、映射等常用数据结构。

早期的 JDK 在提供常用的数据结构描述及操作工具时，为了满足对不同数据类型的处理需求，暂定待处理的数据类型为顶级父类 Object。当操作具体类型数据时，可能因开发者不当的类型转换操作造成运行时间错误。例 9.1 设计了一个冰箱类 IceBox，实现对 Object 类型物品对象的存取操作。第 23、24 行分别存入苹果和大象对象，在第 25 行尝试取出苹果。该程序编译时没有提示任何错误，但运行时却抛出 ClassCastException 异常，提示第 25 行中 Elephant 类无法转换为 Apple 类。

【例 9.1】　TestIcebox.java

```
1:    class Apple{
2:      public String toString() {
3:        return "苹果!";
```

```
 4:        }
 5:     }
 6:     class Elephant{
 7:        public String toString() {
 8:           return "大象!";
 9:        }
10:     }
11:     class IceBox{
12:        private Object obj;
13:        public Object getObj() {
14:           return obj;
15:        }
16:        public void setObj(Object obj) {
17:           this.obj = obj;
18:        }
19:     }
20:     public class TestIcebox {
21:        public static void main(String[] args) {
22:           IceBox box=new IceBox();
23:           box.setObj(new Apple());
24:           box.setObj(new Elephant());
25:           System.out.println((Apple)box.getObj());
26:        }
27:     }
```

作为对比,利用泛型技术重新设计例 9.1 中的冰箱类如下。该类把存取的对象指定为一个泛型类型 T。

```
class IceBox<T>{
    private T obj;
    public T getObj() {
        return obj;
    }
    public void setObj(T obj) {
        this.obj = obj;
    }
}
```

测试时,main()方法编码如下。第 2 行通过赋予泛型的类型为 Apple,限定冰箱只能存取苹果。第 4 行尝试存入大象,编译时提示类型不匹配错误,只能注释掉该行才能通过编译,避免了运行时间的可能出错,提高了安全性。

```
1:    public static void main(String[] args) {
2:        IceBox<Apple> box=new IceBox<Apple>();
3:        box.setObj(new Apple());
4:        box.setObj(new Elephant());
5:        System.out.println(box.getObj());
6:    }
```

泛型技术通过告诉编译器要使用的数据类型,让编译器处理底层细节,这样可以保证类型的正确性,防止运行时间错误。Java 的泛型技术涉及泛型类、泛型接口以及泛型方法,支持继承和实现等常用的面向对象的设计。

9.1.2 泛型方法

泛型方法是带有类型参数的方法,在调用时可以接收或返回不同类型的参数。类型参数也称为类型变量或泛型参数,是用于指定一个泛型类型名称的标识符。标识符的选用虽然没有强制限定,但习惯上采用单个大写字母,可代表一定的意义,例如 T(Type,表示类型)、E(Element,表示元素)、K(Key,表示键)、V(Value,表示值)等。同一个泛型类中用不同字母代表不同的类型变量。标识符还包括类型通配符"?",表示不确定的类型。类型通配符具体还可包含以下 3 种。

(1) 无界通配符:"?",指代任何类型。例如 IceBox<?>在逻辑上可以匹配 IceBox<String>、IceBox<Integer>、IceBox<Apple>等所有 IceBox<具体类型实参>。

(2) 上届通配符:"? extends T",指代类型 T 以及 T 的子类。

(3) 下届通配符:"? super T",指代类型 T 以及 T 的父类。

泛型方法可以在一般类中定义。根据传递给泛型方法的参数类型,编译器将适当地处理每一个方法调用。定义泛型方法的规则如下。

(1) 所有泛型方法声明都有一个类型参数声明部分,用尖括号"<>"进行分隔,该类型参数声明部分在方法返回类型之前。

(2) 每一个类型参数声明部分可包含一个或多个类型参数,参数间用逗号隔开。

(3) 类型参数能被用来声明返回值类型,并且能作为泛型方法得到的实际参数类型的占位符。

(4) 赋予类型参数的数据类型只能是引用型类型,不能是简单类型。

例 9.2 中,定义了两个泛型方法。第 2~4 行定义了一个非静态方法,用于将输入的泛型对象返回。第 5~8 行定义了一个静态方法,用于打印输入的泛型数组的所有元素。在测试时,尝试调用泛型方法对不同类型的数据进行操作,如第 11~16 行所示。注意,泛型方法仅支持引用型数据类型,如果把第 13 行中 data 的类型改为简单类型的 double[],第 15 行将出现类型不适合的错误。

【例 9.2】 GenericMethod.java

```
1:   public class GenericMethod {
2:       <T> T fun(T obj) {                      //泛型方法
3:           return obj;
4:       }
5:       static <E> void showInfo(E[] items) {  //泛型方法
6:           for(int i = 0; i < items.length; i++)
7:               System.out.print(items[i] + " ");
8:       }
9:       public static void main(String[] args) {
10:          GenericMethod test = new GenericMethod();
11:          System.out.println(test.fun("Hello!"));
12:          System.out.println(test.fun(111)+222);
13:          Double[] data = { 11.1, 22.2, 33.3, 44.4 };
14:          String[] info = { "Hi", "你好", "欢迎" };
15:          showInfo(data);
16:          showInfo(info);
17:      }
```

```
18:  }
/* 运行结果:
Hello!
333
11.1 22.2 33.3 44.4 Hi 你好 欢迎
*/
```

9.1.3　泛型类

泛型类是在类的声明处带有类型参数的类。泛型类的类型参数可以在该类中的方法、属性等各种成员中使用,表示该类支持操作多种类型的数据。泛型类的类型参数声明部分可以包含一个或多个类型参数,参数间用逗号隔开。9.1.1 节中的 class IceBox<T>就是一个含有一个类型参数的泛型类。

使用 Java 泛型类时,同样需要注意一些限制,例如:

(1) 与泛型方法一样,不能用基本类型实例化类型参数,只能使用引用型类型。例如,如果要用 IceBox 类来存储一个整数,可以声明为 IceBox <Integer>,而不能用 IceBox <int>。

(2) 不能直接创建参数化类型的数组。例如,试图创建一个 IceBox 数组,用以下语句是错误的。

```
IceBox <Integer>[] boxes = new IceBox <Integer>[5];       //错误
```

然而,单独的声明语句"IceBox <Integer>[] boxes;"则没有问题。若需要获得参数化类型的数组,变通的实现方式是结合通配符的声明和强制类型转换,代码如下:

```
IceBox <Integer>[] boxes = (IceBox<Integer>[]) new IceBox<?>[5];       //正确
```

(3) 在泛型类中,带有类型参数的变量不能声明为静态的。

例 9.3 给出一个泛型类的应用实例。第 10～20 行设计了一个泛型类,该类带有两个类型参数。为了验证类型通配符参数的使用,第 22、26 行设计了接收泛型类对象参数的方法,其中第 22 行使用了无界通配符,第 26 行使用了上届通配符和下届通配符。另外设计了简单的继承关系类 A、B 和 C,便于作为具体类型参数进行验证。

测试时,第 33 行调用方法进行无界通配符的匹配;第 36 行调用方法进行上届通配符和下届通配符的匹配。在第 36 行之后,假设加入"checkMyTest1(test2);"语句,程序可以正常编译和运行;但假设加入"checkMyTest2(test1);"语句,由于违反有界通配符的匹配,编译时将出现泛型参数不适用的错误。

【例 9.3】　GenericClass.java

```
1:   class A{
2:       public String toString(){return "A";}
3:   }
4:   class B extends A{
5:       public String toString(){return "B";}
6:   }
7:   class C extends B{
8:       public String toString(){return "C";}
9:   }
10:  class MyTest<E,F>{
```

```
11:        E x;
12:        F y;
13:        MyTest(E x, F y){
14:            this.x=x;
15:            this.y=y;
16:        }
17:        void show(){
18:            System.out.println("结果: x="+x+"; y="+y);
19:        }
20:    }
21:    public class GenericClass {
22:        static void checkMyTest1(MyTest<?,?> test){
23:            System.out.print("测试->");
24:            test.show();
25:        }
26:        static void checkMyTest2(MyTest<? super B ,? extends B> test){
27:            System.out.print("测试->");
28:            test.show();
29:        }
30:        public static void main(String[] args) {
31:            MyTest<String, Double> test1=new MyTest<String, Double>
                   ("Hello!", 111.0);
32:            test1.show();
33:            checkMyTest1(test1);
34:            MyTest<A, C> test2=new MyTest<A, C>(new A(), new C());
35:            test2.show();
36:            checkMyTest2(test2);
37:        }
38:    }
/* 运行结果:
结果: x=Hello!; y=111.0
测试->结果: x=Hello!; y=111.0
结果: x=A; y=C
测试->结果: x=A; y=C
*/
```

9.1.4 泛型接口

泛型接口是指可以在接口定义中包含一个或多个类型参数的接口。泛型接口的类型参数可以在接口中的方法、属性等各种成员中使用,表示该接口支持操作多种类型的数据。泛型接口的定义和泛型类的类似。

在例 9.4 中,第 1~3 行定义了一个泛型接口 MyFun,内含有一个泛型抽象方法;第 4~9 行定义了一个泛型类 FunClass1,用于实现 MyFun 接口;第 10~15 行则定义了一个非泛型类 FunClass2,用于实现 MyFun 接口。在测试部分,第 18、20 行分别利用 FunClass1 类和 FunClass2 类来创建对象;第 23、25 行则分别把对象向上转型为 MyFun 接口的引用。

【例 9.4】 **GenericInterface.java**

```
1:    interface MyFun<T>{
2:        T fun(T obj);
3:    }
```

```
 4:  class FunClass1<T> implements MyFun<T>{
 5:      @Override
 6:      public T fun(T obj) {
 7:          return obj;
 8:      }
 9:  }
10:  class FunClass2 implements MyFun<String>{
11:      @Override
12:      public String fun(String obj) {
13:          return obj;
14:      }
15:  }
16:  public class GenericInterface {
17:      public static void main(String[] args) {
18:          FunClass1<String> c01 = new FunClass1<String>();
19:          System.out.println(c01.fun("测试 001"));
20:          FunClass2 c02 = new FunClass2();
21:          System.out.println(c02.fun("测试 002"));
22:          MyFun<String> ff;
23:          ff = c01;
24:          System.out.println(ff.fun("测试 0011"));
25:          ff = c02;
26:          System.out.println(ff.fun("测试 0022"));
27:      }
28:  }
/* 运行结果:
测试 001
测试 002
测试 0011
测试 0022
*/
```

9.2　Java 集合框架

　　Java 集合框架(collection framework)是 JDK 提供的常用数据结构描述和操作工具。早期的实现未采用泛型技术,自 JDK 5 开始,集合框架基于泛型技术进行设计,为开发者提供大量类型安全的实用数据容器,这些容器定义在 java.util 包中。集合框架包含两大类别:一类是线性数据集合,其共同接口为 Collection;另一类是数据映射,其共同接口为 Map。其中数据集合类别主要包含线性列表 List、集合 Set 和队列 Queue 等不同数据形态。

　　图 9.1 简化地展示了集合框架中的主要接口和类,忽略了一些中间层次的抽象类。其中 Collection 接口依赖一个迭代接口 Iterator;而 Map 接口则依赖 Collection 接口。List、Set 和 Queue 接口继承了 Collection 接口。常用的数组列表类 ArrayList、链表类 LinkedList 以及栈类 Stack 实现了 List 接口,而 LinkedList 还实现了 Queue 接口;哈希集类 HashSet 和树集类 TreeSet 实现了 Set 接口;双端队列类 ArrayDeque 和优先队列类 PriorityQueue 实现了 Queue 接口;而哈希映射 HashMap 和树映射 TreeMap 则实现了 Map 接口。表 9.1 列出了集合框架中的几个常用类。

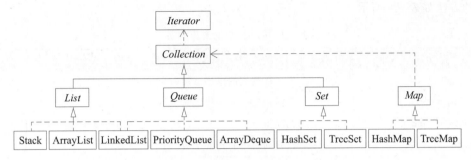

图 9.1　Java 集合框架中的主要接口和实用类

表 9.1　集合框架中的常用类及说明

类	描　　述
ArrayList<E>	采用长度可调整的数组进行设计的列表实现类
LinkedList<E>	双向链表实现类,可支持高效的插入和删除元素操作
HashSet<E>	采用哈希表结构设计的集合实现类,内含的元素不可重复
TreeSet<E>	采用有序树结构设计的集合实现类
ArrayDeque<E>	采用长度可调整的数组进行设计的双端队列实现类
PriorityQueue<E>	采用堆排序设计的优先队列实现类
Stack<E>	栈的实现类
HashMap<K,V>	采用哈希表结构设计的映射实现类
TreeMap<K,V>	采用红黑树结构设计的映射实现类

在多线程并发处理的条件下,必须兼顾数据操作的效率和安全性,为此,JDK 提供了常用类对应的并发版本,具备线程安全的特性,这些类通常放在 java.util.concurrent 包中。例如 CopyOnWriteArrayList 类是 ArrayList 类的并发版本;PriorityBlockingQueue 类是 PriorityQueue 类的并发版本;ConcurrentHashMap 类是 HashMap 类的并发版本。

IT 界有个著名的谚语"不要重复发明轮子",意指当已有成熟、优秀的技术或工具可以利用时,不要尝试自己再去实现一遍。JDK 提供的开源集合框架汇聚了众多杰出的开发者的优秀成果,能满足大多数场合中操作数据的需求,无论是效率和稳定性都经受了时间的考验。因此,作为一名 Java 开发者,很有必要熟悉 Java 集合框架中常用类的使用,并能根据具体的开发需求选择合适的工具。

9.3　列表

列表(list)即线性表结构,是最基本、最简单、最常用的一种数据结构。一个线性表是由有限个类型相同的元素组成。线性表内的元素特点是:开始元素最多有一个直接后继元素;结束元素最多有一个直接前驱元素;其余元素有一个直接前驱元素,以及一个直接后继元素。线性表一般可以采用顺序表或链式表进行存储设计。在实际应用中,线性表还有栈、队列、字符串等特殊使用形式。

JDK 提供了 java.util.List<E>接口用于表示列表,该接口扩展了 Collection<E>接口,常用的方法如表 9.2 所示。

表 9.2　List 接口的常用方法

方　法	功　能
boolean add(E e)	用于往列表的末尾添加一个元素
E get(int index)	根据指定的元素位置索引值，返回所在的元素
E remove(int index)	删除指定位置的元素，后续的元素往前挪动；返回被删除的元素
int size()	返回列表中的元素个数
void sort(Comparator<? super E>c)	根据比较器 c 的规则，对列表元素进行排序
Iterator<E>iterator()	返回列表的一个迭代器对象
<E>List<E>of(E... elements)	返回一个包含任意数量元素的只读列表

常用的列表实现类包括 ArrayList 和 LinkedList 等，下面重点介绍 LinkedList 类。

9.3.1　LinkedList

Java 的 java.util.LinkedList 类实现了双向链表，该类实现了 List 和 Deque 这两个主要接口，提供了大量的实用方法，便于对列表元素的各种操作。列表元素允许是包括 null 在内的各种类型数据。该类实现的链表内部组织如图 9.2 所示。

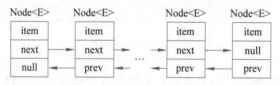

图 9.2　LinkedList 的内部组织示意

LinkedList 类提供的常用的方法包括：add()、remove()、get()等重写自 List 接口中的抽象方法；peek()、poll()、offer()、addFirst()、removeFirst()等重写自 Deque 接口中的抽象方法。

例 9.5 给出了使用 LinkedList 进行列表数据元素的增、删、改和遍历操作的应用实例。程序中定义一个 Apple 类。第 15 行定义一个 LinkedList 列表；第 16～22 行调用 add()方法逐个加入 Apple 对象元素；第 23 行从列表删除索引值为 2，即第 3 个元素；第 24 行在索引值为 2 的位置插入元素；接下来从第 25、26 行遍历列表，对列表中各个元素逐一打印输出。其中第 23、24 行对列表中指定位置的元素先进行删除再增加，其执行效果相当于修改该位置的元素。

【例 9.5】　TestList1.java

```
1:    import java.util.*;
2:    class Apple {
3:        int id;
4:        double price;
5:        Apple(int id, double price){
6:            this.id=id;
7:            this.price=price;
```

```
 8:        }
 9:        public String toString(){
10:            return "apple id="+id+ "; price="+price;
11:        }
12:    }
13:    public class TestList1 {
14:        public static void main(String[] args) {
15:            List<Apple> list=new LinkedList<Apple>();
16:            list.add(new Apple(6,4.3));
17:            list.add(new Apple(11,5.5));
18:            list.add(new Apple(6,8.2));
19:            list.add(new Apple(23,7.3));
20:            list.add(new Apple(11,15.5));
21:            list.add(new Apple(6,4.3));
22:            list.add(new Apple(6,9.6));
23:            list.remove(2);
24:            list.add(2, new Apple(5,111));
25:            for(int i=0;i<list.size();i++)
26:                System.out.println(list.get(i));
27:        }
28:    }
/* 运行结果：
apple id=6; price=4.3
apple id=11; price=5.5
apple id=5; price=111.0
apple id=23; price=7.3
apple id=11; price=15.5
apple id=6; price=4.3
apple id=6; price=9.6
*/
```

　　程序中第 15 行语句是一种面向抽象的设计形式，把 LinkedList 具体对象向上转型，返回 List 接口引用。这种面向抽象编程的好处是：用户程序使用 List 接口提供的方法，具有很高的兼容性，用户无须关注底层的具体实现。

9.3.2　迭代器

　　在例 9.5 中，采用传统的 for 循环方式进行列表元素的遍历。实际上，Java 集合框架还提供了一种基于迭代器模式的迭代处理方法。迭代器被设计为一种专用的对象，其作用是遍历并选择序列中的元素对象，开发者使用时无须关心序列的结构及元素的类型。迭代器是一种轻量级的对象，创建代价小，只能单向移动，效率很高。迭代器接口 Iterator<E>包含的常用方法有：

　　（1）hasNext()方法：如果迭代过程中还剩有元素，则返回 true。

　　（2）next()方法：返回迭代中的下一个元素。

　　采用迭代器进行遍历的代码形式如下：

```
Iterator<类型>it;
while(it.hasNext()) {          //检测是否还有元素
    类型 item = it.next();     //获取一个元素
    ...
}
```

对于例 9.5 中第 25、26 行的循环遍历输出部分,改采用迭代器进行处理,代码如下:

```
1:   Iterator<Apple> it=list.iterator();
2:   while(it.hasNext()) {
3:       System.out.println(it.next());
4:   }
```

以上代码片段中,第 1 行利用列表对象调用 iterator()方法,获得该列表的一个迭代器对象;第 2 行调用 hasNext()方法判别迭代是否到达列表末尾;第 3 行调用 next()方法返回迭代中的下一个元素。

9.3.3　排序

排序是对于数据序列的一种常见操作,包括升序和降序排序。列表的排序有两种常用的实现方式:一种是利用 Comparable 接口进行设计;另一种是利用 Comparator 接口进行设计。

1. Comparable 接口

首先排序对象的类需要实现 Comparable 接口,再借助 java.util.Collections 工具类提供的静态方法 sort()进行排序。Comparable 接口中仅含有一个 compareTo()抽象方法,其作用是将此对象与指定的对象进行顺序比较。当此对象小于、等于或大于指定对象时,对应返回负整数、零或正整数。该抽象方法需要被重写,以制定排序规则。

例如,若需要按 Apple 的 id 值的升序方式对存储 Apple 对象的列表进行排序,重新设计例 9.5 中的 Apple 类,使得 Apple 对象可以比较大小。程序如例 9.6 所示。

【例 9.6】　Apple.java

```
1:   class Apple implements Comparable<Apple>{
2:       int id;
3:       double price;
4:       Apple(int id, double price){
5:           this.id=id;
6:           this.price=price;
7:       }
8:       public String toString(){
9:           return "apple id="+id+ "; price="+price;
10:      }
11:      @Override
12:      public int compareTo(Apple o) {
13:          return this.id-o.id;          //升序
14:      }
15:  }
```

以上程序中第 1 行声明实现 Comparable 接口。在第 12～14 行重写 compareTo()方法,设计顺序比较的规则为按 id 进行升序排序;如果要获得降序排序的效果,只需要把第 13 行语句改为"return o.id-this.id;"即可。假设排序规则为优先按 id 进行升序排序,再按 price 进行降序排序,则第 13 行代码可由以下代码替换:

```
if(this.id!=o.id)
    return this.id-o.id;               //按 id 升序
else return (this.price>o.price)?-1:1;   //按 price 降序
```

测试时,在例 9.5 的第 24 行后插入排序方法调用语句如下:

```
Collections.sort(list);
```

运行后获得对 id 升序、对 price 降序的排序效果,如下:

```
/* 运行结果:
apple id=5; price=111.0
apple id=6; price=9.6
apple id=6; price=4.3
apple id=6; price=4.3
apple id=11; price=15.5
apple id=11; price=5.5
apple id=23; price=7.3
*/
```

2. Comparator 接口

设计一个实现 Comparator 接口的比较器,为排序方法传递该比较器对象。Comparator 接口内还有多个方法,最重要的是 compare()抽象方法,需要对该方法进行重写以定义排序规则。调用的排序方法可以是 List 接口的 sort()默认方法,也可以是 Collections 类的 sort()静态方法。此时,排序对象的类无须实现 Comparable 接口。Comparator 接口比较器通常采用匿名类对象的形式,代码较为紧凑。

利用 Comparator 接口对例 9.5 进行改写以支持排序,程序如例 9.7 所示。注意,Apple 类的定义同例 9.5,无须实现 Comparable 接口,在此省略。该程序的运行结果和采用 Comparable 接口实现的结果一致,这里也省略。

【例 9.7】 TestList2.java

```
1:   import java.util.*;
2:   public class TestList2 {
3:      public static void main(String[] args) {
4:         List<Apple> list = new LinkedList<Apple>();
5:         list.add(new Apple(6, 4.3));
6:         list.add(new Apple(11, 5.5));
7:         list.add(new Apple(6, 8.2));
8:         list.add(new Apple(23, 7.3));
9:         list.add(new Apple(11, 15.5));
10:        list.add(new Apple(6, 4.3));
11:        list.add(new Apple(6, 9.6));
12:        list.remove(2);
13:        list.add(2, new Apple(5, 111));
14:        list.sort(new Comparator<Apple>() {
15:            @Override
16:            public int compare(Apple o1, Apple o2) {
17:               return o1.id - o2.id; //按 id 升序
18:            }
19:        });
20: //       Collections.sort(list, new Comparator<Apple>(){
21: //          @Override
22: //          public int compare(Apple o1, Apple o2) {
23: //             return o1.id-o2.id; //按 id 升序
```

```
24:  //              }
25:  //        });
26:          Iterator<Apple> it = list.iterator();
27:          while(it.hasNext()) {
28:              System.out.println(it.next());
29:          }
30:      }
31:  }
```

例 9.7 中第 14～19 行和第 20～25 行代码获得的排序效果一样,两段代码可以替换,二者都为 sort()方法传递 Comparator 匿名类对象。Comparator 匿名类中均重写了 compare()方法。

从以上例子可见,排序规则可以在需要时才在 Comparator 比较器中定义,而且比较器可以任意替换,不需要在排序对象定义时就完成定制,因此,采用基于 Comparator 比较器的方式比采用基于 Comparable 接口定义对象的方式更具有灵活性。

9.3.4 Collections 工具类

在 2.7 节介绍过利用 java.util.Arrays 实用类进行数组的复制、排序和二分查找。而 java.util.Collections 类则针对集合数据的操作,提供了类似的相应的功能。Collections 类作为一种工具类,含有大量静态方法,为开发者提供对集合数据进行操作的 API,常用的方法如表 9.3 所示。

表 9.3 Collections 类的常用方法

方　　法	功　　能
<T>boolean addAll(Collection<T>c,T... elements)	用于批量添加元素
void shuffle(List<?>list)	用于打乱 list 集合元素的顺序
<T>void sort(List<T>list)	用于排序
<T>void sort(List<T>list,Comparator<T>c)	根据比较器 c 指定的规则进行排序
<T>int binarySearch(List<T>list,T key)	以二分查找法查找元素
<T>void copy(List<T>dest,List<T>src)	复制集合中的元素
<T>int fill(List<T>list,T obj)	使用指定的元素填充集合
<T>void max/min(Collection<T>coll)	根据默认的自然排序获取最大/最小值
<T>void swap(List<?>list,int i,int j)	交换集合中指定的位置的元素

举 binarySearch()方法的使用为例。在使用 binarySearch()方法进行查找之前,必须事先对数据序列按升序进行排序,否则无法获得正确的结果。对于存在多个相同元素的情况,binarySearch()方法可能返回其中任一个元素。一般需要为 binarySearch()方法指定一个 Comparator 比较器,表示列表元素的顺序规则。如果比较器为 null,则表示采用自然序规则。

注意:binarySearch()方法中比较器的顺序规则应当和事先的排序规则一致。

例 9.8 演示按 Apple 对象的 id 进行查找的功能。其中列表存储的是 Apple 对象,而 Apple 类与例 9.5 中定义的一样。第 14～19 行按 Apple 的 id 进行升序排序。第 20～25 行调用 binarySearch()方法查找一个 Apple 对象,已为该查找指定了比较器。

【例 9.8】 TestList3.java

```
 1:   import java.util.*;
 2:   public class TestList3 {
 3:       public static void main(String[] args) {
 4:           List<Apple> list=new LinkedList<Apple>();
 5:           list.add(new Apple(6,4.3));
 6:           list.add(new Apple(11,5.5));
 7:           list.add(new Apple(6,8.2));
 8:           list.add(new Apple(23,7.3));
 9:           list.add(new Apple(11,15.5));
10:           list.add(new Apple(6,4.3));
11:           list.add(new Apple(6,9.6));
12:           list.remove(2);
13:           list.add(2, new Apple(5, 111));
14:           list.sort(new Comparator<Apple>(){
              //首先要确保待查数列有序,且和查找的顺序完全一致
15:               @Override
16:               public int compare(Apple o1, Apple o2) {
17:                   return o1.id-o2.id;
18:               }
19:           });
20:           int pos = Collections.binarySearch(list, new Apple(6,4.3),new
              Comparator<Apple>(){
21:               @Override
22:               public int compare(Apple o1, Apple o2) {
23:                   return o1.id-o2.id;
24:               }
25:           });
26:           if(pos>=0)
27:               System.out.println("元素所在的索引值: "+pos);
28:           else System.out.println("元素未找到!");
29:       }
30:   }
/* 运行结果:
元素所在的索引值: 3
*/
```

9.3.5 ArrayList

Java 的 java.util.ArrayList 类是列表的另一种具体实现,该类采用尺寸可调整的数组进行列表元素的存储。与 LinkedList 类一样,也实现了 List 接口,列表元素也允许是包括 null 在内的各种类型数据。但与 LinkedList 不同,ArrayList 没有实现 Deque 接口,但实现了 RandomAccess 标记接口,表明 ArrayList 具备高效的随机访问列表的能力。

ArrayList 类中许多方法的使用和 LinkedList 类相似,在列表的一般应用编程时,利用面向抽象编程机制,二者可以直接替换,而不影响运行结果。例如,把例 9.5 中第 15 行中的 LinkedList 改为 ArrayList,其他代码保持不变,运行程序将获得完全一样的结果。

9.4　集　合

集合(set)是元素组成的整体,内含的元素不重复,集合是一种常见数据结构,Java的java.util.Set接口代表集合,要求Set内的元素不能一样。集合的元素允许是包括null在内的各种数据类型,显然一个集合最多允许一个null元素。Set接口的常用方法如表9.4所示。

表9.4　Set接口的常用方法

方　　　法	功　　　能
boolean add(E e)	为集合增加一个元素
boolean remove(Object o)	从集合中删除一个指定元素
int size()	返回集合内元素的个数
Iterator<E> iterator()	获取集合的一个迭代器
Object[] toArray()	返回一个包含集合内所有元素的数组

Java提供的常用的集合实现类包括HashSet和TreeSet等,下面分别进行介绍。

9.4.1　HashSet

HashSet类是Set接口的一个实现类,底层采用哈希表进行设计,实际上Java的HashSet是基于HashMap实现的。加入HashSet的元素不允许重复,允许是null对象。元素按照哈希规则进行存储,因此是无序的。

例9.9给出了HashSet的简单应用。第9～11行尝试加入相同的元素s2;第12、13行尝试加入相同的null对象。第15～17行迭代遍历集合,输出结果。从运行结果可见,遍历结果的元素顺序和输入的顺序不同;而同一个元素只能加入集合一次,不能重复。第5行的s1和第7行的s3虽然对象的属性值一样,但不属于同一个元素,因此都可以存入集合。通过运行结果发现,元素的排列顺序一般与加入的顺序不同。

【例9.9】　TestHashSet.java

```
1:    import java.util.*;
2:    public class TestHashSet {
3:        public static void main(String[] args) {
4:            Set<Apple> set = new HashSet<Apple>();
5:            Apple s1 = new Apple(5, 3.3);
6:            Apple s2 = new Apple(12, 6.1);
7:            Apple s3 = new Apple(5, 3.3);
8:            set.add(s1);
9:            set.add(s2);
10:           set.add(s2);
11:           set.add(s2);
12:           set.add(null);
13:           set.add(null);
14:           set.add(s3);
15:           Iterator<Apple> it = set.iterator();
```

```
16:          while(it.hasNext())
17:             System.out.println(it.next());
18:      }
19:  }
/* 运行结果:
null
apple id=12; price=6.1
apple id=5; price=3.3
apple id=5; price=3.3
*/
```

9.4.2 TreeSet

TreeSet 类的父类实现了 Set 接口,父接口扩展了 Set 接口,是一种有序存储元素的数据结构。在 Java 集合框架中,涉及树结构的常见类包括 TreeSet、TreeMap 等,本质上采用二叉树进行构建,可获得元素排序的效果。加入 TreeSet 集合的元素必须是可比较的,默认按自然序,或按开发者指定的比较规则自动进行顺序加入。注意,新版 JDK 的 TreeSet 集合中不允许加入 null 元素。

例 9.10 中,如果使用例 9.5 定义的 Apple 类,虽然编译时没有问题,但在执行时将出现无法将 Apple 转型为 java.lang.Comparable 的运行时间错误。原因是对于 Apple 对象,无法使用默认自然序,又没有指定比较规则。因此,Apple 类的定义改用例 9.6,通过实现 Comparable 接口,可实现按 Apple 的 id 升序进行排序的效果。

【例 9.10】 TestTreeSet.java

```
1:  import java.util.*;
2:  public class TestTreeSet {
3:      public static void main(String[] args) {
4:          Set<Apple> set = new TreeSet<Apple>();
5:          Apple s1 = new Apple(5, 3.3);
6:          Apple s2 = new Apple(12, 6.1);
7:          Apple s3 = new Apple(5, 13.3);
8:          Apple s4 = new Apple(3, 22.5);
9:          set.add(s1);
10:         set.add(s2);
11:         set.add(s2);
12:         set.add(s2);
13:         set.add(s3);
14:         set.add(s4);
15:         Iterator<Apple> it = set.iterator();
16:         while(it.hasNext())
17:             System.out.println(it.next());
18:      }
19:  }
/* 运行结果:
apple id=3; price=22.5
apple id=5; price=3.3
apple id=12; price=6.1
*/
```

程序第 4 行定义了一个 TreeSet 对象,其元素的比较规则由 Apple 类的定义中的 compareTo()方法来确定。第 10~12 行尝试加入同一个元素,因集合的特性所限,结果仅能加入一个；第 13 行尝试加入 s3，由于其 id 值和已经加入的 s1 相同，因此 s3 无法再加入。遍历获得的结果是按 id 升序的元素。

　　比较规则还可以通过定制比较器来指定，也就在创建 TreeSet 对象时，为其指定比较器。对于例 9.10 的案例可以这样修改：首先，Apple 类仍使用例 9.5 中的原始定义，即不必实现 Comparable 接口；然后，例 9.10 中的第 4 行代码用以下代码片段替换，为 TreeSet 构造方法提供 Comparator 匿名对象参数，可以获得同样的运行效果。

```
Set<Apple> set = new TreeSet<Apple>(new Comparator<Apple>() {
    @Override
    public int compare(Apple o1, Apple o2) {
        return o1.id-o2.id;
    }
});
```

9.5　队列

　　队列（queue）是一种特殊的线性表，队列中的元素需要遵循先进先出（FIFO）的原则，即限定在表的头部进行删除元素操作，在表的尾部进行插入元素操作。JDK 提供的 java.util.Queue<E>接口用于表示队列。Queue 接口扩展了 Collection 接口。Queue 接口的常用方法如表 9.5 所示。

表 9.5　Queue 接口的常用方法

方　　法	功　　能
boolean add(E)	为队列增加一个元素，若成功则返回 true，当队列空间不足时抛出异常
boolean offer(E)	为队列增加一个元素，效果等同于 add
E remove()	从队列的头部删除并返回一个元素，当队列为空时抛出异常
E poll()	从队列的头部删除并返回一个元素，当队列为空时返回 null
E peek()	返回队列的头部元素，但不删除该元素，当队列为空时抛出异常

　　另外一个接口 Deque 则扩展了 Queue 接口，代表双端队列。双端队列是一种特殊的队列，允许在队列的前端和后端进行插入或删除元素的操作。Deque 接口在 Queue 接口基础上，新增的常用方法如表 9.6 所示。

表 9.6　Deque 接口新增的常用方法

方　　法	功　　能
void addFirst(E)	在队列的头部增加一个元素，当空间不足时抛出异常
void addLast(E)	在队列的尾部增加一个元素，当空间不足时抛出异常
E pollFirst()	从队列的头部删除并返回一个元素，当队列为空时返回 null
E pollLast()	从队列的尾部删除并返回一个元素，当队列为空时返回 null
E peekFirst()	返回队列的头部元素，但不删除该元素，当队列为空时返回 null
E peekLast()	返回队列的尾部元素，但不删除该元素，当队列为空时返回 null

另外 Deque 接口还提供了其他方法,如:offerFirst()方法功能类似于 addFirst();offerLast()方法功能类似于 addLast();removeFirst()方法功能类似于 pollFirst();removeLast()方法功能类似于 pollLast();getFirst()方法功能类似于 peekFirst();getLast()方法功能类似于 peekLast()。

常用的队列实现类包括 LinkedList、ArrayDeque 和 PriorityQueue 等,下面分别进行介绍。

9.5.1 LinkedList

在 9.3 节中,LinkedList 类用于链表的构建和操作。由于 LinkedList 也实现了 Queue 接口,因此也常利用 LinkedList 进行普通队列的构建和操作。

例 9.11 中,给出一个使用 LinkedList 实现队列功能的案例。其中,Apple 类的定义同例 9.5。程序第 4 行通过把 LinkedList 的对象向上转型为 Queue,后续就可利用队列方法来访问 LinkedList 对象。第 5~9 行在队尾逐一加入元素;第 10 行删除队首元素,本例中 Apple(23,5.5)对象被删除。第 12、13 行对队列中各元素逐一出队并打印。

【例 9.11】 TestQueue.java

```
1:   import java.util.*;
2:   public class TestQueue {
3:       public static void main(String[] args) {
4:           Queue<Apple> queue = new LinkedList<Apple>();
5:           queue.offer(new Apple(23,5.5));
6:           queue.offer(new Apple(6,10.2));
7:           queue.offer(new Apple(11,7.3));
8:           queue.offer(new Apple(3,4.3));
9:           queue.offer(new Apple(6,9.6));
10:          queue.remove();
11:          int size=queue.size();
12:          for(int i=0; i<size; i++)
13:              System.out.println(queue.poll());
14:      }
15:  }
/* 运行结果:
apple id=6; price=10.2
apple id=11; price=7.3
apple id=3; price=4.3
apple id=6; price=9.6
*/
```

9.5.2 ArrayDeque

ArrayDeque 类是双端队列 Deque 接口的一个实现类。ArrayDeque 类中对队列元素的增加和删除操作的主要方法有 addFirst()方法、addLast()方法、pollFirst()方法和 pollLast()方法,另外,提供的其他方法是调用以上这 4 个方法进行设计的。例如 offerFirst()方法调用 addFirst()方法来实现;removeFirst()方法调用 pollFirst()方法来实现。

例 9.12 是一个使用 ArrayDeque 的案例。该例中的 Apple 类来自例 9.5。第 4 行定义一个 ArrayDeque 队列,返回 Deque 引用,这样后续语句可以调用 Deque 的方法。第 5～7 行在队尾加入元素;第 8 行则在队首加入元素;第 9 行删除队尾元素。第 12、13 行遍历了当前队列。第 15 行首先删除队尾元素,接下来的第 16、17 行对剩余元素逐个出队并打印。第 18 行尝试再删除队首元素,由于执行该行之前队列已空,因此没有产生什么效果。

【例 9.12】 TestQueue1.java

```
1:    import java.util.*;
2:    public class TestQueue1 {
3:        public static void main(String[] args) {
4:            Deque<Apple> queue = new ArrayDeque<Apple>();
5:            queue.add(new Apple(6,4.3));
6:            queue.add(new Apple(11,5.5));
7:            queue.add(new Apple(6,8.2));
8:            queue.addFirst(new Apple(23,7.3));
9:            queue.removeLast();
10:           queue.add(new Apple(6,9.6));
11:           System.out.println("队列长度: "+queue.size());
12:           for(Apple a:queue)
13:               System.out.println(a);
14:           System.out.println("------------------");
15:           queue.pollLast();
16:           while(queue.isEmpty()==false)
17:               System.out.println(queue.poll());
18:           queue.pollFirst();
19:       }
20:   }
/* 运行结果:
队列长度: 4
apple id=23; price=7.3
apple id=6; price=4.3
apple id=11; price=5.5
apple id=6; price=9.6
------------------
apple id=23; price=7.3
apple id=6; price=4.3
apple id=11; price=5.5
*/
```

9.5.3　PriorityQueue

PriorityQueue 类是优先队列的实现类,其特点是队列中的元素是有序的。在构建 PriorityQueue 队列过程中,即在加入或删除元素时,将自动进行排序处理,因此和 TreeSet 类的使用类似,要求队列中的元素是可比较的,或者为队列指定比较器。

例 9.13 给出使用 PriorityQueue 类的案例。该例中的 Apple 类仍来自例 9.5。第 4～9 行在创建队列对象时,为其指定了比较器,制定按 Apple 的 id 进行升序的比较规则。第 10～14 行分别加入元素。第 15 行出队,删除队首元素,注意是排序后的首元素,本例即

Apple(3,4.3)对象。第 16～19 行对剩余元素逐个出队打印,可以获得有序的结果。

【例 9.13】 TestQueue2.java

```
 1:    import java.util. * ;
 2:    public class TestQueue2 {
 3:        public static void main(String[] args) {
 4:            Queue<Apple> queue = new PriorityQueue<Apple>(new Comparator
               <Apple>() {
 5:                @Override
 6:                public int compare(Apple o1, Apple o2) {
 7:                    return o1.id-o2.id;
 8:                }
 9:            });
10:            queue.offer(new Apple(23,5.5));
11:            queue.offer(new Apple(6,10.2));
12:            queue.offer(new Apple(11,7.3));
13:            queue.offer(new Apple(3,4.3));
14:            queue.offer(new Apple(6,9.6));
15:            queue.remove();
16:            int size=queue.size();
17:            for(int i=0; i<size; i++)
18:                System.out.println(queue.poll());
19:        }
20:    }
/ * 运行结果:
apple id=6; price=9.6
apple id=6; price=4.3
apple id=11; price=5.5
apple id=23; price=7.3
 * /
```

如果本例中的 Apple 类采用例 9.6 的定义,比较规则已经在 Apple 类中定义,例 9.12 中第 4～9 行创建队列代码可以用以下语句替代。替换后也可以获得相同的运行结果。

```
Queue<Apple> queue = new PriorityQueue<Apple>();
```

9.6 栈

栈(stack)是一种特殊的线性表,限定仅能在一端进行插入和删除元素的操作。可进行插入或删除元素操作的一端称为栈顶,而另一端称为栈底。栈按照后进先出的规则来存储元素。

JDK 提供了 java.util.Stack<E>类用于表示栈,其主要方法包括:

(1) E push(E item):入栈,把 item 元素插入栈顶。

(2) E pop():出栈,从栈顶删除一个元素并返回该元素。

(3) E peek():查看栈顶的元素,返回该元素但不进行删除。

例 9.14 给出了利用栈进行数据操作的例子,其中 Apple 类的定义同例 9.5。程序第 5～7 行进行入栈操作;第 8 行查看栈顶元素信息;第 9、10 行连续进行出栈操作并打印元素信息,直到栈为空。

【例 9.14】　TestStack.java

```
1:    import java.util.Stack;
2:    public class TestStack {
3:        public static void main(String[] args) {
4:            Stack<Apple> st = new Stack<Apple>();
5:            st.push(new Apple(11, 1.1));
6:            st.push(new Apple(22, 2.2));
7:            st.push(new Apple(33, 3.3));
8:            System.out.println("栈顶元素: "+st.peek());
9:            while(!st.empty())
10:               System.out.println(st.pop());
11:       }
12:   }
/* 运行结果:
栈顶元素: apple id=33; price=3.3
apple id=33; price=3.3
apple id=22; price=2.2
apple id=11; price=1.1
*/
```

9.7　映射

映射(map)是一种键-值(key-value,K-V)结构,即把键映射到值的对象。一个映射不能包含重复的键,每个键最多只能映射到一个值,通过键可快速定位到值对象。Java 提供的 java.util.Map 接口表示映射,该接口的常用方法如表 9.7 所示。

表 9.7　Map 接口的常用方法

方　　法	功　　能
V put(K key,V value)	将指定的值 value 与此映射中的指定键 key 关联
V get(Object key)	根据指定的键 key 返回对应的值,若找不到则返回 null
boolean remove(Object key,Object value)	如果存在一个 key-value 映射关系,则将其从该映射中移除
Collection<V>values()	返回此映射中包含的值的 Collection 视图
Set<K>keySet()	返回此映射中包含的键的 Set 视图
Set<Map.Entry<K,V>>entrySet()	返回此映射中包含的映射关系的 Set 视图

Java 提供的 Map 接口的常用实现类有 HashMap、TreeMap 等。

9.7.1　HashMap

Java 的 java.util.HashMap 类是 Map 接口的一个实现类,基于哈希表设计。HashMap 允许存储 null 键和 null 值,存储的映射数据没有确定的顺序。HashMap 中最重要的 put() 和 get()方法效率很高,是常量时间级的。可以使用带参数的构造方法来创建 HashMap 对象,例如:

```
HashMap(int initialCapacity, float loadFactor);
```

该构造方法中的两个参数将影响 HashMap 的性能。其中, initialCapacity 参数为初始容量, 指创建哈希表时的容量; 负载因子 loadFactor 是衡量哈希表在容量自动增加之前允许达到的满量的指标。当哈希表中的条目数超过负载因子和当前容量的乘积时, 哈希表将被再哈希, 即重建。不带参数的构造方法, 默认 initialCapacity 值为 16, 默认 loadFactor 值为0.75。

HashMap 的底层实现采用数组存储节点表(node table), 而各映射条目(map entry)由链表存储。自 JDK 8 开始, 当链表长度超过阈值, 改为红黑树存储方式。HashMap 的内部组织示意如图 9.3 所示。

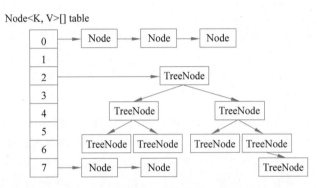

图 9.3　HashMap 的内部组织示意

例 9.15 采用 HashMap 来存取 Apple 对象。程序中第 5 行创建一个 HashMap 对象, 并返回 Map 引用。第 9~11 行逐个加入 3 个映射元素, 元素的 K-V 值分别是 id 和 Apple 对象。第 12、13 行分别按键进行查询。第 14~16 行采用迭代器方式对映射表中的值进行遍历; 第 17~21 行则对映射表中的键-值进行遍历。

【例 9.15】 **TestMap.java**

```
1:    import java.util.*;
2:    import java.util.Map.Entry;
3:    public class TestMap {
4:        public static void main(String[] args) {
5:            Map<Integer, Apple> m=new HashMap<Integer, Apple>();
6:            Apple a1=new Apple(18,11.5);
7:            Apple a2=new Apple(6,22.3);
8:            Apple a3=new Apple(7,6.7);
9:            m.put(a1.id, a1);
10:           m.put(a2.id, a2);
11:           m.put(a3.id, a3);
12:           System.out.println("键为18,值: "+m.get(18));
13:           System.out.println("键为5,值: "+m.get(5));
14:           Iterator<Apple> it=m.values().iterator();   //对值进行遍历
15:           while(it.hasNext())
16:               System.out.println("值: "+it.next());
17:           Iterator<Entry<Integer, Apple>> it1=m.entrySet().iterator();
                  //对键-值进行遍历
18:           while(it1.hasNext()) {
19:               Entry<Integer, Apple> next=it1.next();
```

```
20:                System.out.println("键: "+next.getKey()+"; 值: "+next.getValue());
21:          }
22:      }
23:  }
/* 运行结果:
键为 18,值: apple id=18; price=11.5
键为 5,值: null
值: apple id=18; price=11.5
值: apple id=6; price=22.3
值: apple id=7; price=6.7
键: 18; 值: apple id=18; price=11.5
键: 6; 值: apple id=6; price=22.3
键: 7; 值: apple id=7; price=6.7
*/
```

9.7.2　TreeMap

Java 的 java.util.TreeMap 类是 Map 接口的另一个实现类,基于红黑树设计,支持对映射条目进行排序。与 TreeSet 类似,加入 TreeMap 的元素必须是可比较的。TreeMap 将根据键的自然顺序进行排序,或者根据由 TreeMap 对象创建时提供的 Comparator 比较器进行排序。TreeMap 中重要的方法如 get()、put() 和 remove() 等的效率也较高,时间复杂度为 $\log(n)$。

TreeMap 的基本使用方法和 HashMap 类似,通过向上转型到 Map 接口,基本操作可以统一。把例 9.15 中第 5 行中的 HashMap 直接换为 TreeMap,即第 5 行由下面的语句替换:

```
Map<Integer, Apple> m=new TreeMap<Integer, Apple>();
```

其余代码不变,则修改后的运行结果如下。与例 9.15 的运行结果对比,可以发现遍历效果: HashMap 中的元素是无序的,而 TreeMap 中的元素按 id 值升序排序。

```
/* 运行结果:
键为 18,值: apple id=18; price=11.5
键为 5,值: null
值: apple id=6; price=22.3
值: apple id=7; price=6.7
值: apple id=18; price=11.5
键: 6; 值: apple id=6; price=22.3
键: 7; 值: apple id=7; price=6.7
键: 18; 值: apple id=18; price=11.5
*/
```

本例中,由于键的类型是 Integer,而 Integer 类已经实现了 Comparable 接口。如果键是自定义的对象,则需要实现 Comparable 接口,或者在创建 TreeMap 对象时,为其指定比较器。例如,在例 9.16 中,以 Apple 对象作为键,Apple 类的定义与例 9.5 同。在第 5～10 行创建 TreeMap 对象时,通过设置 Comparator 匿名对象参数,指定了比较器,其比较规则是按 Apple 对象 id 的升序。

【例 9.16】 **TestTreeMap.java**

```
1:  import java.util.*;
2:  import java.util.Map.Entry;
3:  public class TestTreeMap {
4:      public static void main(String[] args) {
5:          Map<Apple, Integer> m=new TreeMap<Apple, Integer>(new Comparator
            <Apple>() {
6:              @Override
7:              public int compare(Apple o1, Apple o2) {
8:                  return o1.id-o2.id;                      //按升序
9:              }
10:          });
11:         Apple a1=new Apple(18,11.5);
12:         Apple a2=new Apple(6,22.3);
13:         Apple a3=new Apple(7,6.7);
14:         m.put(a1, 111);
15:         m.put(a2, 222);
16:         m.put(a3, 333);
17:         System.out.println("对象 a2,值: "+m.get(a2));
18:         System.out.println("对象 a3,值: "+m.get(a3));
19:         Iterator<Integer> it=m.values().iterator();      //对值进行遍历
20:         while(it.hasNext())
21:             System.out.println("值: "+it.next());
22:         Iterator<Entry<Apple, Integer>> it1=m.entrySet().iterator();
            //对键-值进行遍历
23:         while(it1.hasNext()) {
24:             Entry<Apple, Integer> next=it1.next();
25:             System.out.println("键: "+next.getKey()+"; 值: "+next.getValue());
26:         }
27:     }
28: }
/* 运行结果:
对象 a2,值: 222
对象 a3,值: 333
值: 222
值: 333
值: 111
键: apple id=6; price=22.3; 值: 222
键: apple id=7; price=6.7; 值: 333
键: apple id=18; price=11.5; 值: 111
*/
```

9.8 小结

　　软件的开发离不开常用数据结构的应用,而提供给开发者的数据结构软件库和 API 可以有效提高软件开发效率。Java 的集合框架为开发者提供了大量常用数据结构的描述和操作工具,这些结构包括列表、集合、队列、栈和映射等具体形式。而集合框架基于泛型技术,泛型技术使得开发的代码可以适应不同的数据类型,而且具备较好的安全性和代码可读性。

习题

1. 编写程序,定义一个表示物品的泛型类 Goods<U,V>,包含一个 U 类型的成员变量表示物品标识,一个 V 类型的成员变量表示物品价格、重载的构造方法,以及一个打印输出成员变量信息的方法 printInfo()。测试该泛型类,为 U、V 赋予不同的具体类型(U 赋予整数或字符串类型,V 赋予整数或浮点数类型),利用不同的构造方法创建对象,并调用 printInfo()方法。

2. 设计一个图书信息维护程序。定义图书对象,含有书号、书名、作者、价格等信息,利用链表进行图书信息列表的存储和操作。功能包括:按搜索、增加、删除、修改图书信息;查找最贵的图书。测试各个功能。

3. 设计一个商品存储程序,利用 TreeSet,以价格降序方式存储。要求分别利用 Comparable 接口和 Comparator 接口来定义比较规则。功能包括对商品的增加、删除和修改操作,每次操作后都遍历打印出商品清单。测试各个功能。

4. 设计一个关键字统计程序,利用 HashMap 存储单词统计信息,对用户输入的单词进行个数统计。存储的<K,V>元素信息为<单词,个数>,当用户输入一个单词时,即时更新其个数信息。测试时,每输入一个单词,遍历一次 HashMap 打印统计结果,当输入 EXIT 时退出。

第 **10** 章

图形界面设计

内容提要：

☑ 图形界面简介	☑ MVC 模式
☑ 窗体与菜单	☑ 对话框
☑ 组件与布局	☑ 绘图
☑ 事件处理	

　　图形化用户界面(GUI)可为用户提供方便、快捷、友好的人机交互形式，是许多桌面应用程序必备的重要设计内容。Java Swing 为 GUI 设计提供了很好的支持。本章主要介绍基于 Swing 的 GUI 程序设计，包括 Swing 图形界面的窗体、菜单、组件与布局的使用，以及事件的响应处理等内容，同时介绍了 MVC 模式、对话框和绘图技术。

10.1　图形界面简介

10.1.1　Java 图形界面技术

　　Java 提供的图形界面设计支持主要来自两个包：java.awt 包和 javax.swing 包。早期的设计中，Java 的 AWT(Abstract Window Toolkit)包提供了基本界面组件类，如 Button 类、TextField 类、Dialog 类、Frame 类等。这些类的实现采用一种称为同位体(peers)的设计方式，即图形化组件是通过 Java 虚拟机映射本地操作系统相应的组件来工作的，这是一种重量级的实现。由于 AWT 包里的类依赖具体的操作系统平台，不同环境下的显示效果可能不一致，存在可移植性问题。自 Java 1.2 开始，JDK 提供了一套新型的图形界面设计系统 Swing。Swing 的实现基于 Java，其工作不依赖具体的操作系统，可移植性好，是一种轻量级的实现。Swing 为了维持兼容性，一些底层类利用了 AWT 的 Component、Container、Window 等几个基础类。

　　应用程序的图像界面常见的形式有窗体和对话框。直观上看窗体右上角包含"最小化""最大化/还原""关闭"按钮；而对话框一般仅有"帮助""关闭"按钮。Java 提供了 Frame、JFrame 类用于开发窗体程序；提供了 Dialog、JDialog 类用于开发对话框程序。另外，绘图和图像处理技术也是图形界面设计所涉及的内容。Java 提供的 Graphics、Graphics2D 等类可用于开发图形处理应用,结合 BufferedImage、ImageIO 等类可以开发图像处理应用。

10.1.2　AWT

AWT 窗体程序需要引入 AWT 包的相关类,例 10.1 给出了一个简单的 AWT 窗体例子,窗体内含有一个按钮。窗体程序设计可以通过继承 Frame 类来实现的,如第 3 行所示。第 1、2 行引入了相应的 AWT 类。第 4 行创建了一个标为"确认"的按钮。窗体界面初始化的主要工作在构造方法中完成:第 6 行设置了窗体的标题;第 7 行设置窗体的初始大小,两个参数分别是以像素值表示的长和宽尺寸;第 8 行设置窗体在屏幕中出现的位置居中;第 9 行设置窗体为可见,注意窗体默认是不可见的;第 10 行把按钮加到窗体中。

【例 10.1】　AWTwin.java

```
1:    import java.awt.Frame;
2:    import java.awt.Button;
3:    public class AWTwin extends Frame {
4:        Button bt=new Button("确  认");
5:        AWTwin(){
6:            setTitle("AWTwin 演示");
7:            setSize(220, 80);
8:            setLocationRelativeTo(null);       //设置为屏幕居中
9:            setVisible(true);
10:           add(bt);
11:       }
12:       public static void main(String[] args) {
13:           new AWTwin();
14:       }
15:   }
```

程序运行结果如图 10.1 所示。注意与中文的兼容性问题,如果程序的编码是 UTF-8,一般需要加编码参数进行编译,以避免界面上的中文显示出现乱码。

图 10.1　简单的 AWT 窗体

10.1.3　Swing

Swing 窗体程序需要用到 Swing 包里的各种类。Swing 的界面类一般以字母 J 开头。开发过程中,Swing 的类和 AWT 的类可以混合使用,但为了维持界面的一致性和可移植性,一般在 Swing 界面程序中优先选用 Swing 的类。把例 10.1 中的 AWT 界面元素改为 Swing 类型元素,代码如例 10.2 所示。其中,第 3 行的 JFrame 替代了原来的 Frame;第 4 行的 JButton 替代了原来的 Button;第 10 行调用 JFrame 类的 setDefaultCloseOperation() 方法,用于设置窗体关闭操作的默认行为。

【例 10.2】　SwingWin.java

```
1:    import javax.swing.JFrame;
2:    import javax.swing.JButton;
3:    public class SwingWin extends JFrame{
4:        JButton bt=new JButton("确  认");
5:        SwingWin(){
```

```
6:          setTitle("Demo 窗体");
7:          setSize(220, 80);
8:          setLocationRelativeTo(null);
9:          setVisible(true);
10:         setDefaultCloseOperation(EXIT_ON_CLOSE);
11:         add(bt);
12:     }
13:     public static void main(String[] args) {
14:         new SwingWin();
15:     }
16: }
```

setDefaultCloseOperation()方法中的参数可以设置为 DO_NOTHING_ON_CLOSE 等 4 种窗体关闭操作常量中的一种,当单击窗体右上角的"关闭"按钮时,这些常量对应的动作效果分别是:

(1) DO_NOTHING_ON_CLOSE:什么都不做。

(2) HIDE_ON_CLOSE:隐藏当前窗体,程序保持运行,这是默认选项。

(3) DISPOSE_ON_CLOSE:销毁当前窗体;当该窗体为程序的最后一个窗体时,则结束程序,否则程序保持运行。

(4) EXIT_ON_CLOSE:销毁当前窗体,并结束程序运行。

实际上,在例 10.1 中单击窗体右上角的"关闭"按钮并不会获得任何效果,需要额外编写代码进行关闭窗体处理。此外,Swing 窗体和 AWT 窗体在界面显示效果上有些差别。

10.1.4　Java GUI 的类体系

Java GUI 中主要类的体系如图 10.2 所示。该体系中包含一个顶级抽象类 java.awt.Component(组件类),该类代表了常用的具有图形化特点的对象,这些对象可以显示在屏幕上并且可以与用户交互。java.awt.Container 类(容器类)继承了 Component 类,该类的对象用于容纳其他的组件。常用的容器类包括 java.awt.Window 类(窗体类)、java.awt.Panel 类(面板类)和 javax.swing.JComponent 类(Swing 组件类)。Window 类的对象是不依赖于其他容器而独立存在的容器,该类包含了常用的 Frame 类(窗体框架类)和 Dialog 类(对话框类)。Panel 类的对象表示一个矩形面板,这些面板不能单独存在,只能放置在其他

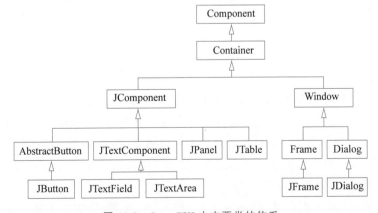

图 10.2　Java GUI 中主要类的体系

容器中,而面板用于容纳其他组件。JComponent 类是多数 Swing 组件的抽象父类,为各种常用 Swing 组件提供了一层设计抽象。

Component 类是各种图形界面组件的抽象父类,其拥有的方法可以被子类所继承或重写,常用的方法如表 10.1 所示。

表 10.1　Component 类的常用方法

方　　　法	功　　　能
getGraphics()	返回组件的图像上下文
getHeight()	返回组件的高度
getWidth()	返回组件的宽度
getListeners(Class<T>listenerType)	返回组件注册的指定类型监听器
getX()	返回组件在容器中的 X 坐标值
getY()	返回组件在容器中的 Y 坐标值
isEnabled()	返回组件的是否可用的状态
isVisible()	返回组件的是否可见的状态
repaint()	重新绘制组件
setEnabled(boolean b)	设置组件的可用性
setSize(int width,int height)	设置组件的宽度和高度
setVisible(boolean b)	设置组件的可见性
validate()	验证组件,用于刷新该组件所包含的组件的位置布局

Container 类是各种图形界面组件的具体父类,类似地,其拥有的方法可以被子类继承或重载,常用的方法包括:

(1) add(Component comp):向当前容器放置一个组件。

(2) findComponentAt(int x,int y):在容器的指定位置处查找组件。

(3) getComponents():获取容器内的所有组件。

(4) remove(Component comp):删除容器中的一个组件。

这些常用的方法通常还带有若干重载方法,允许开发者根据不同的参数选择调用,为开发工作带来了便利。

10.2　窗体与菜单

窗体是桌面应用系统最基本的展示界面,典型的窗体应用程序往往还带有菜单元素。基于 Swing 的窗体开发最直接的方式是利用 JFrame 类编写的,如例 10.2 所示。常见的菜单形式包括下拉式和弹出式。下拉式菜单附着在窗体上,菜单元素包括菜单条、菜单和菜单项,如图 10.3 所示。弹出式菜单一般出现在右击的位置,如图 10.3 所示。如果选中菜单项时出现下一级菜单,是多级菜单的效果。

Swing 提供的 JMenuBar 类、JMenu 类和 JMenuItem 类,分别代表菜单条、菜单和菜单项。编写下拉式菜单程序时,先创建对应的各菜单元素对象,再调用相应的 add()方法进行

图 10.3　窗体中的菜单

拼接,最后窗体对象调用 setJMenuBar()方法把菜单条加到窗体中。对于弹出式菜单,由于弹出的条件一般由鼠标右键触发,因此需要编写相应的响应处理代码。

例 10.3 给出一个简单的菜单窗体程序,包含了两个菜单,每个菜单含有若干菜单项。

【例 10.3】 MenuWin.java

```
1:    import javax.swing.*;
2:    public class MenuWin extends JFrame{
3:        JMenuBar mbar;
4:        JMenu menu1;
5:        JMenuItem item11,item12;
6:        JMenu menu2;
7:        JMenuItem item21,item22,item23;
8:        MenuWin(){
9:            setTitle("菜单窗体");
10:           setSize(240, 180);
11:           setLocationRelativeTo(null);
12:           menu1=new JMenu("菜单 1");
13:           item11=new JMenuItem("选项 11");
14:           item12=new JMenuItem("选项 12");
15:           menu1.add(item11);
16:           menu1.add(item12);
17:           menu2=new JMenu("菜单 2");
18:           item21=new JMenuItem("选项 21");
19:           item22=new JMenuItem("选项 22");
20:           item23=new JMenuItem("选项 23");
21:           menu2.add(item21);
22:           menu2.addSeparator();         //分隔线
23:           menu2.add(item22);
24:           menu2.add(item23);
25:           mbar=new JMenuBar();
26:           mbar.add(menu1);
27:           mbar.add(menu2);
28:           setJMenuBar(mbar);
29:           setVisible(true);
30:           setDefaultCloseOperation(EXIT_ON_CLOSE);
31:       }
32:       public static void main(String[] args) {
33:           new MenuWin();
34:       }
35:   }
```

例 10.3 的运行结果如图 10.4(a)所示。如果把程序第 27 行改为"menu1.add

（menu2）；"，即把菜单2作为一个菜单项加入菜单1，则可以获得多级子菜单的效果，菜单2成为菜单1的子菜单，如图10.4(b)所示。

(a) 单级菜单

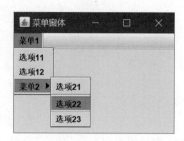
(b) 多级菜单

图 10.4 菜单窗体

10.3 组件与布局

一个表现元素丰富的用户界面能满足各种功能需求，也可为用户带来良好的软件使用体验。Java 提供了各种常用的界面组件，方便了图形界面的设计。组件的布局影响到图形界面的整体效果，Java 提供了多种布局，分别适用于构建不同形式的界面。

10.3.1 界面组件

常用的图形界面组件包括按钮、文本框、列表等形式，Java 提供的界面组件通常有 AWT 版本和对应的 Swing 版本。对于 AWT 界面组件，一般继承自 java.awt.Component 抽象类；对于 Swing 界面组件，则一般继承自 javax.swing.JComponent 抽象类。常用的 Swing 组件类如表 10.2 所示。

表 10.2 常用的 Swing 组件类

组 件 类	描　述
JButton(按钮)类	单击按钮
JRadioButton(单选按钮)类	提供单选功能，几个单选按钮配合 ButtonGroup 类进行设计可以获得单选互斥效果
JTextField(文本框)类	提供单行文字输入
JTextArea(文本区)类	提供多行文字输入
JPasswordField(密码框)类	提供单行密码的输入
JLabel(标签)类	提供信息显示
JCheckBox(复选框)类	提供多选功能，有选中和未选中两种状态
JComboBox(组合框)类	提供折叠的下拉列表，可以选择列表中的一项
JList(列表框)类	提供的列表允许用户选中一项或多项
JPanel(面板)类	用于放置其他组件，即为其他组件提供容器
JScrollPane(滚动面板)类	提供滚动条效果，允许用户滚动观察放置在其上的组件
JSplitPane(分割面板)类	用于拆分出两个容器，包括水平和垂直两种拆分形式

例 10.4 给出个人信息填写界面,采用了多种 Swing 界面组件进行设计。程序中第 4～14 行定义了各个界面组件。在构造方法 CompWin()中,把各个组件加到窗体中。其中,第 22～24 行利用 ButtonGroup 类获得单选互斥的效果;第 28、29 行为组合框加入选项条目;第 31 行利用 JScrollPane 类创建滚动面板,为文本框提供滚动效果。

【例 10.4】 CompWin.java

```
 1:    import javax.swing.*;
 2:    import java.awt.FlowLayout;
 3:    public class CompWin extends JFrame{
 4:        JLabel labName=new JLabel("姓名: ");
 5:        JTextField txtName=new JTextField(4);
 6:        JRadioButton rbMale=new JRadioButton("男");
 7:        JRadioButton rbFemale=new JRadioButton("女");
 8:        JComboBox<String> combStu=new JComboBox<String>();
 9:        JCheckBox ckMem=new JCheckBox("是会员");
10:        JCheckBox ckCity=new JCheckBox("在本市");
11:        JTextArea txtNote=new JTextArea(5,8);
12:        JLabel labPwd=new JLabel("密码: ");
13:        JPasswordField pwd=new JPasswordField(6);
14:        JButton bt=new JButton("确认");
15:        CompWin(){
16:            setTitle("个人信息");
17:            setSize(260, 190);
18:            setLocationRelativeTo(null);
19:            setLayout(new FlowLayout());
20:            add(labName);
21:            add(txtName);
22:            ButtonGroup bg=new ButtonGroup();
23:            bg.add(rbMale);
24:            bg.add(rbFemale);
25:            rbMale.setSelected(true);
26:            add(rbMale);
27:            add(rbFemale);
28:            combStu.addItem("学生");
29:            combStu.addItem("职员");
30:            add(combStu);
31:            JScrollPane scPane=new JScrollPane(txtNote);
32:            add(scPane);
33:            add(ckMem);
34:            add(ckCity);
35:            add(labPwd);
36:            add(pwd);
37:            add(bt);
38:            setVisible(true);
39:            setDefaultCloseOperation(EXIT_ON_CLOSE);
40:        }
41:        public static void main(String[] args) {
42:            new CompWin();
43:        }
44:    }
```

程序的运行结果如图 10.5 所示。

图 10.5　界面组件

10.3.2　布局

组件在容器中的位置和尺寸受容器的布局(layout)控制。Java 的 java.awt.LayoutManager 为各种具体布局提供接口,具体布局在 java.awt 包中定义。Java 的布局包括以下几种。

1. FlowLayout(流式布局)

该布局中,按组件的添加顺序,将组件从左到右放置在容器中,当到达容器边界时,组件将被放置到下一行,以此类推。组件的排列形式可以设置为左对齐、居中对齐(默认方式)和右对齐。该布局中,组件的大小不受限,而允许有最佳大小;当容器缩放时,组件位置可能会变化,但组件大小不变。

2. BorderLayout(边界布局)

该布局把容器划分为东、西、南、北、中 5 个区域,即对应右、左、下、上、中 5 个方位。中间方位是其他方位填满后剩下的区域。当容器被缩放时,组件所在的相对位置不变,但组件大小会改变。如果某个区域添加的组件不止一个,只有最后添加的一个可见。对于中间方位,即使没有组件,也留有空间;对于其他方位,如果没有组件,则区域面积为零。

3. CardLayout(卡片布局)

该布局把容器界面看作一系列卡片,在任何时候仅有一张卡片可见,且这张卡片占满整个容器空间。可以通过布局对象控制显示哪张卡片。

4. GridLayout(网格布局)

该布局将容器分割成多个行和列,组件被填充到每个网格中。添加到容器的组件先放置在左上角网格,然后从左到右按序填完一行网格,再填充下一行网格。所有组件的高度一致,宽度也一致。当缩放容器时,各个组件的相对位置不变,但大小随着一起缩放。

5. GridBagLayout(网格袋布局)

该布局是一种非常灵活的布局方式,它不要求组件的大小相同便可以将组件垂直、水平或沿它们的基线对齐。通过 GridBagConstraints 为组件施加约束,获得组件占有特定网格区域的效果。

6. null(空布局)

该布局表示不使用任何布局管理器的情况。空布局时,每个组件需要调用 setLocation()、setSize()或 setBounds()等方法,为组件在容器中逐一定位。

当一个容器被创建后,拥有相应的默认布局形式。例如,JFrame 的默认布局是 BorderLayout 布局;而 JPanel 的默认布局是 FlowLayout 布局。界面程序中的容器对象可以调用 setLayout(LayoutManager mgr)方法来设置容器的布局形式。

拥有相同图形组件的界面,在不同的布局作用下,所获得的显示效果可能差别很大。比如,对于一个拥有 5 个按钮的图形界面,在配置不同的布局情况下,展示的效果如图 10.6 所示。

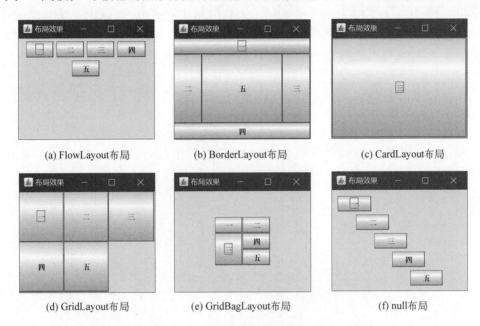

(a) FlowLayout布局   (b) BorderLayout布局   (c) CardLayout布局

(d) GridLayout布局   (e) GridBagLayout布局   (f) null布局

图 10.6 Java 图形界面的不同布局

对于图 10.6(a)的界面,采用 FlowLayout 布局实现,程序如例 10.5 所示。

【例 10.5】 LayoutWin.java

```
1:    import java.awt.*;
2:    import javax.swing.*;
3:    public class LayoutWin extends JFrame{
4:        JButton bt1=new JButton("一");
5:        JButton bt2=new JButton("二");
6:        JButton bt3=new JButton("三");
7:        JButton bt4=new JButton("四");
8:        JButton bt5=new JButton("五");
9:        LayoutWin(){
10:           setTitle("布局效果");
11:           setSize(210, 200);
12:           setLocationRelativeTo(null);
13:           setVisible(true);
14:           setDefaultCloseOperation(EXIT_ON_CLOSE);
15:           setLayout(new FlowLayout()); //布局 a
16:           add(bt1);
17:           add(bt2);
18:           add(bt3);
19:           add(bt4);
20:           add(bt5);
21:              }
22:       public static void main(String[] args) {
```

```
23:        new LayoutWin();
24:    }
25: }
```

程序中第 15 行调用了 setLayout( )方法配置 FlowLayout 布局。如果要改采用 BorderLayout 布局实现,则原来第 15～20 行的代码可改为如下:

```
setLayout(new BorderLayout());      //布局 b
add(bt1,BorderLayout.NORTH);
add(bt2,BorderLayout.WEST);
add(bt3,BorderLayout.EAST);
add(bt4,BorderLayout.SOUTH);
add(bt5);
```

改后运行获得图 10.6(b)的界面效果。如果要改采用 CardLayout 布局实现,则例 10.5 中第 15～20 行的代码可改为如下:

```
CardLayout card = new CardLayout();
setLayout(card);                    //布局 c
add(bt1);
add(bt2);
add(bt3);
add(bt4);
add(bt5);
Container cont=this.getContentPane();
card.next(cont);
card.next(cont);
```

以上程序片段中,通过布局对象 card 调用 2 次 next()方法,相当于翻过 2 张卡片,使得当前显示第 3 张卡片,即按钮"三",如图 10.6(c)所示。如果要改采用 GridLayout 布局实现,则例 10.5 中第 15 行的代码可改为如下:

```
setLayout(new GridLayout(2,0));     //布局 d
```

设置为两行的网格布局,改后运行获得图 10.6(d)的界面效果。尝试采用 GridBagLayout 布局进行实现,把例 10.5 中第 15 行的代码用以下代码替换:

```
GridBagLayout bag = new GridBagLayout();
setLayout(bag);                               //布局 e
GridBagConstraints bagCs;
bagCs = new GridBagConstraints();
bagCs.gridwidth = GridBagConstraints.REMAINDER;    //换行效果
bagCs.fill=GridBagConstraints.BOTH;
bag.addLayoutComponent(bt2, bagCs);
bagCs = new GridBagConstraints();
bagCs.gridheight = 2;
bagCs.fill=GridBagConstraints.BOTH;
bag.addLayoutComponent(bt3, bagCs);
bagCs = new GridBagConstraints();
bagCs.gridwidth = GridBagConstraints.REMAINDER;
bagCs.fill=GridBagConstraints.BOTH;
bag.addLayoutComponent(bt4, bagCs);
bagCs = new GridBagConstraints();
bagCs.gridwidth = GridBagConstraints.REMAINDER;
bagCs.fill=GridBagConstraints.BOTH;
bag.addLayoutComponent(bt5, bagCs);
```

替换后运行获得图 10.6(e)的界面效果。如果不采用任何布局管理器,即采用 null 布局进行实现,把例 10.5 中第 15～20 行的代码用以下代码替换:

```
setLayout(null);        //布局 f
bt1.setBounds(10, 10, 55, 25);
add(bt1);
bt2.setBounds(40, 40, 55, 25);
add(bt2);
bt3.setBounds(70, 70, 55, 25);
add(bt3);
bt4.setBounds(100, 100, 55, 25);
add(bt4);
bt5.setBounds(130, 130, 55, 25);
add(bt5);
```

替换后运行获得图 10.6(f)的界面效果。

10.4 事件处理

前面介绍了 Java GUI 设计过程中基本界面的设计,这些内容属于界面的静态的展示。为了满足人机交互的功能需求,Java GUI 引入了事件响应机制,开发者据此来设计响应处理逻辑。

当用户与程序界面进行交互时,各种操作都将触发产生相应的事件。例如,单击按钮、选中菜单选项、在文本框中输入文字、移动鼠标等。Java 把每个可以触发事件的组件当作事件源,每个事件源可能产生不同类型的事件,而每种事件都有对应专门的响应方式,即不同类型的监听器。监听器用于接收事件信息,并进行响应处理。为了使得监听器能够响应特定的事件源,监听器需要在事件源组件进行注册。事件源本身不处理事件,而是把响应处理功能委托给监听器,这种机制的设计采用的是委托模式。

图 10.7 以按钮的事件响应处理过程来说明 Java GUI 中的事件处理机制。首先开发者在 JButton 按钮上注册一个 ActionListener 监听器;当用户单击按钮,或者在按钮获得焦点时,用户按下键盘上的空格键,都将触发 ActionEvent 事件;监听器接收到事件信息后,进行响应处理。

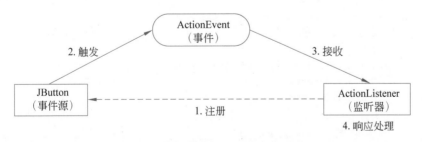

图 10.7 事件处理机制举例

每个具体事件都是某种事件类的实例,Java 提供的事件类包括 ActionEvent、ItemEvent、MouseEvent、KeyEvent、FocusEven、DocumentEvent 和 WindowEvent 等。每个事件类对应一个或多个事件监听器处理接口,例如 ActionEvent 事件对应 ActionListener 接口;

ItemEvent 事件对应 ItemListener 接口；而 MouseEvent 事件可以对应 MouseListener 接口和 MouseMotionListener 接口。开发者通过编写响应处理功能代码以实现相应的接口。Java 提供的事件类和监听器接口放在 java.awt.event 包中。下面解析几个常用的事件及处理。

10.4.1　ActionEvent 事件及处理

单击按钮、在文本框中按 Enter 键、选中菜单项等很多操作都可以触发 ActionEvent 事件，对应的这些界面组件都可以成为 ActionEvent 事件的事件源。与 ActionEvent 事件相对应的 ActionListener 监听器处理接口中，仅包含一个抽象方法，其原型如下：

```
public void actionPerformed(ActionEvent e);
```

开发者需要实现该接口以提供一个具体的监听器。当监视器调用 actionPerformed() 方法进行响应处理时，该方法将获得 ActionEvent 事件对象的参数，利用事件对象可以进行事件源或命令的识别。ActionEvent 类中常用的方法有：

（1）getActionCommand()：该方法返回与该事件相关的命令字符串。

（2）getSource()：该方法继承自 ActionEvent 类的顶级父类 EventObject，用于获取触发该事件的事件源对象引用。

图 10.8　问候 App 的界面

考虑一个问候 App 的设计问题，该 App 的界面带有一个文本框、一个按钮和一个标签，如图 10.8 所示。文本框让用户输入姓名，标签用于显示问候语，用户单击按钮，将把文本框中的文字组织成问候语，然后在标签处输出。

例 10.6 给出了一种设计方案。该例设计了一个独立的监听器 HelloListener，为了能够操作图形界面，把监听器的构造方法设计为可传递界面对象参数的形式。响应处理的功能代码写在重写的 actionPerformed() 方法中。程序中第 23 行调用 addActionListener() 方法进行监听器注册，传入了一个监听器对象。

【例 10.6】　ExtListen.java

```
1:    import javax.swing.*;
2:    import java.awt.FlowLayout;
3:    import java.awt.event.*;
4:    class HelloListener implements ActionListener{
5:        JTextField txt;
6:        JLabel lab;
7:        HelloListener(JTextField txt,JLabel lab){
8:            this.txt=txt;
9:            this.lab=lab;
10:       }
11:       @Override
12:       public void actionPerformed(ActionEvent e) {
13:           lab.setText("您好!"+ txt.getText());
14:       }
15:   }
16:   class MyWin extends JFrame{
17:       JTextField txt=new JTextField(12);
```

```
18:        JButton but=new JButton("问候");
19:        JLabel lab=new JLabel();
20:        MyWin(String title){
21:            setTitle(title);
22:            setLayout(new FlowLayout());
23:            but.addActionListener(new HelloListener(txt,lab));
24:            add(txt);
25:            add(but);
26:            add(lab);
27:            setBounds(300, 280, 260, 100);
28:            setVisible(true);
29:            setDefaultCloseOperation(EXIT_ON_CLOSE);
30:        }
31:    }
32:    public class ExtListen {
33:        public static void main(String[] args) {
34:            new MyWin("问候 App");
35:        }
36:    }
```

从上面程序中发现,监听器独立设计时,需要传递界面对象参数,这种编写事件响应的方式不够灵活,且较为烦琐。由于一个监听器一般只是处理一个特定的事件源,可以考虑监听器对象和事件源紧耦合的设计方式,把监听器改成内置的形式。改进的代码如例 10.7 所示。代码第 11 行进行监听器注册,第 11～16 行定义了一个匿名的 ActionListener 监听器对象。

【例 10.7】 **InnListen.java**

```
1:    import javax.swing.*;
2:    import java.awt.FlowLayout;
3:    import java.awt.event.*;
4:    class MyWin1 extends JFrame{
5:        JTextField txt=new JTextField(12);
6:        JButton but=new JButton("问候");
7:        JLabel lab=new JLabel();
8:        MyWin1(String title){
9:            setTitle(title);
10:           setLayout(new FlowLayout());
11:           but.addActionListener(new ActionListener(){
12:               @Override
13:               public void actionPerformed(ActionEvent e) {
14:                   lab.setText("您好!"+ txt.getText());
15:               }
16:           });
17:           add(txt);
18:           add(but);
19:           add(lab);
20:           setBounds(300, 280, 260, 100);
21:           setVisible(true);
22:           setDefaultCloseOperation(EXIT_ON_CLOSE);
23:        }
24:    }
```

```
25:    public class InnListen {
26:        public static void main(String[] args) {
27:            new MyWin1("问候 App");
28:        }
29:    }
```

从上面程序可见,监听器对象采用匿名类对象的设计方式,匿名类中的方法可以直接访问外嵌类的成员,避免了烦琐的参数传递,也使得代码更为紧凑。以 ActionEvent 事件的处理为例,Java 事件响应的编程一般包括以下步骤。

(1) 引入必要的类和接口。

(2) 设计监听器,实现事件监听器接口。

(3) 为事件源对象注册监听器对象。

10.4.2　ItemEvent 事件及处理

ItemEvent 事件表示选项的状态发生改变。单选按钮、复选框、组合框等组件都可以触发 ItemEvent 事件。对于单选按钮、复选框,当选项被选中或者取消选中时,将触发 ItemEvent 事件;对于组合框,下拉列表的选项发生变化时,也将触发 ItemEvent 事件。ItemEvent 事件对应的监听器接口是 ItemListener,该接口仅包含一个抽象方法,其原型如下:

```
void itemStateChanged(ItemEvent e);
```

该抽象方法接收 ItemEvent 对象作为参数。ItemEvent 可提供的常用方法有:

(1) getItem:返回受影响的选项对象。

(2) getItemSelectable:获取触发该事件的事件源对象引用。

(3) getStateChange:返回选项是否被选中的状态。

(4) getSource:与 ActionEvent 一样,继承自顶级父类 EventObject,用于获取触发该事件的事件源对象引用。

与 ActionEvent 事件的处理方式类似,ItemEvent 事件的监听器设计需要通过实现 ItemListener 接口来完成。

例 10.8 是一个选择应用程序,其运行的界面如图 10.9 所示,包含一个组合框和一个文本框,当用户从组合框的下拉列表中选中一个选项,该选项的信息显示在文本框内。

程序第 13 行的组合框对象注册了 ItemListener 监听器,在第 13～18 行该监听器以匿名类方式进行设计。由于通过组合

图 10.9　选择 App 的界面

框的下拉列表选择一个选项时,选项有被选中(Selected)和脱离被选中(deSelected)两种状态,将导致 itemStateChanged()方法被调用两次,因此第 16 行限定了只考虑被选中状态。

【例 10.8】　ItemListen.java

```
1:    import javax.swing. * ;
2:    import java.awt.FlowLayout;
3:    import java.awt.event. * ;
4:    class MyWin2 extends JFrame{
```

```
 5:        JComboBox<String> cmb=new JComboBox<String>();
 6:        JTextField txt=new JTextField(8);
 7:        MyWin2(String title){
 8:            setTitle(title);
 9:            setLayout(new FlowLayout());
10:            cmb.addItem("选项一");
11:            cmb.addItem("选项二");
12:            cmb.addItem("选项三");
13:            cmb.addItemListener(new ItemListener() {
14:                @Override
15:                public void itemStateChanged(ItemEvent e) {
16:                    if(e.getStateChange() == ItemEvent.SELECTED)
17:                        txt.setText(cmb.getSelectedItem().toString());
18:                }
19:            });
20:            add(cmb);
21:            add(txt);
22:            setBounds(300, 280, 220, 80);
23:            setVisible(true);
24:            setDefaultCloseOperation(EXIT_ON_CLOSE);
25:        }
26:    }
27: public class ItemListen {
28:     public static void main(String[] args) {
29:         new MyWin2("选择 App");
30:     }
31: }
```

10.4.3　MouseEvent 事件及处理

MouseEvent 事件是当鼠标被按下、释放、单击或者鼠标指针移入和移出某个组件,以及鼠标被移动或拖动等操作时所产生的事件。在任何组件上进行这些操作时都会触发相应的鼠标事件。

可以通过 MouseEvent 事件类提供的几个实用的方法来获取有用的信息,常用的方法有:

(1) getX():获取鼠标指针相对于事件源组件的 X 坐标值。

(2) getY():获取鼠标指针相对于事件源组件的 Y 坐标值。

(3) getButton():获取触发鼠标事件的鼠标按键,返回无按键、左键、中键或右键信息。

(4) getClickCount():获取鼠标被单击的次数。

(5) getSource():获取触发鼠标事件的事件源,该方法继承自 MouseEvent 类的顶级的父类 EventObject。

对于鼠标的按下、释放、单击及鼠标指针移入组件和移出组件这 5 种操作所触发的事件,采用 MouseListener 接口进行处理,5 种操作分别对应接口中的 mouseClicked()、mousePressed()、mouseReleased()、mouseEntered()和 mouseExited()这 5 个抽象方法,这些方法都以 MouseEvent 对象作为参数。需要通过实现 MouseListener 接口来设计鼠标事件监听器。事件源注册鼠标监听器的方法是调用 addMouseListener()方法,传入相应的监听器对象作为参数。

对于鼠标的移动和拖动所产生的事件采用 MouseMotionListener 接口进行处理。拖动和移动操作分别对应接口中的 mouseDragged() 和 mouseMoved() 这两个抽象方法,这些方法也是以 MouseEvent 对象作为参数的。需要通过实现 MouseMotionListener 接口来设计鼠标动作事件监听器。事件源注册鼠标动作监听器的方法是调用 addMouseMotionListener() 方法,传入相应的监听器对象作为参数。

例 10.9 用于演示 MouseEvent 事件的处理,用户进行鼠标的各种操作时,相应的操作信息和鼠标坐标信息将被填入程序界面的文本区内。其中,第 9～30 行创建了一个 MouseListener 匿名对象作为监听器,第 9 行为文本区注册了该监听器。第 31～40 行创建了一个 MouseMotionListener 匿名对象作为监听器,第 31 行为文本区注册了该监听器。

【例 10.9】 MouseListen.java

```
1:   import javax.swing.*;
2:   import java.awt.FlowLayout;
3:   import java.awt.event.*;
4:   class MyWin3 extends JFrame{
5:       JTextArea area=new JTextArea(8,20);
6:       MyWin3(String title){
7:           setTitle(title);
8:           setLayout(new FlowLayout());
9:           area.addMouseListener(new MouseListener() {
10:              @Override
11:              public void mouseClicked(MouseEvent e) {   //单击
12:                  area.append("mouseClicked:("+e.getX()+","+e.getY()+")\n");
13:              }
14:              @Override
15:              public void mousePressed(MouseEvent e) {   //按下
16:                  area.append("mousePressed:("+e.getX()+","+e.getY()+")\n");
17:              }
18:              @Override
19:              public void mouseReleased(MouseEvent e) { //释放
20:                  area.append("mouseReleased:("+e.getX()+","+e.getY()+")\n");
21:              }
22:              @Override
23:              public void mouseEntered(MouseEvent e) {   //移入
24:                  area.append("mouseEntered:("+e.getX()+","+e.getY()+")\n");
25:              }
26:              @Override
27:              public void mouseExited(MouseEvent e) {   //移出
28:                  area.append("mouseExited:("+e.getX()+","+e.getY()+")\n");
29:              }
30:          });
31:          area.addMouseMotionListener(new MouseMotionListener() {
32:              @Override
33:              public void mouseDragged(MouseEvent e) {   //拖动
34:                  area.append("mouseDragged:("+e.getX()+","+e.getY()+")\n");
35:              }
36:              @Override
```

```
37:                public void mouseMoved(MouseEvent e) {   //移动
38:                    area.append("mouseMoved:("+e.getX()+","+e.getY()+") \n");
39:                }
40:            });
41:            add(new JScrollPane(area));
42:            setBounds(300, 280, 260, 180);
43:            setVisible(true);
44:            setDefaultCloseOperation(EXIT_ON_CLOSE);
45:        }
46:    }
47:    public class MouseListen {
48:        public static void main(String[] args) {
49:            new MyWin3("鼠标事件演示");
50:        }
51:    }
```

程序运行结果如图 10.10 所示。

例 10.9 采用实现监听器接口的方式进行设计,假设仅要响应单击事件,那么除了需要重写 mouseClicked()抽象方法外,接口中其他的抽象方法也必须重写,将出现不少方法体为空的重写方法,如此代码显得较为庞杂。Java 提供了一个鼠标适配器 MouseAdapter 类,可以简化这类代码的编写。MouseAdapter 类通过实现各种鼠标监听器接口,开发者只要写该适配器类的子类,重写所需的方法即可。例如,对于例 10.9,如果只想监听单击和鼠标拖动事件,程序第 9～40 行可以由以下代码替换。

图 10.10　鼠标事件演示

```
area.addMouseListener(new MouseAdapter() {
    @Override
    public void mouseClicked(MouseEvent e) { //单击
        area.append("mouseClicked:("+e.getX()+","+e.getY()+") \n");
    }
});
area.addMouseMotionListener(new MouseAdapter() {
    @Override
    public void mouseDragged(MouseEvent e) { //拖动
        area.append("mouseDragged:("+e.getX()+","+e.getY()+") \n");
    }
});
```

10.4.4　KeyEvent 事件及处理

KeyEvent 事件是敲击、按下或释放键盘上的一个键时触发的键盘事件。Java 的组件都可以当作为键盘事件源。当一个组件处于激活状态时,操作键盘将使得组件触发 KeyEvent 事件。可以通过实现 KeyListener 接口来开发 KeyEvent 事件监听器,KeyListener 接口包含了 keyTyped()、keyPressed()和 keyReleased()这 3 个抽象方法,对应敲击、按下和释放一个按键。与 MouseAdapter 类相似,Java 也提供了一个键盘适配器类 KeyAdapter 来简化抽象方法重写。事件源注册键盘监听器的方法是调用 addKeyListener()方法,传入相应的监听器对象作为参数。

设计键盘监听器时,可以通过 KeyEvent 事件类提供的几个实用的方法来获取有用的信息,常用的方法有:

(1) getKeyChar():返回触发事件的按键的字符值。

(2) getKeyCode():返回触发事件的按键的键码整数值。

(3) getKeyText():返回指定按键的字符串描述值。字符串描述信息存放在 awt.properties 文件中,可以由用户定制。该方法是静态的。

KeyEvent 类中还定义了许多以 public static final int 声明的键码常量,方便开发时使用。例如,VK_SHIFT 表示 SHIFT 虚拟键;VK_H 表示 H 字母键;VK_F3 表示 F3 功能键。

图 10.11　键盘事件演示

例 10.10 设计了一个输入字符串的应用程序,演示了键盘事件处理效果。程序界面如图 10.11 所示,界面包含 3 个文本框,每个文本框限制用户输入的字符数为 5 个,当用户输满一个文本框,该文本框变为不可编辑状态,且输入焦点自动切换到下一个文本框。

程序第 13 行为每个文本框对象注册了 KeyListener 监听器,在第 13~21 行以匿名类方式设计了键盘监听器。

【例 10.10】　**KeyListen.java**

```
 1:   import javax.swing.*;
 2:   import java.awt.FlowLayout;
 3:   import java.awt.event.*;
 4:   class MyWin4 extends JFrame{
 5:       int LIMIT_SIZE=5;                                //5个字符数长度限制
 6:       JTextField []txt=new JTextField[3];              //3个文本框
 7:       JLabel []lab=new JLabel[2];                      //2个横线
 8:       MyWin4(String title){
 9:           setTitle(title);
10:           setLayout(new FlowLayout());
11:           for(int i=0;i<3;i++) {
12:               txt[i]=new JTextField(LIMIT_SIZE);
13:               txt[i].addKeyListener(new KeyListener() {
14:                   @Override
15:                   public void keyTyped(KeyEvent e) {
16:                       JTextField txt=(JTextField) e.getSource();
17:                       if(txt.getText().length()==LIMIT_SIZE) {
18:                           txt.setEditable(false);      //设置为不可编辑
19:                           txt.transferFocus();         //转移输入焦点
20:                       }
21:                   }
22:                   @Override
23:                   public void keyPressed(KeyEvent e) {
24:                   }
25:                   @Override
26:                   public void keyReleased(KeyEvent e) {
27:                   }
28:               });
```

```
29:                add(txt[i]);
30:                if(i<2) {
31:                    lab[i]=new JLabel(" - ");
32:                    add(lab[i]);
33:                }
34:            }
35:            setBounds(300, 280, 260, 100);
36:            setVisible(true);
37:            setDefaultCloseOperation(EXIT_ON_CLOSE);
38:        }
39:    }
40:    public class KeyListen {
41:        public static void main(String[] args) {
42:            new MyWin4("键盘事件演示");
43:        }
44:    }
```

10.4.5　其他常见的事件

在开发 Java GUI 程序时,往往还需要进行文档维护、窗体状态、组件焦点等方面的处理,Java 提供了对应的事件响应处理机制,而这些机制与前面介绍的几种事件情况是类似的。

1. DocumentEvent 事件

当文本组件所对应的文档模型数据发生变化时,将产生 DocumentEvent 事件。在 javax.swing.text 包中的抽象类 JTextComponent 中包含有一个 Document 接口类型的文档模型。JTextComponent 类的子类包括 JTextField、JTextArea 和 JEditorPane 等组件类,这些类的文档模型可作为 DocumentEvent 事件的事件源,通过实现 DocumentListener 接口来设计监听器,通过调用 addDocumentListener()方法来为事件源注册监听器。

2. WindowEvent 事件

该事件表示表示窗体已更改其状态。当窗体对象被打开、关闭、激活、停用、图标化或指示时,或者焦点被转移到窗体中或转移到窗体外时,该事件由窗体对象产生。该事件被传递给接收此类事件的 WindowListener 或 WindowAdapter 监听器对象,监听器对象通过使用 addWindowListener()方法进行注册。当事件发生时,每个这样的监听器对象都会获得此 WindowEvent 对象。

例如,为例 10.1 中的 AWT 窗体提供可退出的功能。通过监听 WindowEvent 事件并进行响应处理,当用户单击窗体右上角的"关闭"按钮时,将退出程序。为此,只要在 AWTwin 构造方法中添加以下代码即可:

```
this.addWindowListener(new WindowAdapter() {
    public void windowClosing(WindowEvent e) {
        System.exit(0);
    }
});
```

3. FocusEvent 事件

该事件表示某个组件获得或失去了输入焦点。这个事件是由一个组件产生的。该事件被传递给接收此类事件的 FocusListener 或 FocusAdapter 监听器对象。当事件发生时,监听器对象通过使用 addFocusListener()方法进行注册。当事件发生时,每个这样的监听器对象都会得到这个 FocusEvent 对象。

10.5 MVC 模式

模型-视图-控制器(Model View Controller,MVC)模式是一种经典的软件设计模式,在软件设计中被广泛使用。模型表示系统的数据和业务规则,包含数据的存取和功能的算法实现。视图是用户看到并与之交互的界面,可以利用 Java 图形界面设计技术来实现视图。控制器用于接受用户输入并调用模型和视图的功能去完成用户需求,其目的是获取、修改和提供数据给用户。Java 的事件处理机制可用于处理人机交互,实现控制器的功能。MVC模式通过把应用程序的数据处理、业务逻辑和用户界面分离,使得程序结构更加清晰,降低复杂度,有利于软件的模块化,提高代码的可重用性和可维护性。

一个优秀的软件除了能满足用户的功能和性能需求以外,还能满足可扩展性及可重用性等需求。软件的设计和实现往往难以一次到位,而是需要一个不断优化设计、迭代开发的

图 10.12　求平方值程序界面

过程,这个迭代过程体现了软件重构的基本思路。下面展示对一个图形界面程序进行重构的过程。该图形界面程序用于求取整数的平方值,程序的界面如图 10.12 所示。用户在文本框中输入一个整数,单击"求平方"按钮后,计算结果将显示在后面的标签中。按照 Java GUI 设计的编码方式,首先编写界面代码,然后进行事件响应处理。程序如例 10.11 所示。

【例 10.11】　SquaringApp.java

```
 1:   import javax.swing.*;
 2:   import java.awt.FlowLayout;
 3:   import java.awt.event.*;
 4:   class MyWin1 extends JFrame{
 5:       JTextField txt;
 6:       JButton but;
 7:       JLabel lab;
 8:       MyWin1(String title){
 9:           setTitle(title);
10:           setLayout(new FlowLayout());
11:           txt=new JTextField(12);
12:           but=new JButton("求平方");
13:           lab=new JLabel();
14:           but.addActionListener(new ActionListener(){
15:               @Override
16:               public void actionPerformed(ActionEvent e) {
17:                   int result;
18:                   String numStr=txt.getText();
19:                   int num=Integer.parseInt(numStr);
20:                   result=num * num;
21:                   lab.setText("平方值为: "+result);
22:               }
23:           });
```

```
24:         add(txt);
25:         add(but);
26:         add(lab);
27:         setBounds(320, 300, 310, 110);
28:         setVisible(true);
29:         setDefaultCloseOperation(EXIT_ON_CLOSE);
30:     }
31: }
32: public class SquaringApp {
33:     public static void main(String[] args) {
34:         new MyWin1("求平方值");
35:     }
36: }
```

该程序的实现特点是：监听器采用匿名类方式进行按钮事件响应处理，求平方值的功能代码都放在匿名类中。从整体上看，代码较为紧凑；然而，由于数据和控制逻辑是紧耦合的，并且混杂在视图代码中，各个层次模块之间的结构关系不清晰。为了使设计的层次更为清晰，例 10.12 采用 MVC 模式，针对例 10.11 进行重构。

【例 10.12】 **SquaringAppMVC.java**

```
 1:  import javax.swing.*;
 2:  import java.awt.FlowLayout;
 3:  import java.awt.event.*;
 4:  class MyModel{        //模型
 5:      int num;
 6:      void setNum(int num){
 7:          this.num=num;
 8:      }
 9:      int getResult(){
10:          return num * num;
11:      }
12:  }
13:  class MyView extends JFrame{        //视图
14:      JTextField txt;
15:      JButton but;
16:      JLabel lab;
17:      MyView(String title, MyController controller){
18:          txt=new JTextField(12);
19:          but=new JButton("求平方");
20:          lab=new JLabel();
21:          but.addActionListener(new ActionListener(){
22:              @Override
23:              public void actionPerformed(ActionEvent e){
24:                  controller.doControl();
25:              }
26:          });
27:          add(txt);
28:          add(but);
29:          add(lab);
30:          setTitle(title);
31:          setLayout(new FlowLayout());
32:          setBounds(320, 300, 310, 110);
```

```
33:            setVisible(true);
34:            setDefaultCloseOperation(EXIT_ON_CLOSE);
35:      }
36:  }
37:  class MyController{         //控制器
38:      MyView view;
39:      MyModel model;
40:      MyController(){
41:          this.view=new MyView("求平方值",this);
42:          this.model=new MyModel();
43:      }
44:      void doControl(){         //处理控制逻辑
45:          String numStr=view.txt.getText();
46:          int num=Integer.parseInt(numStr);
47:          model.setNum(num);
48:          view.lab.setText("平方值为: "+model.getResult());
49:      }
50:  }
51:  public class SquaringAppMVC {
52:      public static void main(String[] args) {
53:          new MyController();
54:      }
55:  }
```

在例 10.12 中,设计了一个模型类 MyModel,把数据模型和计算逻辑独立出来;设计了一个视图类 MyView,把界面设计的代码集中在此类中;设计了一个独立的控制器类 MyController,作为视图和模型之间交互的桥梁。如此重构之后,获得了清晰的层次模块结构。当应用程序的业务逻辑更为复杂时,这种 MVC 模式将体现出更好的设计弹性,有利于软件的维护。

10.6　对话框

与窗体一样,对话框是一种底层容器,用于容纳其他图形组件,而本身不能放置在其他容器之上,对话框可以看作一种简单的窗体。开发者可以通过继承 Dialog 类或者 JDialog 类来设计 Java 对话框。

根据对话框显示的特点,可以分为模态(modal)对话框与非模态(non-modal)对话框这两种。对于模态对话框,当处于活动状态时,对话框处在最前面,将无法激活该程序的其他界面,直到关闭该对话框。反之,非模态对话框活动时,用户可以随时切换到程序的其他界面而无须关闭对话框。默认的 Java 对话框是非模态的,可以通过调用 setModal(true)来把对话框设置为模态的。

Java 的 Swing 包提供了多种常用的标准对话框,例如"消息"对话框、确认对话框、"输入"对话框、"颜色"对话框和文件对话框(如"打开"对话框和"保存"对话框)等,如图 10.13 所示。其中"消息"、确认、"输入"对话框均来自 JOptionPane 类;"颜色"对话框来自 JColorChooser 类;文件对话框来自 JFileChooser 类,开发者可以方便地引入相关类来使用这些标准对话框。

例 10.13 设计了一个对话框程序,用于常用标准对话框的展示。自定义的对话框继承

(a) "消息" 对话框　　　　　　　　(b) 确认对话框

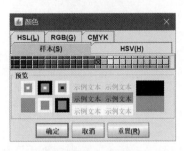

(c) "输入" 对话框　　　　　　　　(d) "颜色" 对话框

(e) "打开" 对话框　　　　　　　　(f) "保存" 对话框

图 10.13　常用的标准对话框

了 JDialog 类。

【例 10.13】 DemoDialog.java

```
1:   import java.awt.event.*;
2:   import java.awt.*;
3:   import javax.swing.*;
4:   public class DemoDialog extends JDialog {
5:       JComboBox<String> dlgType=new JComboBox<String>();
6:       JLabel labInfo=new JLabel();
7:       JFileChooser fd=new JFileChooser();
8:       DemoDialog dialog=this;
9:       DemoDialog(String title){
10:          setTitle(title);
11:          setSize(280, 80);
12:          setLayout(new FlowLayout());
13:          setDefaultCloseOperation(DISPOSE_ON_CLOSE);
14:          dlgType.addItem("1.消息对话框");
15:          dlgType.addItem("2.确认对话框");
16:          dlgType.addItem("3.输入对话框");
17:          dlgType.addItem("4.颜色对话框");
18:          dlgType.addItem("5.打开文件对话框");
19:          dlgType.addItem("6.保持文件对话框");
```

```
20:            dlgType.addItemListener(new ItemListener() {
21:               @Override
22:               public void itemStateChanged(ItemEvent e) {
23:                  if(e.getStateChange() == ItemEvent.SELECTED){
24:                     int option=dlgType.getSelectedIndex();
25:                     switch(option) {
26:                     case 0:JOptionPane.showMessageDialog(dialog, "警告!
                          警告!","消息",JOptionPane.WARNING_MESSAGE);
27:                        labInfo.setText("有警告消息!");break;
28:                     case 1:int selectedNo=JOptionPane.showConfirmDialog
                          (dialog, "请确认!");
29:                        String selectedInfo=selectedNo==0?"是"
                          :(selectedNo==1?"否":"取消");
30:                        labInfo.setText("您选择了: "+selectedInfo);break;
31:                     case 2:String inputTxt=JOptionPane.showInputDialog
                          (dialog,"请输入: ");
32:                        labInfo.setText("您输入了: "+inputTxt); break;
33:                     case 3: Color c=JColorChooser.showDialog(dialog, "颜
                          色", Color.black);
34:                        labInfo.setText("您选择的颜色值信息: "+c); break;
35:                     case 4:fd.showOpenDialog(dialog);
36:                        labInfo.setText("您打开的文件是: "+fd.getSelectedFile
                          ()); break;
37:                     case 5:fd.showSaveDialog(dialog);
38:                        labInfo.setText("您保存的文件是: "+fd.getSelectedFile
                          ()); break;
39:                     default:break;
40:                     }
41:                  }
42:               }
43:            });
44:         add(dlgType);
45:         add(labInfo);
46:         setVisible(true);
47:      }
48:      public static void main(String[] args) {
49:         new DemoDialog("对话框演示");
50:      }
51:   }
```

程序的运行界面如图10.14所示。用户从组合框选中项目,将弹出相应的标准对话框,用户在标准对话框的操作信息将显示在标签上。

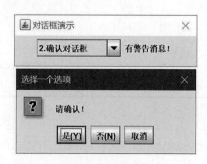

图 10.14　对话框演示

10.7　绘图

Java 的 java.awt 包中提供了 Graphics 抽象类,该类是所有图形上下文的抽象基类,允许应用程序在各种可视化组件上或者图像上进行绘图,相当于提供了一个画笔。Graphics 对象封装了 Java 支持的基本渲染操作所需的状态信息,这些状态信息包括画布对象、坐标信息、当前颜色与字体等。

而 java.awt 包中还提供了另一个抽象类 Graphics2D,该类继承自 Graphics 类,可对几何图形、坐标转换、颜色管理和文本布局进行更复杂的控制,该类成为在 Java 平台上渲染二维形状、文本和图像的基本类。

在 Java 绘图应用的开发时,绘图的基本功能由 Graphics 类与 Graphics2D 类提供,而屏幕显示的画布一般可以采用基于 AWT 组件 Canvas 类的方式,也可以采用基于 Swing 组件 JPanel 类的方式,具体做法是:

(1) 采用 Canvas 绘图时,设计一个画布子类继承 Canvas 类,在子类中重写 Canvas 类的 paint(Graphics g)方法,在方法中编写具体绘图功能代码。

(2) 采用 JPanel 绘图时,设计一个画布子类继承 JPanel 类,在子类中重写 JPanel 类的 JComponent 父类中的 paintComponent(Graphics g)方法,在方法中编写具体绘图功能代码。

例 10.14 是一个图形绘制程序,分别采用 Canvas 和 JPanel 作为画布。第 18～26 行定义了共同的基本绘图功能:第 19 行绘制椭圆;第 20、22 行设置画笔颜色;第 21 行绘制填充的矩形;第 23 行把绘图对象转换为 Graphics2D 类型,以便在第 24 行调用设置画笔的方法;第 25 行绘制直线。第 10～13 行分别采用不同的方式来添加画布对象:第 10、12 行是加载新创建对象的方式;第 11、13 行是加载数据成员的方式,以匿名类形式定义画布。

【例 10.14】　DrawWin.java

```
1:   import javax.swing.*;
2:   import java.awt.*;
3:   public class DrawWin extends JFrame{
4:       DrawWin(){
5:           setTitle("绘图窗体");
6:           setSize(260, 180);
7:           setLocationRelativeTo(null);        //获得居中效果
8:           setVisible(true);
9:           setDefaultCloseOperation(EXIT_ON_CLOSE);
10:          //add(new MyCanvas());                //(1)
11:          add(drawCanvas);                     //(2)
12:          //add(new MyPanel());                 //(3)
13:          //add(drawPanel);                     //(4)
14:      }
15:      public static void main(String[] args) {
16:          new DrawWin();
17:      }
18:      private void drawDemo(Graphics g) {    //绘图功能
19:          g.drawOval(20, 20, 200, 100);
```

```
20:        g.setColor(Color.blue);
21:        g.fillRect(45, 45, 100, 50);
22:        g.setColor(Color.red);
23:        Graphics2D g2d=(Graphics2D) g;
24:        g2d.setStroke(new BasicStroke(5f,BasicStroke.CAP_SQUARE,
           BasicStroke.JOIN_ROUND));
25:        g2d.drawLine(15, 120, 230, 20);
26:    }
27:    class MyCanvas extends Canvas{        //AWT 组件
28:        public void paint(Graphics g) {
29:            drawDemo(g);
30:            }
31:    }
32:    Canvas drawCanvas=new Canvas() {      //AWT 组件
33:        public void paint(Graphics g) {
34:            drawDemo(g);
35:            }
36:    };
37:    class MyPanel extends JPanel{          //Swing 组件
38:        public void paintComponent(Graphics g){
39:            drawDemo(g);
40:        }
41:    }
42:    JPanel drawPanel=new JPanel() {        //Swing 组件
43:        public void paintComponent(Graphics g){
44:            drawDemo(g);
45:        }
46:    };
47: }
```

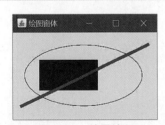

图 10.15　绘图演示

通过分别保留程序中第 10～13 行的其中一行，测试 4 种不同的画布添加方式，都获得了相似的运行结果，如图 10.15 所示。

除了在画布上绘图、在屏幕上进行显示外，另一种情况是在图像缓冲区内进行绘图，以便于对绘制的结果进行存取处理，而且可以通过对图像缓冲区的进一步数据操作来进行各种图像处理。以下代码为例 10.14 的 DrawWin 类增加了一个在图像缓存区绘图并存盘的方法 drawOnImg()。第 2 行首先创建了一个与初始窗口大小一样的图像缓冲区；第 3 行通过缓冲区获取绘图画笔；第 4 行调用了 drawDemo()方法进行绘图，其方式与画布上的绘图没有差别；第 6 行把绘图结果保存为 JPG 格式的图像文件。

```
1:   void drawOnImg() {
2:   BufferedImage image = new BufferedImage(260, 180, BufferedImage.TYPE_INT_RGB);
3:       Graphics g = image.getGraphics();
4:       drawDemo(g);
5:       try {
6:           ImageIO.write(image, "jpg", new File("d: /img.jpg"));
7:       } catch(IOException e) {
```

```
 8:          e.printStackTrace();
 9:      }
10:  }
```

调用 drawOnImg()方法的运行结果是把绘图结果保存在 D 盘目录下一个名为 img.jpg 的图像文件中。

10.8 小结

Java Swing 提供了桌面应用系统的图形界面设计的完整支持。在界面开发过程中,开发者可以选用菜单、按钮、文本框等图形化组件,采用合理的布局方式进行各组件的排列,完成静态界面的设计;然后,根据需求编写组件的事件响应逻辑,完成具体的处理功能。此外,开发者可以选用或定制各种对话框来简化窗体展示;还可以采用绘图方式,进行更为丰富的可视化展示。为了优化大型或复杂应用系统的界面设计,可考虑采用 MVC 模式进行设计或重构。

习题

1. 设计一个基于 JFrame 窗体的个人简历界面程序。界面包含文本框、文本区、单选按钮、复选框、组合框等组件,选择合适的布局器。

2. 设计一个 JFrame 窗体界面,内包含有两个按钮和一个文本区。对按钮添加响应功能,当用户单击其中的按钮时,按钮的名称能写入文本区内;单击另外一个按钮时,将弹出"颜色"对话框,选中的颜色用于设置文本框中的底色。

3. 设计一个简易的 Swing 绘图程序。界面包含一个面板,用户可以拖动鼠标在面板上绘制圆形图;当用户按 Esc 按键时,将取消上一次的绘制结果。

4. 设计一个简易的登录程序。程序界面带有菜单,含有"登录""退出"两个菜单项,单击"退出"选项将退出运行的程序;单击"登录"选项,将弹出一个对话框。对话框内有一个可输入用户名的文本框和一个可输入密码的密码框,以及一个"提交"按钮。单击按钮,将用户输入的信息和系统中保存在一个链表中的用户名/密码清单进行比对,确定是否能够登录。要求结合 MVC 模式进行设计。

第11章

文 件 与 流

内容提要：

☑ 文件与流	☑ 缓冲流
☑ 流	☑ 数据流
☑ 文件字节流	☑ 对象流
☑ 文件字符流	☑ 随机流

　　访问数据文件，包括对文件的输入输出操作，是常见的软件应用功能。Java 提供了功能丰富的编程库和 API 用于文件访问，支持以流的方式进行文件数据处理。本章介绍 Java 的文件基本操作、流的基本机制、Java 文件读写过程中所涉及的文件字节流和字符流，以及常用的缓冲流、数据流、对象流和随机流的应用。

11.1　文件操作

　　文件是计算机中存储的一组相关信息的集合，这些信息以二进制数据形式存储在磁盘上，允许以程序、数据、文本、图像、音频和视频等形式展示给用户。文件的基本操作包括目录及文件的创建与删除、目录与文件的罗列、文件过滤、程序文件的运行，以及对文件的读写等。本节主要介绍除读写操作以外的其他基本文件操作。Java 通过 java.io 包中的 File 类提供了大多相关操作功能。

11.1.1　File 类

　　File 类是 Java 用来表示文件或目录的抽象描述。通过 File 对象，可以获取文件本身的信息，如路径、读写权限、长度等属性；还可以进行文件或目录的创建、删除、改名、罗列等操作。

　　File 类提供了多个重载的构造方法，其中公有的构造方法如下：

```
public File(String pathname)              //根据一个路径得到 File 对象
public File(String parent, String child)  //根据一个目录和一个子目录(文件)得到
                                          //File 对象
```

```
public File(File parent, String child)    //根据一个父 File 对象和一个子目录(文件)
                                          //得到 File 对象
public File(URI uri)                      //根据一个 URI 对象得到 File 对象
```

构造方法中的路径是一个带斜杠或双反斜杠的字符串。开始部分可以带磁盘符号,对于文件的路径最后一项是文件名。例如,对于字符串"d:/test/abc",如果代表目录,最后项 abc 是子目录;如果代表文件,最后项 abc 是文件名。该字符串也可以用双反斜杠表示为"d:\\test\\abc"。

构造方法中的 URI 参数用字符串描述,对于文件或目录,该字符串带有一个 file:/// 协议信息。例如,若要创建一个路径为 d:/test/abc 的文件或目录对象,用 URI 类来创建的语句为 new URI("file:///d:/test/abc")。

表 11.1 列出了 File 类的常用方法。

表 11.1   File 类的常用方法

方　　法	功　　能	操作类别
mkdir()	创建一个新目录	创建
createNewFile()	创建一个新文件	
delete()	删除一个目录或文件	删除
renameTo()	为一个目录或文件改名	改名
list()	罗列指定目录下的所有子目录或文件的路径名	罗列
listFiles()	罗列指定目录下的所有子目录或文件	
canExecute()	判别是否为一个可执行文件	获取属性
canRead()	判别是否为一个可读文件	
canWrite()	判别是否为一个可写文件	
exists()	判别指定目录或文件是否存在	
getAbsolutePath()	获取路径名	
getName()	获取文件名	
isDirectory()	判别是否为一个目录	
isFile()	判别是否为一个文件	
isHidden()	判别是为隐藏属性	
length()	获取文件长度(字节)。当为目录时,长度为 0	

11.1.2　目录的基本操作

常用的目录操作包括目录的创建、删除、改名、罗列等,这些操作都是通过 File 对象调用相应的方法来实现的。

(1) 创建。通过调用 mkdir() 方法来创建一个目录,例如要创建 d:/test/aaa 目录,代码如下:

```
File dir = new File("d:/test/aaa");
dir.mkdir();
```

注意：实际上调用 mkdir()方法的效果是在 d:/test 目录下创建一个 aaa 目录,因此在创建目录时,前级父路径必须已存在,才能创建成功。而无论是否创建成功,都不会出现提示信息。

（2）删除。通过调用 delete()方法来删除一个目录,例如要删除 d:/test/aaa 目录,代码如下：

```
File dir = new File("d:/test/aaa");
dir.delete();
```

同样地,无论是否删除成功,都不会出现提示信息。

（3）改名。通过调用 renameTo()方法来把一个目录名改为另外一个目录名,例如要把 d:/test/aaa 目录改为 d:/test/bbb,代码如下：

```
File dir = new File("d:/test/aaa");
dir.renameTo(new File("d:/test/bbb"));
```

同样地,无论是否改名成功,都不会出现提示信息。

（4）罗列。可以通过调用 list()方法或 listFiles()方法来列出指定路径下的文件或目录名称。例如,以下代码采用 list()方法对 d:/test 路径下的文件或目录进行罗列。

```
File dir=new File("d:/test");
String[] fn = dir.list();
for(String f:fn)
    System.out.println(f);
```

也可以采用 listFiles()方法来获得相同的罗列效果,代码如下：

```
File dir=new File("d:/test");
File[] list = dir.listFiles();
for(File f:list)
    System.out.println(f.getName());
```

11.1.3　文件的基本操作

与对目录的操作类似,常用的文件操作包括文件的创建、删除、改名、罗列以及属性获取等,这些操作也都是通过 File 对象调用相应的方法来实现的。

通过调用 createNewFile()方法来创建一个文件,例如要在 d:/test 目录下创建一个 a.txt 文件,代码如下：

```
File file=new File("d:/test/a.txt");
try {
    file.createNewFile();
} catch(IOException e) {
    e.printStackTrace();
}
```

注意：调用 createNewFile()方法时,需要进行IOException异常的捕获。创建文件时,前级父路径必须已存在才能创建成功,否则将抛出"java.io.IOException：系统找不到指定的路径。"的错误。

删除文件与删除目录一样,只需要调用 delete()方法;而文件改名与目录改名也一样,只需要调用 renameTo()方法。

文件存有各种属性,如文件是否可读、可写或可运行,文件是否隐藏,以及文件长度等。这些属性可以调用 File 类中的方法获取。File 类还提供方法用于判别某个 File 对象是否为目录、是否存在等。举例如下:

```
File file = new File("d:/test/abc.txt");
System.out.println("是否目录: "+(file.isDirectory()==true?"是":"否"));
System.out.println("是否可写: "+(file.canWrite()==true?"是":"否"));
System.out.println("是否隐藏: "+(file.isHidden()==true?"是":"否"));
System.out.println("文件长度(字节): "+file.length());
```

11.1.4 文件的过滤

当罗列文件或目录时,用户可以根据具体的条件进行过滤。例如,仅列出目录部分,或者查找特定扩展名的文件,或者查找特定名字的文件等。

文件的过滤处理可以通过为罗列方法传入过滤器对象来实现。具体方法是通过实现 java.io 包中的 FileFilter 接口来设计一个文件过滤器。FileFilter 接口中仅有一个 boolean accept(File pathname)抽象方法,表示对路径为 pathname 的 File 对象进行检测。

例如,以下代码用于列出 d:/test 目录下不是目录的所有文件的文件名。通过向 listFiles()方法传递一个 FileFilter 接口的匿名实现类对象来实现该功能。

```
File dir=new File("d:/test");
File[] list=dir.listFiles(new FileFilter(){
    @Override
    public boolean accept(File f) {        //过滤掉目录,仅留下文件
        if(f.isDirectory())
        return false;
        else return true;
    }
});
for(File f:list)
System.out.println(f.getName());
```

此外,还可以通过实现 java.io 包中的 FilenameFilter 接口来设计一个文件名过滤器。实现的方式与 FileFilter 接口的实现类似。例如,以下代码用于列出扩展名为.txt 的文件。通过向 list()方法传递一个 FilenameFilter 接口的匿名实现类对象来实现功能。

```
String extName=".txt";
String[] nameList=dir.list(new FilenameFilter(){
    @Override
    public boolean accept(File dir, String name) {
        return name.toLowerCase().endsWith(extName);
    }
});
for(String f:nameList)
System.out.println(f);
```

11.1.5 可执行文件的运行

运行本地可执行文件可以通过调用 java.lang 包中的 Runtime 类所提供的 exec()方法来实现。

注意：调用 exec()方法时需要捕获 IOException 异常。

例如，运行 Windows 自带的记事本程序 notepad.exe，代码如下：

```
try {
    Runtime.getRuntime().exec("c:/windows/notepad.exe");
} catch(IOException e) {
    e.printStackTrace();
}
```

11.2 流

11.2.1 I/O 与流

应用程序在数据处理过程中，一般需要与外界进行数据交换。程序从键盘、存储介质、网络等外部设备获取数据；程序完成数据处理后，向显示终端、打印机等外部设备发送数据。这些数据获取和发送的操作即为计算机系统的输入输出(Input/Output,I/O)功能，计算机的 I/O 处理示意如图 11.1 所示。

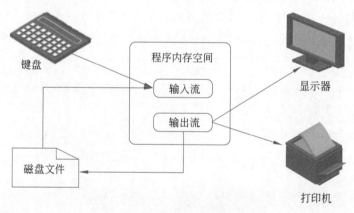

图 11.1 计算机的 I/O 处理示意

流(stream)是一种输入输出工作机制的描述形式。Java 的 I/O 以数据流的方式进行，数据流是一组有顺序的、有起点的(源)和终点(目的地)的数据集合。根据数据流动方向，流分为输入流和输出流。输入流把外部数据从数据源引入计算机中，例如从磁盘文件读取文本信息，从网络中读取网页信息。输出流则把计算机中的数据发送到目的地，例如把图形数据在显示器屏幕上显示，把文本数据在打印机上打印。Java 的 java.io 包提供了满足各种流操作功能的类，数据在这些流对象组成的管道中传输。例如，文件读写操作过程可以通过数个流对象的对接完成，典型的例子如图 11.2 所示。图 11.2 中举例了用文件流对象、缓冲流对象和数据流对象构建数据传输管道的情况，在输入(文件读)和输出(文件写)两个方向上分别进行处理。

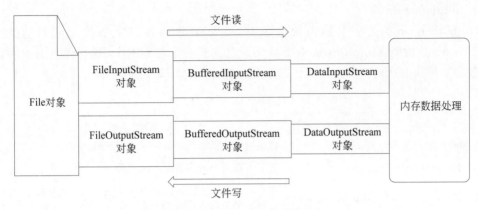

图 11.2 Java 读写文件过程示意

11.2.2 字节流与字符流

根据数据存储格式不同,Java 中的流可分为字节流和字符流。字节流的数据是未经加工的二进制字节数据,如图像、声音和视频等数据;字符流的数据是有特定编码的字符数据,一般是文本数据。java.io 包提供了大量用于 I/O 处理的实用类,其中很多类继承自表 11.2 中的 4 个抽象类。

表 11.2 Java I/O 的主要抽象类

类 别	输 入 流	输 出 流
字节流	InputStream	OutputStream
字符流	Reader	Writer

1. InputStream 类

InputStream 类是字节输入流抽象类,该类作为许多字节输入流的基类。作为抽象类,需要通过其子类用来创建对象。InputStream 类中的大多数方法都抛出 IOException 异常,因此在调用这些方法时,必须进行异常捕获。InputStream 类中的主要方法如表 11.3 所示。

表 11.3 InputStream 类中的主要方法

方 法	功 能
public abstract int read()	读取一个字节并将读取的字节作为 int 型数据返回。如果到达输入流的结尾时,则返回-1
public int read(byte b[])	尝试读取缓冲区 b 的长度数量的字节到 b 中。返回实际读取的字节数。如果到达输入流的结尾,则返回-1
public int read(byte b[],int off, int len)	尝试读取指定长度 len 数量的字节到缓冲区 b 中,数据从偏移索引 off 位置开始写入 b。返回实际读取的字节数,如果到达输入流的结尾,则返回-1
public int available()	返回可以从输入流读取但不阻塞的估计字节数
public void close()	关闭输入流

2. OutputStream 类

OutputStream 类是字节输出流抽象类,该类是其他许多字节输出流的基类。与 InputStream 类相似,OutputStream 类需要通过其子类来创建对象,进行该类的方法调用时多数需要捕获 IOException 异常。该类中的主要方法如表 11.4 所示。

表 11.4　OutputStream 类中的主要方法

方　　法	功　　能
public abstract void write(int b)	将整数 b 的低 8 位当成一字节写入输出流
public void write(byte b[])	将字节数组 b 的内容写入输出流
public void write(byte b[],int off,int len)	将指定长度 len 数量的字节写入输出流,字节数据从字节数组 b 的偏移索引 off 位置开始
public void flush()	用于将任何缓冲的字节刷新到输出目的地
public void close()	关闭输出流

3. Reader 类与 Writer 类

Reader 类和 Writer 类是面向字符操作的抽象类,提供了与面向字节操作的 InputStream 类和 OutputStream 类中的方法原型接近的操作功能。例如,Reader 类中用于读取一个字符的方法原型是 public int read(),将返回读取的字符数;当到达输入流的结尾时,返回−1。不仅方法原型与 InputStream 类的 read()方法类似,而且两者的工作机制也类似。而 Reader 类提供的 int read(char cbuf[],int off,int len)方法与 InputStream 类中的 int read(byte b[],int off,int len)也类似,参数的意义以及工作机制基本一样。同样地,在 Writer 类和 OutputStream 类中的主要方法也存在类似的情况。面向字符和面向字节的抽象类的设计规范一致性为开发带来了很大方便,这意味着编程时,在这些类和方法的使用方式保持不变的情况下,只需要修改参数类型,就能适应字符或字节操作的不同应用场景。

11.2.3　控制台 I/O 流

控制台 I/O 指在字符界面下的输入和输出操作,一般是通过键盘输入字符,通过显示器输出字符。在第 1 章编写第一个程序时,就涉及控制台的输出问题,利用 System 类的静态对象 out 来调用在控制台打印输出的方法。为了支持用户通过控制台与程序系统进行交互,Java 在 java.lang 包中的 System 类中定义了 out、in 和 err 这 3 个静态常量。定义情况如下:

```
public final static PrintStream out = null;
public final static InputStream in = null;
public final static PrintStream err = null;
```

其中,in 是由 InputStream 类声明的一个标准输入流对象,对应键盘或系统环境指定的输入源。out 是一个标准输出流对象,对应控制台屏幕或系统环境指定的输出目的地。err 是一个标准错误输出流对象,与 out 类似,对应控制台屏幕或指定目的地,err 的作用是即时输出错误信息或用户指定的信息。out 和 err 对象是由 PrintStream 类声明的,而该类继承自 OutputStream 类。

例 11.1 中,第 5、7 行分别利用 in 对象读入一个字符,并打印输出;第 6 行调用 skip()方法跳过 2 个字符;第 8 行打印一个错误提示。对于调用 read()方法时,需要进行 IOException 异常捕获。运行程序,当用户从键盘键入 abcdef 并按 Enter 键后,获得运行结果。对于输入的字符串,仅打印第 1 个和第 4 个字符,中间跳过 2 个字符。注意,每次运行,错误提示信息 Error-check 的输出位置可能不固定。

【例 11.1】 TestStdIO.java

```
1:    import java.io.IOException;
2:    public class TestStdIO {
3:        public static void main(String[] args) {
4:            try {
5:                System.out.println((char) System.in.read());
6:                System.in.skip(2);
7:                System.out.println((char) System.in.read());
8:                System.err.println("Error-check");
9:            } catch(IOException e) {
10:               e.printStackTrace();
11:           }
12:       }
13:   }
/* 运行结果:
Error-check
a
d
*/
```

文件 I/O 流是本章的重点,因此以下各节将分别着重介绍几个在文件 I/O 处理时常用的流,包括文件字节流、文件字符流、缓冲流、数据流、对象流和随机流。

11.3 文件字节流

文件字节流是文件 I/O 操作时产生的字节形式数据流。java.io 包中的 FileInputStream 类和 FileOutputStream 类分别是文件输入字节流和文件输出字节流。FileInputStream 类继承自 InputStream 抽象类,用于获取文件系统中以字节形式输入的文件数据。FileOutputStream 类继承自 OutputStream 抽象类,用于把字节数据向文件系统输出。

FileInputStream 类的使用基本步骤如下。

(1)创建输入流对象。利用 FileInputStream 构造方法创建输入流对象。由于该构造方法有几个重载的形式,可以根据需要选用。构造方法抛出 FileNotFoundException 异常。

(2)调用读取字节的方法。通过输入流对象调用读取字节的方法。由于读取方法是个重载方法,可以根据需要使用合适的读取方法。读取字节的方法抛出 IOException 异常。

(3)关闭输入流。流使用完毕后需要及时关闭,以便资源的及时回收。通过输入流对象调用 close()方法来关闭输入流。该方法抛出 IOException 异常。

FileOutputStream 类的使用步骤与 FileInputStream 类相似,主要差别是第(2)步是通过输出流对象调用写字节的方法。

在调用抛出异常的方法时需要进行相应的异常捕获,由于 FileNotFoundException 是 IOException 类的子类,这几步方法调用时,可以统一采用捕获 IOException 异常的方式处理。

　　例 11.2 先把一个字符串以字节流的形式保持到文件中,再从文件以字节流形式读取,并打印输出该字符串。程序第 5 行通过 String 对象调用了 getBytes()方法,以便从字符串提取对应的字节信息。输出流的使用:第 9 行创建输出字节流对象,第 10 行写入字节数据,第 11 行关闭字节流,涉及文件操作的这几个步骤统一进行 IOException 异常捕获。输入流的使用:第 19 行创建输入字节流对象,第 20 行读取字节数据,第 21 行关闭字节流。

　　【例 11.2】　**TestBinaryIO.java**

```
 1:    import java.io.*;
 2:    public class TestBinaryIO {
 3:        public static void main(String[] args) {
 4:            String info = "IO test. 测试输入输出功能。";
 5:            byte bytes[] = info.getBytes();
 6:            File fp = new File("d: /test/abc.txt");
 7:            FileOutputStream fos;
 8:            try {
 9:                fos = new FileOutputStream(fp);
10:                fos.write(bytes);
11:                fos.close();
12:            } catch(IOException e) {
13:                e.printStackTrace();
14:            }
15:            System.out.println("(字节流)完成字符串写入文件。");
16:            FileInputStream fis;
17:            byte ret[] = new byte[bytes.length];
18:            try {
19:                fis = new FileInputStream(fp);
20:                fis.read(ret);
21:                fis.close();
22:            } catch(IOException e) {
23:                e.printStackTrace();
24:            }
25:            System.out.println("(字节流)读取结果: " + new String(ret));
26:        }
27:    }
/* 运行结果:
(字节流)完成字符串写入文件。
(字节流)读取结果: IO test. 测试输入输出功能。
*/
```

11.4　文件字符流

　　字节流的方式比较适合非文本数据的处理。对于文本数据,通常有特定的编码,例如,一个按 GBK 编码的汉字占 2 字节,按字节数据进行处理时,容易因处理不当出现乱码现象;如果按字符处理,则一个汉字也是一个字符。采用字符流方式可更为直接和规范地进行字符处理。

　　java.io 包中的 FileReader 类和 FileWriter 类分别代表文件字符输入流和文件字符输出流,二者分别继承自 Reader 和 Writer 抽象类。字符流类的使用方式和字节流类的基本一致,包括创建流对象、进行字符数据读写和关闭流这 3 个基本操作,而且字符流读写方法的使用方式和字节流的一样,因此字节流程序与字符流程序的转换很容易实现。

例 11.3 采用字符流方式实现了与例 11.2 一样的功能。程序中第 5 行用 String 对象调用 toCharArray()方法,获得字符串对象的字符信息。

【例 11.3】　TestTextIO.java

```
1:     import java.io.*;
2:     public class TestTextIO {
3:         public static void main(String[] args) {
4:             String info = "IO test.测试输入输出功能。";
5:             char chars[] = info.toCharArray();
6:             File fp = new File("d: /test/abc2.txt");
7:             FileWriter fw;
8:             try {
9:                 fw = new FileWriter(fp);
10:                fw.write(chars);
11:                fw.close();
12:            } catch(IOException e) {
13:                e.printStackTrace();
14:            }
15:            System.out.println("(字符流)完成字符串写入文件。");
16:            FileReader fr;
17:            char ret[] = new char[chars.length];
18:            try {
19:                fr = new FileReader(fp);
20:                fr.read(ret);
21:                fr.close();
22:            } catch(IOException e) {
23:                e.printStackTrace();
24:            }
25:            System.out.println("(字符流)读取结果: " + new String(ret));
26:        }
27:    }
/* 运行结果:
(字符流)完成字符串写入文件。
(字符流)读取结果: IO test.测试输入输出功能。
*/
```

11.5　缓冲流

缓冲流是带有内部缓存的流。带缓冲机制的流在进行写操作时,当获得一个写请求时,数据并不是马上写到连接的输出流或文件中,而是写入缓存中,当缓存写满或流关闭时,才一次性把数据从缓存写到后续的输出流或文件中;类似地,在进行读操作时,先填充缓存,后续的读操作从缓存获得数据,而不再从文件读取。通过缓冲处理,通常可以获得较高的读写效率,尤其是大数据量的情况下。

java.io 包提供的 BufferedInputStream 类和 BufferedOutputStream 类分别是带缓冲的输入字节流类和带缓冲的输出字节流类,可以很好地分别与 InputStream 类的子类和 OutputStream 类的子类进行对接。而 java.io 包提供的 BufferedReader 类和 BufferedWriter 类

则分别是带缓冲的输入字符流类和带缓冲的输出字符流类,可以分别与 Reader 类的子类和 Writer 类的子类进行对接。由于缓冲流类都继承自流的抽象类,因此相应的方法调用及使用方式基本一致。缓冲流类也增加了一些实用的方法,例如 BufferedReader 类提供的 readLine()方法,可以按行读取字符数据,在文本处理时很方便。

例 11.4 是一个备份文件的功能演示,通过对比实验,验证使用缓冲流的效果。其中,MakeCopy()方法不带缓冲流,MakeCopyBuffered()方法使用了缓冲流,二者在备份文件时所使用的读写操作代码完全一致,而结果运行时间却相差数倍,带缓冲流的方法大大缩短了运行时间,说明了缓冲流能有效提高 I/O 性能。

【例 11.4】 TestBufferedIO.java

```
1:    import java.io.*;
2:    public class TestBufferedIO {
3:        static String sourceFile = "d:/test/src.dat";
4:        static String backupFile = "d:/test/bak.dat";
5:        static void MakeCopy() {
6:            try {
7:                FileInputStream fis = new FileInputStream(sourceFile);
8:                FileOutputStream fos = new FileOutputStream(backupFile);
9:                int len = 1024;
10:               byte[] b = new byte[len];
11:               while((len = fis.read(b)) != -1)
12:                   fos.write(b);
13:               fos.close();
14:               fis.close();
15:           } catch(IOException e) {
16:               e.printStackTrace();
17:           }
18:       }
19:       static void MakeCopyBuffered() {
20:           try {
21:               BufferedInputStream bis = new BufferedInputStream(new
                      FileInputStream(sourceFile));
22:               BufferedOutputStream bos = new BufferedOutputStream(new
                      FileOutputStream(backupFile));
23:               int len = 1024;
24:               byte[ ] b = new byte[len];
25:               while((len = bis.read(b)) != -1)
26:                   bos.write(b);
27:               bos.close();
28:               bis.close();
29:           } catch(IOException e) {
30:               e.printStackTrace();
31:           }
32:       }
33:       public static void main(String[] args) {
34:           long t1 = System.currentTimeMillis();
35:           MakeCopy();
36:           long t2 = System.currentTimeMillis();
```

```
37:            System.out.println("无缓冲流的文件备份耗时(ms): " + (t2 - t1));
38:            MakeCopyBuffered();
39:            long t3 = System.currentTimeMillis();
40:            System.out.println("使用缓冲流的文件备份耗时(ms): " + (t3 - t2));
41:        }
42:    }
/* 运行结果:
无缓冲流的文件备份耗时(ms): 881
使用缓冲流的文件备份耗时(ms): 251
*/
```

11.6 数据流

为了方便对 Java 基本类型数据的 I/O 操作,java.io 包提供的 DataInputStream 类和 DataOutputStream 类分别是数据输入流和数据输出流。DataInputStream 类继承自 InputStream 抽象类,同时实现了一个 DataInput 接口,该接口规范了读取各种类型数据的方法。类似地,DataOutputStream 类继承自 OutputStream 抽象类,同时实现了一个 DataOutput 接口,该接口规范了写入各种类型数据的方法。通过数据流,开发者可以很方便地按照 Java 数据类型进行数据的读写操作,而无须考虑数据的字节组织形式。

例 11.5 先向一个文件写入各种类型的数据,然后从该文件读取并打印出这些数据。该例综合利用了字节流、缓冲流和数据流进行文件的 I/O 操作,反映的是图 11.2 的情况。在写数据阶段,程序第 9~11 行创建了各种输入流对象,通过传递流对象参数实现了各个流的对接,形成了一个写数据传输管道,然后在第 12~15 行写入各种类型数据。在读数据阶段,类似地,在第 27~29 行创建了一个读数据传输管道,然后在第 30~33 行逐一读取各种数据,注意读取的顺序应和写入的顺序相对应。

【例 11.5】 **TestStream.java**

```
1:    import java.io.*;
2:    public class TestStream {
3:        static void testOutput() {
4:            File fp = new File("d:/test/abc.txt");
5:            FileOutputStream fos;
6:            BufferedOutputStream bos;
7:            DataOutputStream dos;
8:            try {
9:                fos = new FileOutputStream(fp);
10:               bos = new BufferedOutputStream(fos);
11:               dos = new DataOutputStream(bos);
12:               dos.writeInt(543);
13:               dos.writeDouble(33.335);
14:               dos.writeBoolean(false);
15:               dos.writeUTF("Hello abc! 欢迎!"); //写入以 UTF-8 编码的字符串
16:               dos.close();
17:           } catch(IOException e) {
18:               e.printStackTrace();
19:           }
```

```
20:        }
21:        static void testInput() {
22:            File fp = new File("d:/test/abc.txt");
23:            FileInputStream fis;
24:            BufferedInputStream bis;
25:            DataInputStream dis;
26:            try {
27:                fis = new FileInputStream(fp);
28:                bis = new BufferedInputStream(fis);
29:                dis = new DataInputStream(bis);
30:                System.out.println(dis.readInt());
31:                System.out.println(dis.readDouble());
32:                System.out.println(dis.readBoolean());
33:                System.out.println(dis.readUTF());
34:                dis.close();
35:            } catch(IOException e) {
36:                e.printStackTrace();
37:            }
38:        }
39:        public static void main(String[] args) {
40:            testOutput();
41:            testInput();
42:        }
43:    }
/* 运行结果:
543
33.335
false
Hello abc! 欢迎!
*/
```

11.7 对象流

　　与一般的数据类型一样,Java 的对象可以进行序列化和反序列化处理,即进行存储和读取操作。java.io 包提供的 ObjectInputStream 类和 ObjectOutputStream 类可以支持对象在文件系统中或网络中的 I/O 操作,这两个类分别继承自 InputStream 抽象类和 OutputStream 抽象类。ObjectInputStream 类提供了 readObject()方法用于读取对象,返回一个 Object 类型对象,具体处理时,需要对返回的对象进行强制类型转换,以获得合适的具体对象类型。ObjectOutputStream 类提供了 writeObject()方法用于写入对象。writeObject()方法抛出 IOException 异常,而 readObject()方法抛出 IOException 和 ClassNotFoundException 异常,因此,调用方法时需要进行相应的异常捕获。

　　注意,作为读写对象的类必须实现 Serializable 接口,以表示该类是可序列化的,而且其类中成员对象的类也必须是可序列化的。如果没有实现 Serializable 接口,虽然程序可以通过编译,但在运行时间进行对象读写时,将发生 java.io.NotSerializableException 异常而无法成功读写对象。Serializable 接口是标记接口,接口体内没有任何成员。

　　例 11.6 中,定义了一个实现 Serializable 接口的学生类,利用对象流对学生类进行存储和读取。在写对象阶段,程序第 19、20 行分别创建文件输出流对象和对象输出流对象,在第

21、22 行调用 writeObject()方法写入对象。在读对象阶段,程序第 30、31 行分别创建文件输入流对象和对象输入流对象,然后在第 32、33 行读取对象。

【例 11.6】　TestObjIO.java

```
1:    import java.io.*;
2:    class Student implements Serializable {    //学生类
3:        String name;                           //姓名
4:        int age;                               //年龄
5:        Student(String name, int age) {
6:            this.name = name;
7:            this.age = age;
8:        }
9:        public String toString() {
10:           return "姓名: " + name + "; 年龄: " + age;
11:       }
12:   }
13:   public class TestObjIO {
14:       static String fileName = "d:/test/student.dat";
15:       static void SaveObj() {
16:           Student s1 = new Student("张三", 18);
17:           Student s2 = new Student("李四", 20);
18:           try {
19:               FileOutputStream fos = new FileOutputStream(fileName);
20:               ObjectOutputStream oos = new ObjectOutputStream(fos);
21:               oos.writeObject(s1);
22:               oos.writeObject(s2);
23:               oos.close();
24:           } catch(IOException e) {
25:               e.printStackTrace();
26:           }
27:       }
28:       static void ReadObj() {
29:           try {
30:               FileInputStream fis = new FileInputStream(fileName);
31:               ObjectInputStream ois = new ObjectInputStream(fis);
32:               Student s1 = (Student) ois.readObject();
33:               Student s2 = (Student) ois.readObject();
34:               System.out.println(s1);
35:               System.out.println(s2);
36:               ois.close();
37:           } catch(IOException | ClassNotFoundException e) {
38:               e.printStackTrace();
39:           }
40:       }
41:       public static void main(String[] args) {
42:           SaveObj();
43:           ReadObj();
44:       }
45:   }
/* 运行结果:
姓名: 张三; 年龄: 18
姓名: 李四; 年龄: 20
*/
```

11.8　随机流

前面介绍了使用 File 类进行文件的 I/O 操作，File 类的文件对象是以顺序方式进行访问的。顺序访问的优点是在进行连续文件空间的读写时效率很高。由于连续文件空间读写的场景较为常见，File 类可以满足大多数的应用需求。除了 File 类外，Java 还提供了一个 RandomAccessFile 类，允许用户以随机方式访问文件对象，即程序可以直接跳转到文件的任意地方来读写数据。该类不但支持不按顺序对文件数据进行读写，还支持同时进行读写操作。

RandomAccessFile 类的两个构造方法都带有一个 String mode 参数，表示文件的访问模式，可以有以下几种。

（1）r：以只读方式打开文件，若进行写操作将发生 IOException 异常。

（2）rw：以读、写方式打开文件，若文件不存在将先创建文件。

（3）rws：除了有 rw 功能外，还要求把文件的内容或元数据的每个更新都同步写入底层存储设备。

（4）rwd：除了有 rw 功能外，还要求对文件内容的每个更新都同步写入底层存储设备。

RandomAccessFile 类除了提供各种各样数据读取方法和数据写入方法外，还提供了文件指针定位、文件指针跳过和文件指针位置获取等重要方法，以满足随机存取功能。文件指针位置是指接下来要进行读或写的文件位置。几个涉及文件指针的方法如下。

（1）public void seek(long pos)：文件指针定位方法，该方法用于设置文件指针偏移量，从该文件的开始处开始算起，在指定的 pos 位置进行下一次读取或写入。pos 是以字节数计算的位置值。可以将偏移设置为超出文件末尾，当此时写入文件，则文件长度将根据写完的位置而改变。

（2）public int skipBytes(int n)：尝试跳过 n 字节，丢弃跳过的字节。如果跳过 n 字节之前到达文件结尾，则不会出错，而是返回实际跳过的字节数；如果 n 为负，则不跳过任何字节。与 seek()方法对比，skipBytes()方法是进行相对定位，seek()方法是进行绝对定位。

（3）public native long getFilePointer()：文件指针位置获取方法，该方法返回从文件开始到当前位置的偏移量，该偏移量以字节计算。

例 11.7 利用 RandomAccessFile 类进行各种跳转和读写操作。程序第 5 行定义一个可读写的随机流文件对象 file，该对象对应 d:/test/abc.txt 这个磁盘文件。第 6～11 行依序输入一个整数、一个字符串、另一个整数、一个双精度和一个字符。接下来假设需要按注释序号指定的顺序依次读取并输出各数据，即读取顺序是 25.55、999、"abc 测试"、333、'R'。程序从第 12 行到第 21 行，结合文件指针定位进行数据读取。例如，要读取 25.55 这个双精度数，在第 12 行用 seek()方法进行绝对定位，参数传入以字节计算的偏移量值。第 20 行利用 skipBytes()方法，从整数 333 处跳过 25.55，直到'R'字符。

【例 11.7】　**TestRandAccess.java**

```
1:    import java.io.*;
2:    public class TestRandAccess {
```

```
3:        public static void main(String[] args) {
4:            try {
5:                RandomAccessFile file = new RandomAccessFile("d: /test/abc.
                txt", "rw");
6:                file.writeInt(999);                             //2
7:                String info = "abc测试";
8:                file.writeChars(info);                          //3
9:                file.writeInt(333);                             //4
10:               file.writeDouble(25.55);                        //1
11:               file.writeChar('R');                            //5
12:               file.seek(Integer.BYTES + info.length() * Character.BYTES +
                Integer.BYTES);                                   //绝对定位
13:               System.out.println(file.readDouble());          //1
14:               file.seek(0);
15:               System.out.println(file.readInt());             //2
16:               for(int i = 0; i < info.length(); i++)
17:                   System.out.print(file.readChar());          //3
18:               System.out.println();
19:               System.out.println(file.readInt());             //4
20:               file.skipBytes(Double.BYTES);                   //相对定位
21:               System.out.println(file.readChar());            //5
22:               file.close();
23:           } catch(IOException e) {
24:               e.printStackTrace();
25:           }
26:       }
27:   }
/* 运行结果：
25.55
999
abc测试
333
R
*/
```

注意：当文件指针定位处已有数据，进行写入操作时将把已有数据覆盖。例如，在例11.7
中，不管 d:/test/abc.txt 文件中原来是否有数据，第 6 行执行写操作时都将从文件开始位置
写入数据。

11.9 小结

Java 提供了功能丰富的编程库和 API 用于访问文件数据。File 类提供了文件及目录
操作的大部分基本功能。Java 以流的形式进行文件数据的处理，根据数据类型的不同，流
的类型分为字节流和字符流。根据功能的不同，流的类型又可以分为缓冲流、数据流、对象
流和随机流等。其中，缓冲流用于读写数据缓冲以提高 I/O 效率；数据流允许开发者按
Java 数据类型进行数据的读写操作；对象流用于 Java 对象的读写操作。随机流是一种区别
于顺序流的 I/O 流，支持以随机方式进行文件数据的访问。

习题

1. 编写程序,进行数字存取操作。让用户输入 8 个整数,将这些数写入文件 num.txt 中;然后从该文件读取这些数,在内存中对它们进行逆序排序,再打印输出最后结果。要求分别使用字节流和字符流操作方式完成。提示:字节流处理时,可结合使用 DataOutputStream。

2. 编写程序,为文件内容加行号。读取给定的一个文件后,给文件内容进行加行号处理,然后把处理后的内容另存为一个新文件。要求结合使用缓冲流操作。行号的形式如下:

```
1:) 原内容行...
2:) 原内容行...
```

3. 编写程序,进行汽车对象的存取。设计一个汽车类,把汽车对象保存到 car.data 文件中。再从该文件中查找某个汽车对象并打印输出。要求使用对象流进行操作。

4. 编写程序,使用随机流对文本文件进行操作。首先,在空文件中写入 5 个整数和 5 个单词,保存文件;然后,修改第 3 个整数以及第 2 个单词的信息,再保存文件。检查每次保存后文件的内容。

第 12 章

数据库编程

内容提要：

☑ 关系数据库与 SQL 基础	☑ 批量处理
☑ JDBC 基础	☑ 存储过程处理
☑ 查询操作	☑ 事务处理
☑ 增、删、改操作	☑ DAO 模式
☑ 预处理	

数据库应用开发是软件开发领域中的一项重要内容。本章介绍关系数据库的基本操作，以及通过 JDBC 编程来连接和操作数据库的方法。JDBC 编程的主要内容包括使用 JDBC 对数据记录进行查询和增、删、改等基本操作，进一步介绍预处理、批量处理、存储过程处理和事务处理，最后介绍常用的 DAO 模式。

12.1 关系数据库与 SQL 基础

12.1.1 关系数据库

通常应用软件的重要功能包含对数据的序列化和反序列化，也就是对数据的存取操作功能。简单小型的数据存取可以采用文件方式进行组织，然而对于数据量庞大、类型和结构复杂的数据的处理，以及对数据存取效率、安全性等方面要求较高的应用场合，数据库系统成了不二之选。数据库系统是为了满足数据处理的需要而发展起来的一种较为理想的数据处理系统，同时也是一个为实际可运行的存储、维护和应用系统提供数据的软件系统。数据库系统有网状、层次、关系等多种类型，关系数据库（relational database）是当前应用最为广泛的数据库类型。主流的关系数据库有 MySQL、SQL Server、Oracle、DB2、PostgreSQL 等，它们可能来自不同的厂商，产品的定位和能力也不尽相同。

关系数据库的数据模型是关系模型。关系模型是采用二维表格结构表达实体类型及实体间联系的数据模型。模型中数据由关系模式和关系实例组成，关系模式用于描述关系表中的列，关系实例为关系中的各行。一个关系可以看作一张具有行和列的表。数据库中的数据表是数据对象实体集,实体集的属性即为表中的列(或称为字段、属性);实体集中的每个实体即为表中的行(或称为元组、记录)。例如,一个存储学生信息的数据表如表12.1所示。

表 12.1　student 表

ID	Name	Age
Js010	张三	18
Js015	李四	17
Js022	王五	20
Js014	赵六	22
Js008	Jacky	21

学生信息表的表名为 student,包含有 ID(学号)、Name(姓名)和 Age(年龄)字段。表中的一行数据对应一条记录,代表一个学生的实体。设计关系数据库时需要考虑各种约束条件,约束是对表执行数据操作的规则。这些规则用于限制不符合特定条件的数据进入表中,确保数据库中的数据的准确性和可靠性。此外,为了消除冗余数据和确保数据的相关性意义,需要按照规范化规则进行数据组织。具体可参考数据库设计的相关资料。关系数据的处理通过专用的 SQL 来实现。

12.1.2　SQL

SQL(Structured Query Language,结构化查询语言)是关系数据库的标准查询语言,专门用于存储、操纵和检索存储在关系数据库中的数据。SQL 是一种标准化的计算机语言,然而不同的数据库产品可能有自己独特的 SQL 方言。例如,SQL Server 使用 T-SQL,Oracle 使用 PL/SQL。

SQL 提供的常用命令如表12.2所示,按照命令的功能特性又可划分为 DDL(数据定义语言)、DML(数据操纵语言)和 DCL(数据控制语言)3 类功能语言。

表 12.2　SQL 的常用命令

类别	命令	描述
DDL	CREATE	创建一个新的表、表的视图或者一个数据库中的对象
	ALTER	修改现有的数据库对象,例如一个表
	DROP	删除数据库对象,例如数据库中的表、视图或其他对象
DML	SELECT	从一个或多个表中检索特定的记录
	INSERT	创建记录
	UPDATE	修改记录
	DELETE	删除记录
DCL	GRANT	授予用户权限
	REVOKE	收回授予用户的权限

SQL 是大小写不敏感的语言,用 SQL 编程或书写命令时,其关键字允许采用大写字母或小写字母,甚至大小写混用。SQL 语句总是以关键字开始,一般以分号结尾。语句中的字符串用单引号括起来,而非双引号。SQL 的转义字符是'(单引号)。例如:

```
SELECT * FROM student WHERE name LIKE '%''son';
```

该语句是以关键字 SELECT 开始的选择语句,用于查询 name 的字符串以'son 结尾的所有记录。

12.1.3 SQL 的基本使用

1. 数据库及数据表的创建

创建一个数据库的命令语句如下:

```
CREATE DATABASE 数据库名称;
```

可以在数据库创建时指定编码以便支持中文。例如,以下语句指定数据库的编码为 UTF-8 以支持中文信息的存储。

```
CREATE DATABASE 数据库名称 character set utf8;
```

在数据库中创建数据表,需要先切换到该数据库,用 USE 语句实现,语句如下:

```
USE 数据库名称;
```

创建数据表的命令语句如下:

```
CREATE TABLE 数据表名称(
列名1 数据类型,
列名2 数据类型,
列名3 数据类型,
...
列名N 数据类型,
PRIMARY KEY(一个或多个列名)
);
```

用 PRIMARY KEY 指定一个或多个列为主键,用于唯一标识数据库表中的每条记录。主键必须包含唯一的值,主键列不能包含 NULL 值。一般来说每个表都应该有一个主键,并且每个表只能有一个主键。例如,以下语句用于创建 student 表(表 12.1),把 ID 列声明为主键。

```
CREATE TABLE student(ID varchar(10) PRIMARY KEY, name varchar(15), age int);
```

若要显示系统中所有数据库的清单,对于 MySQL 可用以下语句:

```
SHOW DATABASES;
```

若要显示当前数据库中所有数据表的清单,对于 MySQL 可用以下语句:

```
SHOW TABLES;
```

完成数据表的创建后,可以查看数据表的结构。MySQL 有两种查看数据表结构的方式,其中一种是使用 DESC 或 DESCRIBE 语句,结果将返回数据表的结构信息,形式如下:

```
DESC 数据表名称;
DESCRIBE 数据表名称;
```

例如，对 student 表的查看结果如下：

```
mysql> DESC student;
+-------+-------------+------+-----+---------+-------+
| Field | Type        | Null | Key | Default | Extra |
+-------+-------------+------+-----+---------+-------+
| ID    | varchar(10) | NO   | PRI | NULL    |       |
| name  | varchar(15) | YES  |     | NULL    |       |
| age   | int(11)     | YES  |     | NULL    |       |
+-------+-------------+------+-----+---------+-------+
```

另一种是使用 SHOW CREATE TABLE 语句，结果将返回创建数据表的 SQL 语句，形式如下：

```
SHOW CREATE TABLE 数据表名称;
```

例如，对 student 表的查看结果如下：

```
mysql> SHOW CREATE TABLE student;
+---------+-----------------------------------------------------
| Table   | Create Table
+---------+-----------------------------------------------------
| student | CREATE TABLE `student` (
  `ID` varchar(10) NOT NULL,
  `name` varchar(15) DEFAULT NULL,
  `age` int(11) DEFAULT NULL,
  PRIMARY KEY (`ID`)
) ENGINE=InnoDB DEFAULT CHARSET=utf8 |
+---------+-----------------------------------------------------
```

2. 数据记录的插入

用 INSERT INTO 语句来新增一条数据记录，可以采用两种方式。

一种方式是指定要插入数据的列的名称，只需要提供对应列要插入的值，即可添加一行新的数据。命令语句如下：

```
INSERT INTO 表名称 (列 1, 列 2, 列 3, ...)
VALUES (值 1, 值 2, 值 3, ...);
```

另一种方式是不指定列名称，需要为表中的所有列添加值，并且需要确保值的顺序与表中的列顺序相同。命令语句如下：

```
INSERT INTO 表名称
VALUES (值 1, 值 2, 值 3, ...);
```

下面两条语句分别采用这两种方式向 student 表插入记录。

```
INSERT INTO student(ID, name) values('Js033', '王五');
INSERT INTO student values('Js015', '李四', 17);
```

3. 数据记录查询

数据记录的查询或检索是最为常用的操作，SQL 利用选择语句进行数据记录的查询，其基本语法如下：

```
SELECT 列 1, 列 2, ... FROM 表名称;
```

这里的列1、列2等是需要返回的字段名称,如果要返回所有的列,则用 * 表示如下:

```
SELECT * FROM 表名称;
```

如果需要按特定条件进行查询,那么可以在 SELECT 语句后接 WHERE 子句用于过滤记录,即提取满足指定条件标准的记录,语句如下:

```
SELECT * FROM 表名称
WHERE 条件表达式;
```

WHERE 子句中可以结合使用的运算符如表12.3所示。

表 12.3 WHERE 子句中可以结合使用的运算符

运 算 符	描 述
=	等于
<>	不等于。注意,在某些版本的 SQL 中,这个操作符可能写成!=
>	大于
<	小于
>=	大于或等于
<=	小于或等于
BETWEEN	在某个范围内
LIKE	字串满足某种模式
IN	为指定的列匹配多个值

此外,条件表达式可以是多个条件的组合,通过多个 AND 或者 OR 进行条件组合;还可以是 NOT 的条件。

例如,要在 student 表中查找姓名含有"三"、年龄超过 20 岁或者年龄小于或等于 18 岁,并且学号不是 Js025 的学生记录。该查询语句如下:

```
SELECT * FROM student
WHERE name LIKE '%三%' AND (age>20 OR age<=18) AND NOT ID='Js025';
```

对于返回的结果记录,可以利用 ORDER BY 关键字用于按升序或降序对结果集进行排序。默认按升序排序记录,用 ASC 关键字,可省略;如果需要按降序排序,可使用 DESC 关键字,语法如下:

```
SELECT 列 1, 列 2, ... FROM 表名称
ORDER BY 列 1, 列 2, ... ASC|DESC;
```

4. 数据记录的更新和删除

SQL 的 UPDATE 语句用于更新表中已存在的记录。通常可以结合 WHERE 子句来限定需要更新的记录,如果没有用 WHERE 来限定记录,所有记录将被更新。更新的基本语法如下:

```
UPDATE 表名称
SET 列 1 = 值 1, 列 2 = 值 2, ...
WHERE 条件表达式;
```

SQL 的 DELETE 语句用于删除表中的数据记录。与 UPDATE 语句类似,通常可以结合 WHERE 子句来限定需要删除的记录,如果没有用 WHERE 来限定记录,则所有记录将被删除。删除的基本语法如下:

```
DELETE FROM 表名称
WHERE 条件表达式;
```

12.1.4 MySQL 数据库的使用

MySQL 是最流行的关系数据库管理系统之一,目前属于 Oracle 旗下产品。MySQL 采用了双授权政策,分为社区版和商业版。由于其体积小、速度快、总体拥有成本低,尤其是开放代码这一优势,使其成为一般中小型和大型的管理系统与网站开发的首选数据库。MySQL 企业版(enterprise edition)提供了全面的高级功能、管理工具和技术支持,实现了高水平的 MySQL 可扩展性、安全性、可靠性和无故障运行时间。MySQL 社区版(community edition)是一个开源的数据库,它有非常强大的数据管理功能,广受开发人员的欢迎。此外,MySQL 提供了集群运营商级版本(cluster edition)适用于集群的并行和分布式 SQL 执行应用场景,提供强大的高性能集群应用功能。目前 MySQL 主流的主版本号为 5 和 8,这里推荐采用较新的 MySQL 8.0 社区版。

Java 应用程序连接 MySQL 数据库时所需要的驱动软件是 MySQL Connector/J,可以从 MySQL 官方网站下载该软件包。根据安装的 MySQL 的版本选择对应的驱动程序,驱动 jar 包文件名一般为 mysql-connector-java-版本号.jar。

完成数据库管理系统的安装后,需要先启动数据库服务,用户才能使用数据库系统提供的各项功能。数据库具体的配置和启动方法可参考相应的手册说明。用户在使用 MySQL 数据库时,可以采用命令行字符界面客户端连接方式,也可以采用图形客户端方式。字符界面客户端连接方式如图 12.1 所示,通过输入 mysql 命令带必要的参数连接数据库,本例输入的命令 mysql -uroot 表示按用户名 root、无密码方式进行连接。

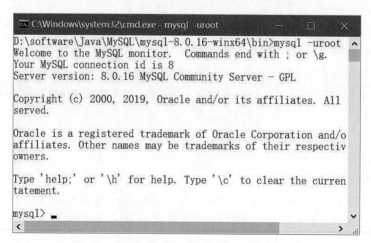

图 12.1　连接 MySQL 的字符界面客户端连接

常用的数据库连接图形客户端如 Navicat 软件工具等,连接结果如图 12.2 所示。

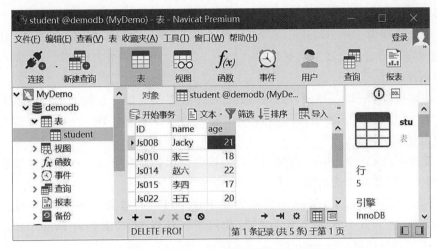

图 12.2 Navicat 图形界面客户端连接

12.2 JDBC 基础

JDBC(Java Database Connectivity,Java 数据库连接)是一种标准 Java 应用编程接口 (Java API),用于连接 Java 程序和各种类型的数据库。JDBC 也是 Java 核心类库的一部分,其特点是它独立于具体的数据库,提供的面向对象的应用程序接口可访问各类数据库。与微软提出的 ODBC(Open Database Connectivity)类似,JDBC API 中定义了各种 Java 接口用来代表访问数据库的各种功能,例如 Connection 接口表示与数据库的连接、Statement 接口表示 SQL 执行语句、ResultSet 接口表示结果集。利用这些接口使得 Java 程序能方便地通过 SQL 语句或存储在数据库中的过程来访问数据库。Java 程序通过 JDBC 访问数据库的形式如图 12.3 所示。

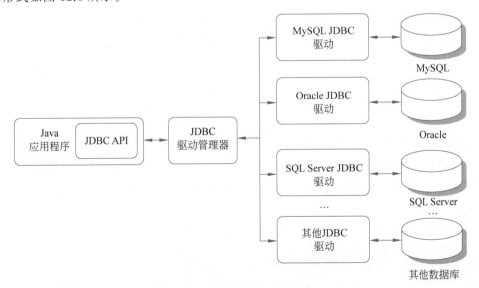

图 12.3 通过 JDBC 访问数据库

JDK 的 java.sql 包提供了 JDBC 的 API,常用的接口或类如下。

（1）驱动管理类 DriverManager：该类用于管理一系列数据库驱动程序,匹配使用从 Java 应用程序中请求的合适的数据库驱动程序。识别 JDBC 下指定通信协议的驱动程序用于建立数据库连接。

（2）驱动接口 Driver：该接口处理与数据库服务器的通信。开发人员一般很少直接与驱动程序互动,而是采用 DriverManager 类来管理 Driver 对象。Driver 也为驱动程序对象的工作规范提供了抽象。

（3）连接接口 Connection：此接口具有连接数据库的所有方法。该连接对象表示通信上下文,即所有与数据库的通信仅通过这个连接对象进行。

（4）SQL 语句接口 Statement：使用创建于这个接口的对象将 SQL 语句提交到数据库。Statement 还有几个常用的派生接口,如用于预处理 SQL 语句的 PreparedStatement 接口和用于处理存储过程(stored procedure)的 CallableStatement 接口。

（5）结果集接口 ResultSet：在执行 SQL 查询后,结果集接口的对象保存从数据库获得的数据。该接口提供了以迭代器方式访问数据记录的功能。

（6）SQL 异常类 SQLException：该类用于处理发生在数据库应用程序的任何错误。

JDBC 第一个版本于 1997 年发布,其版本为 JDBC 1.2。JDBC 目前的稳定版本是 JDBC 4.3,发布于 2017 年 7 月。一般可以在数据库的 JDBC 驱动软件包中查看当前使用的版本。例如,在 MySQL 的 JDBC 驱动软件 mysql-connector-java-8.0.30.jar 中,查看内含的 Manifest.MF 文件发现以下两行信息,说明该 JDBC 版本为 4.2。

```
Specification-Title: JDBC
Specification-Version: 4.2
```

Java 数据库应用程序利用 JDBC 进行以下操作。

（1）与数据库建立连接。

（2）向数据库发送 SQL 语句。

（3）处理从数据库返回的结果。

对数据库的操作功能包括对数据记录的查询,以及增、删、改操作;查询语句的预处理和批量处理;存储过程的处理;涉及更新操作的事务处理等方面。

12.3　查询操作

对数据库记录的查询操作是访问数据库的最基本形式,查询操作的特点是不对数据表中的数据进行任何更新,查询结果返回结果集。第一个连接并查询 MySQL 数据库的完整案例如例 12.1 所示。该案例用于遍历 student 表中的记录,并从控制台输出结果。

【例 12.1】　DBfirst.java

```
1:    import java.sql.*;
2:    public class DBfirst {
3:        public static void main(String[] args) {
4:            try {
5:                Class.forName("com.mysql.cj.jdbc.Driver");
```

```
6:              Connection con = DriverManager.getConnection("jdbc:mysql:
                //127.0.0.1:3306/demoDB","root", "");
7:              Statement state = con.createStatement();
8:              String sql = "select * from student";
9:              ResultSet rs = state.executeQuery(sql);
10:             while(rs.next())
11:                 System.out.println("学号 id=" + rs.getString(1) + "; 姓名=" +
                    rs.getString("name") + "; 年龄=" + rs.getInt(3));
12:             con.close();
13:         } catch(SQLException | ClassNotFoundException e) {
14:             e.printStackTrace();
15:         }
16:     }
17: }
```

该程序的运行需要 MySQL 的 JDBC 驱动包如 mysql-connector-java-8.0.30.jar,采用命令行方式运行的命令如下:

```
java -cp mysql-connector-java-8.0.30.jar;. DBfirst
```

运行结果是获得所有的记录并从控制台打印输出,如下:

```
学号 id=Js008; 姓名=Jacky; 年龄=21
学号 id=Js010; 姓名=张三; 年龄=18
学号 id=Js014; 姓名=赵六; 年龄=22
学号 id=Js015; 姓名=李四; 年龄=17
学号 id=Js022; 姓名=王五; 年龄=20
```

从该案例可以了解 JDBC 操作数据库的过程一般包括加载驱动、连接数据库、声明与执行 SQL 语句、处理查询结果和关闭连接等几个步骤。

12.3.1 加载驱动

在例 12.1 中第 5 行调用 Class.forName()方法加载指定的 JDBC 驱动,其原理是利用 Java 的反射机制将驱动类的.class 文件加载到 JVM 中,并执行类中的静态部分。如果找不到对应的驱动,将抛出 ClassNotFoundException 异常。加载驱动的代码框架如下:

```
try {
    Class.forName("com.mysql.cj.jdbc.Driver");
} catch(ClassNotFoundException e) {
}
```

从 JDBC 4 开始,驱动将通过服务发现机制自动加载,不需要采用这句代码来手工加载驱动程序。

12.3.2 连接数据库

利用 java.sql 包中的 DriverManager()类中的 getConnection()类方法来建立数据库连接。有以下几个重载的 getConnection()方法可以选用。

```
public static Connection getConnection(String url, String user, String password)
public static Connection getConnection(String url)
public static Connection getConnection(String url, java.util.Properties info)
```

方法中的 url 参数指定了 JDBC 协议,对于不同的数据库有区别,例如,对于连接 MySQL 数据库的 url 格式一般为:

```
jdbc:mysql://IP 地址:端口号/数据库名称
```

调用 getConnection()方法时需要捕获 SQLException 异常。

12.3.3　声明与执行 SQL 语句

建立了数据库连接后,通过该连接可以创建 SQL 语句的声明对象。java.sql 包中的 Statement 接口规定了 SQL 语句声明的规范,给出了执行 SQL 语句所需的各种抽象方法。通过数据库连接 con 来创建 SQL 声明对象的代码框架如下:

```
try {
    Statement state = con.createStatement();
} catch(SQLException e) {
}
```

创建声明对象的 createStatement 方法有以下几个重载形式:

```
Statement createStatement()
Statement createStatement(int resultSetType, int resultSetConcurrency)
Statement createStatement(int resultSetType, int resultSetConcurrency, int
resultSetHoldability)
```

方法中所带的参数用于指定结果集的基本特点。其中,参数 resultSetType 用于指定结果集的类型;参数 resultSetConcurrency 用于指定并发类型;参数 resultSetHoldability 用于指定提交时结果集的打开状态。各个参数可选的值和表示的意义如表 12.4 所示。

表 12.4　ResultSet 的参数值和表示的意义

参　　数	参　数　值	意　　义
resultSetType	ResultSet.TYPE_FORWARD_ONLY	结果集中的游标只能向前移动
	ResultSet.TYPE_SCROLL_INSENSITIVE	支持游标在结果集中任意地前后移动。对数据的改变不敏感(即当数据库中数据有变化不影响当前结果集)
	ResultSet.TYPE_SCROLL_SENSITIVE	支持游标任意地前后移动,对数据的改变敏感
resultSetConcurrency	ResultSet.CONCUR_READ_ONLY	不能用结果集更新数据库中的表
	ResultSet.CONCUR_UPDATABLE	可以用结果集更新数据库中的表
resultSetHoldability	ResultSet.HOLD_CURSORS_OVER_COMMIT	当事务处理提交修改时结果集不关闭
	ResultSet.CLOSE_CURSORS_AT_COMMIT	当事务处理提交修改时结果集关闭

当调用不带任何参数的 createStatement()方法时,resultSetType 参数的默认值为 ResultSet.TYPE_FORWARD_ONLY;resultSetConcurrency 参数的默认值为 ResultSet. CONCUR_READ_ONLY;resultSetHoldability 参数的默认值则依赖于具体数据库。需要

注意的是,实际应用中,不同产品或不同版本的数据库系统对各个参数值的支持情况可能不同。可以通过获取数据库元数据后,调用 supportsResultSetType()方法检测对 resultSetType 参数值的支持情况;调用 supportsResultSetConcurrency()方法检测对 resultSetConcurrency 参数值的支持情况;调用 supportsResultSetHoldability()方法检测对 resultSetHoldability 参数值的支持情况。例如,以下程序片段可用于检测当前数据库对指定特性的支持情况。

```
static void checkDBSupport(){
    try {
    Connection con = DriverManager.getConnection("jdbc:mysql://127.0.0.1:3306/
demoDB", "root", "");
        DatabaseMetaData md=con.getMetaData();
        System.out.println("TYPE_FORWARD_ONLY 特性: "+(md.supportsResultSetType
        (ResultSet.TYPE_FORWARD_ONLY)?"支持":"不支持"));
        System.out.println("TYPE_FORWARD_ONLY+ CONCUR_READ_ONLY 特性: "+ (md.
        supportsResultSetConcurrency(ResultSet.TYPE_FORWARD_ONLY, ResultSet.
        CONCUR_READ_ONLY)?"支持":"不支持"));
        System.out.println("HOLD_CURSORS_OVER_COMMIT 特性: "+ (md.
        supportsResultSetHoldability(ResultSet.HOLD_CURSORS_OVER_COMMIT)?"支
        持":"不支持"));
      con.close();
    } catch(SQLException e) {
        e.printStackTrace();
    }
}
```

通过调用 Statement 的不同方法来以各种方式执行 SQL 语句。常用的 SQL 查询语句可以调用 executeQuery()方法来执行,对该方法的调用同样需要进行 SQLException 异常捕获。例如,执行 SQL 查询语句 sql 的查询处理的代码如下,该代码的查询结果将返回一个结果集 rs。

```
try {
    String sql = "select * from student";
    ResultSet rs = state.executeQuery(sql);
} catch(SQLException e) {
}
```

12.3.4　处理查询结果

来自 java.sql 包的结果集接口 ResultSet 提供了操作结果集的各种抽象方法,这些方法以控制游标(cursor)的动作来进行记录的定位。游标是处理数据的一种方法,为了查看或者处理结果集数据,游标提供了在结果集中一次一行或者多行前进或向后浏览数据的能力。ResultSet 在游标控制时的常用方法如表 12.5 所示。

表 12.5　游标控制时的常用方法

方　　法	功　　能
boolean absolute(int row)	将记录集中的某一行设定为当前行,也即将数据库游标移动到指定的行,参数 row 指定了目标行的行号,这是绝对的行号,由记录集的第一行开始计算不是相对的行号

续表

方　　法	功　　能
boolean relative(int rows)	将记录集中的某一行设定为当前行,但是它的参数 rows 表示目标行相对于当前行的行号
boolean first()	将当前行定位到数据库记录集的第一行
boolean last()	刚好和 first()方法相反
boolean isFirst()	检查当前行是否是记录集的第一行,如果是则返回 true,否则返回 false
boolean isLast()	检查当前行是否是记录集的最后一行,如果是则返回 true,否则返回 false
void afterLast()	将数据库游标移到记录集的最后,位于记录集最后一行的后面,如果该记录集不包含任何的行则该方法不产生作用
void beforeFirst()	将数据库游标移到记录集的最前面,位于记录集第一行的前面,如果记录集不包含任何的行则该方法不产生作用
boolean isAfterLast()	检查数据库游标是否处于记录集的最后面,如果是则返回 true,否则返回 false
boolean isBeforeFirst()	检查数据库游标是否处于记录集的最前面,如果是则返回 true,否则返回 false
boolean next()	将数据库游标向下移动一位,使得下一行成为当前行
boolean previous()	将数据库游标向上移动一位,使得上一行成为当前行

在例 12.1 中,采用向前移动游标方式,对结果集进行迭代遍历输出。由于结果集的游标的初始位置在结果集第 1 行之前,调用 boolean next()方法使得游标向下移动一行,若移动成功则返回 true,否则返回 false。如果需要在结果集中向上移动游标,或者定位到某行,需要首先获得一个可滚动的数据集,也就是结果集类型值 resultSetType 必须为 ResultSet.TYPE_SCROLL_INSENSITIVE或 ResultSet.TYPE_SCROLL_SENSITIVE。类型的设置在 SQL 声明对象的创建时进行。例如:

```
Statement state = con.createStatement(ResultSet.TYPE_SCROLL_INSENSITIVE,
ResultSet.CONCUR_READ_ONLY);
```

把例 12.1 改为游标向上遍历的方式,程序如例 12.2 所示。

【例 12.2】　DBcursor.java

```
1:    import java.sql.*;
2:    public class DBcursor {
3:        public static void main(String[] args) {
4:            try {
5:                Connection con = DriverManager.getConnection("jdbc:mysql:
                  //127.0.0.1:3306/demoDB", "root", "");
6:                Statement state = con.createStatement(ResultSet.TYPE_SCROLL_
                  INSENSITIVE, ResultSet.CONCUR_READ_ONLY);
7:                String sql = "select * from student";
8:                ResultSet rs = state.executeQuery(sql);
9:                rs.afterLast();
10:               while(rs.previous())
11:                   System.out.println("学号 id=" + rs.getString(1) + "; 姓
                      名=" + rs.getString(2) +"; 年龄=" + rs.getInt(3));
12:               con.close();
```

```
13:            } catch(SQLException e){
14:                e.printStackTrace();
15:            }
16:    }
17: }
```

在例 12.2 程序中的第 10 行调用向上移动游标方法 boolean previous()之前,在第 9 行需要调用 afterLast()方法把游标挪到结果集的尾部,即最后一行之后。如果结果集没有记录,则 afterLast()方法不会发生作用。

在进行结果集数据的解析时,调用 getXXX(int columnIndex)方法来获取当前行,列号为 columnIndex 的数据;也可以调用 getXXX(String columnLabel)方法来获取当前行,列名(即数据表的字段名)为 columnLabel 的数据。其中,XXX 代表各种数据类型。注意,第 1 列的列号为 1,第 2 列的列号为 2,以此类推。例如,在例 12.1 中第 11 行,学号和年龄通过列号方式获取,姓名通过列名方式获取。

12.3.5 关闭连接

结果集 ResultSet 对象是和数据库连接 Connection 对象紧密联系的,一旦连接对象被关闭,则 ResultSet 对象中的数据将立刻消失。因此,用户在使用 ResultSet 对象的数据时,必须保持与数据库的连接。在使用完数据库之后,一般需要及时关闭连接,以便释放资源。为了保证正确的清理,一种较为稳妥的做法是在异常捕获的代码块之后,不管是否发生异常,都进行 Statement 对象和 Connection 对象的关闭,代码框架如下:

```
...
finally {                              //最后,关闭资源
try {
    if(state != null) state.close();    //Connection con
    if(con != null) con.close();        //Statement state
} catch(SQLException e) {
    e.printStackTrace();
}
```

自 JDK 7 开始,引入了 AutoCloseable 接口,它提供了一种统一的关闭机制,用于释放资源。通常与 try-with-resources 语句一起使用,以自动关闭实现了 AutoCloseable 接口的资源。由于 Connection、Statement 和 ResultSet 等接口都扩展了 AutoCloseable 接口,因此这些接口的对象均可以利用该机制,不管是否发生异常,确保对象可以被正确关闭。例如,实现数据库连接对象的自动关闭,使用 try-with-resources 语句,不需要再调用 close()方法,代码框架如下:

```
try(Connection con = DriverManager.getConnection(...)) {
    ...
} catch(SQLException e) {
    e.printStackTrace();
}
```

12.3.6 缓存行集

关闭数据库连接后,查询获得的结果集数据也将消失而无法使用,后续如果需要再处理

查询结果,则需要重新连接数据库和执行查询,获得新的结果集,这会造成性能问题。可以通过采用缓存行集存储结果集后,再关闭数据库连接,这样后续查询结果的处理可以通过对缓存行集的处理来实现。缓存行集 CachedRowSet 是 javax.sql 包提供的接口,该接口的对象可以把数据记录缓存到内存中,而不受数据库连接关闭的影响。此外,缓存行集还支持滚动、更新和序列化功能。缓存行集在读取数据库的数据以填充自身时需连接到数据库;在将数据更新传播回数据库时再次连接到数据库;而其余时间,包括在修改行集的数据时,缓存行集对象断开与数据库的连接。

在例 12.3 中,第 10 行用 RowSetFactory 工厂对象来创建一个 CachedRowSet 对象,然后在第 12 行该对象调用 populate()方法,用查询获得的结果集来填充缓存行集。当在第 13 行关闭连接后,第 14～16 行尝试通过缓存行集获取查询结果,验证发现仍然可以获得原来的查询结果。

【例 12.3】 DBcache.java

```
1:   import java.sql.*;
2:   import javax.sql.rowset.*;
3:   public class DBcache {
4:       public static void main(String[] args) {
5:           try {
6:               Connection con = DriverManager.getConnection("jdbc:mysql:
                 //127.0.0.1:3306/demoDB", "root", "");
7:               Statement state = con.createStatement();
8:               String sql = "select * from student";
9:               ResultSet rs = state.executeQuery(sql);
10:              RowSetFactory factory = RowSetProvider.newFactory();
11:              CachedRowSet cache=factory.createCachedRowSet();
12:              cache.populate(rs);
13:              con.close();
14:              while(cache.next()) {
15:                  System.out.println("学号 id=" + cache.getString(1) + "; 姓
                     名=" + cache.getString(2) + "; 年龄=" + cache.getInt(3));
16:              }
17:          } catch(SQLException e){
18:              e.printStackTrace();
19:          }
20:      }
21:  }
```

由于 CachedRowSet 对象将数据存储在内存中,因此其包含的数据量都取决于可用的内存量。为了克服这个限制,CachedRowSet 对象可以从 ResultSet 对象中以数据块(称为页面)的形式提取数据。在应用程序中可使用 setPageSize()方法设置页面中要包含的记录行数。如果把例 12.3 中第 12 行的"cache.populate(rs);"语句用以下几个语句替代,可以进行分页填充。

```
cache.setMaxRows(4);
cache.setPageSize(3);
cache.populate(rs,2);
```

该代码片段中调用 setMaxRows(4)设置了缓存行集的最大容量为 4 行记录;setPageSize(3)表示页面大小为 3 行记录,即一次最多可提取 3 行记录;调用的 populate()

方法带有值 2,表示从结果集 rs 中的第 2 行记录开始抽取。

12.4 增、删、改操作

增、删、改操作的特点是需要对数据表中的数据进行更新,操作的结果返回受影响的记录行数。通过 JDBC 对数据记录进行增、删、改操作的过程和查询操作的过程类似,除了一般不需要处理返回结果以外,处理过程包含加载驱动、连接数据库、声明与执行 SQL 语句和关闭连接等阶段。此外,JDBC 进行增、删、改操作时,一般是调用 executeUpdate()方法来执行 SQL 语句。例如,以下代码执行 SQL 删除语句 sql 的查询处理,返回被删除的记录行数 recNum。

```
try {
    String sql = "delete from student where name like '李%'";
    int recNum = state.executeUpdate(sql);
} catch(SQLException e) {
}
```

例 12.4 给出了 SQL 增、删、改语句调用的例子。程序中第 7、8 行的 SQL 语句 sql1 和 sql2 用于插入记录,第 9 行的 sql3 用于删除记录,第 10 行的 sql4 用于修改记录。

注意:executeUpdate()方法不能用于执行 SELECT 查询语句。

【例 12.4】 DBupdate.java

```
1:    import java.sql.*;
2:    public class DBupdate {
3:        public static void main(String[] args) {
4:            try {
5:                Connection con = DriverManager.getConnection("jdbc:mysql://127.0.
    0.1:3306/demoDB", "root", "");
6:                Statement state = con.createStatement();
7:                String sql1 = "insert into student values('Js111','陈某',20)";
8:                String sql2 = "insert into student values('Js222','赵某',18)";
9:                String sql3 = "delete from student where name like '赵%'";
10:               String sql4 = "update student set age=25 where ID='Js111'";
11:               state.executeUpdate(sql1);
12:               state.executeUpdate(sql2);
13:               state.executeUpdate(sql3);
14:               state.executeUpdate(sql4);
15:               ResultSet rs = state.executeQuery("select * from student");
16:               while(rs.next())
17:                   System.out.println("学号 id=" + rs.getString(1) + "; 姓名=" +
                      rs.getString("name") + "; 年龄=" + rs.getInt(3));
18:               con.close();
19:           } catch(SQLException e) {
20:               e.printStackTrace();
21:           }
22:       }
23:   }
```

除了采用调用 executeUpdate()方法进行更新操作以外,也可以利用可更新结果集进行更新。采用可更新结果集的更新方式时,首先需要在创建 Statement 时指定结果集的并发类型为 ResultSet.CONCUR_UPDATABLE。然后利用结果集对象调用 updateXXX()方法,对当前记录的指定字段进行更新,XXX 代表各种类型的数据。

注意:还需要调用 updateRow()方法才能完成底层数据库的相应更新,使得更新生效。

例 12.5 展示了利用可更新结果集进行数据记录更新。第 7、8 行先找出满足年龄不小于 20 的记录,然后在第 9~12 行按逐个记录把年龄都改为 23,完成更新。

【例 12.5】 DBupdatable.java

```
1:   import java.sql.*;
2:   public class DBupdatable {
3:       public static void main(String[] args) {
4:           try {
5:               Connection con = DriverManager.getConnection("jdbc:mysql:
                 //127.0.0.1:3306/demoDB", "root", "");
6:               Statement state =con.createStatement(ResultSet.TYPE_FORWARD_
                 ONLY, ResultSet.CONCUR_UPDATABLE);
7:               String sql = "select * from student where age>=20";
8:               ResultSet rs = state.executeQuery(sql);
9:               while(rs.next()) {
10:                  rs.updateInt("age", 23);
11:                  rs.updateRow();      //必须有这句才能生效
12:              }
13:              System.out.println("完成更新!");
14:              con.close();
15:          } catch(SQLException e){
16:              e.printStackTrace();
17:          }
18:      }
19:  }
```

12.5 预处理

JDBC 采用 Statement 来声明 SQL 语句时,Statement 对象用于执行静态的 SQL 语句,并且返回执行结果。此处静态的 SQL 语句必须是完整的,有明确的数据指示,不能带有参数。为了执行参数化查询,JDBC 提供了 PreparedStatement 接口用于声明 SQL 语句,当然,该接口也同样支持没有带参数的通用查询。PreparedStatement 接口继承自 Statement 接口,其对象表示预编译 SQL 语句的对象。SQL 语句被预编译并存储在 PreparedStatement 对象中,然后可以使用该对象多次有效地执行该语句,通过这种预处理方式,由于免除了每次加载 SQL 语句所需要进行的分析、编译和优化过程,因此可取得比 Statement 更高的执行速度。

在参数化的 SQL 查询时,通过问号"?"占位符代表 SQL 语句中的参数,占位符可代表任何 SQL 数据类型。后续选用 setXXX(占位符下标,数值)方法进行参数赋值,其中,XXX 表示具体数据类型;占位符下标从 1 开始,对应第一个参数,后面以此类推。

从例 12.6 可以看到,在第 7 行调用 prepareStatement()方法创建 PreparedStatement 对象时已传入 SQL 语句参数,因此在调用 executeQuery()方法执行时不需要再传入 SQL 语句。对比例 12.1,SQL 语句是在调用 executeQuery()方法时传入的。例 12.6 中第 6 行的

SQL 语句带有两个参数,第 8 行用 setInt(1,20)把整数 20 赋值给第 1 个参数;第 9 行用 setString(2,"陈％")把字符串"陈％"赋值给第 2 个参数。

【例 12.6】 DBprepare.java

```
1:    import java.sql.*;
2:    public class DBprepare {
3:        public static void main(String[] args) {
4:            try {
5:                Connection con = DriverManager.getConnection("jdbc:mysql:
                 //127.0.0.1:3306/demoDB", "root", "");
6:                String sql = "select * from student where age>=? and name like ?";
7:                PreparedStatement state = con.prepareStatement(sql);
8:                state.setInt(1, 20);
9:                state.setString(2, "陈%");
10:               ResultSet rs = state.executeQuery();
11:               while(rs.next())
12:                   System.out.println("学号 id=" + rs.getString(1) + "; 姓
                     名=" + rs.getString(2) + "; 年龄=" + rs.getInt(3));
13:               con.close();
14:           } catch(SQLException e){
15:               e.printStackTrace();
16:           }
17:       }
18:   }
```

12.6 批量处理

批量处理是对一系列更新操作进行集中处理的一种方式。在批量处理时,一个 SQL 语句序列作为一批操作将同时被收集和提交。对于同一批中的 SQL 语句,可以包含 INSERT、UPDATE 和 DELETE 等数据操纵语句,也可以包含 CREATE TABLE 和 DROP TABLE 等数据定义语句,但批量处理不支持 SELECT 语句。

执行批量处理时,首先需要创建一个 Statement 或 PreparedStatement 对象,然后利用该对象调用 addBatch()方法来加入 SQL 更新语句,最后调用 executeBatch()方法来执行批量处理。executeBatch()方法返回批量处理中各个 SQL 语句执行所处理的实际记录数,每个 addBatch()方法返回一个处理的记录数结果。

在例 12.7 中,把两条新增记录操作(第 7、8 行)和一条更新记录操作(第 9 行)的 SQL 语句组成一个批量处理过程。

【例 12.7】 TestBatch.java

```
1:    import java.sql.*;
2:    public class TestBatch {
3:        public static void main(String[] args) {
4:            try {
5:                Connection con = DriverManager.getConnection("jdbc:mysql:
                 //127.0.0.1:3306/demoDB", "root", "");
6:                Statement state = con.createStatement();
7:                String sql1 = "insert into student values('Js114','陈某',23)";
8:                String sql2 = "insert into student values('Js122','李某',19)";
```

```
9:            String sql3 = "update student set age=20 where name like '李%'";
10:           state.addBatch(sql1);
11:           state.addBatch(sql2);
12:           state.addBatch(sql3);
13:           int []recNum=new int[3]; //返回处理的结果记录数
14:           recNum=state.executeBatch();
15:           System.out.println("sql1 处理的记录数: "+recNum[0]);
16:           System.out.println("sql2 处理的记录数: "+recNum[1]);
17:           System.out.println("sql3 处理的记录数: "+recNum[2]);
18:           state.close();
19:           con.close();
20:           System.out.println("结束!");
21:       } catch(SQLException e){
22:           e.printStackTrace();
23:       }
24:    }
25: }
```

对于大批量的更新操作，通过批处理方式，可以极大地提高数据更新的效率。例如，假设需要插入 1000 条学生信息记录，采用直接执行方式进行数据更新操作，主要代码如下：

```
Connection con = DriverManager.getConnection ("jdbc:mysql://127.0.0.1:3306/
demoDB ","root", "");
String sql = "insert into student values(?,?,?)";
PreparedStatement state = con.prepareStatement(sql);
int sqlNum = 1000;
Random rd = new Random();
long t01 = System.currentTimeMillis();
for(int i = 0; i < sqlNum; i++) {
    state.setString(1, "ID-" + i);
    state.setString(2, "name-" + i);
    int age = rd.nextInt(50);
    state.setInt(3, age);
    state.execute();
}
long t02 = System.currentTimeMillis();
System.out.println("逐条方式耗时(ms): " + (t02 - t01));
con.close();
```

如果采用批量方式进行数据更新，代码如下所示。

注意：在数据库连接的 url 参数中需要指定 rewriteBatchedStatements＝true，才能使得批处理生效。

```
Connection con = DriverManager.getConnection ("jdbc:mysql://127.0.0.1:3306/
demoDB?
        rewriteBatchedStatements=true", "root", "");
String sql = "insert into student values(?,?,?)";
PreparedStatement state = con.prepareStatement(sql);
int sqlNum = 1000;
Random rd = new Random();
long t01 = System.currentTimeMillis();
for(int i = 0; i < sqlNum; i++) {
    state.setString(1, "ID-" + i);
```

```
        state.setString(2, "name-" + i);
        int age = rd.nextInt(50);
        state.setInt(3, age);
        state.addBatch();
    }
    state.executeBatch();
    long t02 = System.currentTimeMillis();
    System.out.println("批量方式耗时(ms): " + (t02 - t01));
    con.close();
```

两种方式的某次运行结果分别如下所示,可以发现逐条处理方式平均耗时量是批量方式的数十倍。

```
逐条方式耗时(ms): 2436
批量方式耗时(ms): 31
```

12.7 存储过程处理

存储过程是在数据库系统中,一组为了完成特定功能的 SQL 语句集。它存储在数据库中,一次编译后永久有效。用户通过调用存储过程可获得高效地执行多条 SQL 语句的效果。

MySQL 创建存储过程的基本语法如下:

```
CREATE PROCEDURE 存储过程名称([参数列表])
BEGIN
    存储过程的 SQL 语句及控制语句
END
```

用 SQL 调用一个存储过程的语法如下:

```
CALL 存储过程名称([实参列表])
```

例如,设计一个名为 insert_stu 的存储过程,用于向学生信息表 student 插入一条记录,然后返回表中的记录数。语句如下:

```
CREATE PROCEDURE insert_stu(IN id char(10),IN name char(15), IN age int, OUT num
int)
BEGIN
    insert into student values(id, name, age);
    select count(*) into num from student;
END
```

该存储过程带有 3 个参数,其中,输入参数用 IN 声明,这里的 id 和 name 分别是学号和姓名输入参数;输出参数用 OUT 声明,num 是记录数输出参数。存储过程中包含了两条 SQL 语句,分别进行记录插入和记录数获取。

利用 JDBC 调用存储过程时,需要使用 CallableStatement 接口来执行 SQL 存储过程,通过 Connection 对象来调用 prepareCall()方法,该方法以 SQL 的 call 语句作为参数,从而获得 CallableStatement 引用。

例 12.8 给出了一个调用上文的 insert_stu 存储过程的程序,运行的效果是向 student

表插入一条 id 为 js1234、name 为"陈 aaa"、age 为 25 的学生记录,然后获取表中的当前记录数并打印输出。

【例 12.8】 TestProcedure.java

```
1:    import java.sql.*;
2:    public class TestProcedure {
3:        public static void main(String[] args) {
4:            try {
5:                Connection con = DriverManager.getConnection ("jdbc:mysql://
                  127.0.0.1:3306/ demoDB", "root","");
6:                CallableStatement state = con.prepareCall("{call insert_stu(?,
                  ?, ?, ?)}");
7:                state.setString("id", "js1234");
8:                state.setString("name", "陈 aaa");
9:                state.setInt("age", 25);
10:               state.registerOutParameter("num", java.sql.Types.INTEGER);
11:               state.execute();
12:               System.out.println("记录数: " + state.getInt("num"));
13:               con.close();
14:           } catch(SQLException e) {
15:               e.printStackTrace();
16:           }
17:       }
18:   }
```

程序中第 6 行用于获取 CallableStatement 引用。第 7~9 行设置存储过程的输入参数;第 10 行设置输出参数。第 11 行执行该存储过程语句。

12.8 事务处理

事务(transaction)是一个不可分割的工作单元,通常对应一个完整的业务过程。数据库系统中定义的事务由一组 SQL 语句组成,处理时保证其中的 SQL 语句要么全部执行,要么一个都不执行。事务处理保证了写入或更新记录过程的正确可靠。事务的 4 个基本特征(简称 ACID)分别是:

(1) 原子性(Atomicity,A):事务是最小的处理单元,不可再分。

(2) 一致性(Consistency,C):事务处理不会破坏数据库的完整性和一致性约束。

(3) 隔离性(Isolation,I):不同事务之间不会相互影响,并发或交叉执行时不会导致不一致的结果。

(4) 持久性(Durability,D):事务处理结束后,对数据的修改是永久性的。

JDBC 的事务处理的主要步骤如下。

1. 关闭默认的自动提交模式

JDBC 默认采用自动提交模式,即当 SQL 操作涉及数据修改的情况时,默认即时生效。对于一系列的 SQL 修改操作采用自动提交模式通常无法满足实践应用要求。例如,在转账过程中,假设要把 100 元从账户 A 转到账户 B,第一步从账户 A 扣除 100 元,第二步把 100 元加到账户 B,如果第二步操作发生故障,账户 B 没有收到钱,而由于在自动提交模式下,第一步已经成功执行了扣款,这样账户 A 就白白损失 100 元。因此,需要关闭自动提交模式,以便在事务结束位置进行手工提交事务。通过数据库连接对象调用带 false 参数的 setAutoCommit()方法来关闭自动提交模式。

2. 提交事务

在关闭自动提交模式的情况下,对于事务中各个 SQL 语句的执行并不会立即生效,需要利用数据库连接对象调用 commit()方法来手工进行事务提交。调用一次 commit()方法将使得事务中的 SQL 执行语句全部生效。提交时如果任何 SQL 语句执行时出现问题,将抛出 SQLException 异常。

3. 回滚事务

对于事务处理过程中产生的 SQLException 异常需要进行处理,一般需要利用数据库连接对象调用 rollback()方法来进行事务回滚。通过 rollback()方法撤销事务中已经成功执行过的 SQL 语句,安全地把已经发生变化的数据恢复到变化之前的状态。

例 12.9 给出了一个插入 6 条记录的例子,采用了事务处理。程序中第 8 行关闭自动提交模式,第 19 行进行事务提交,当出现异常时第 24 行进行回滚操作。

【例 12.9】 TestTransaction1.java

```
1:    import java.sql.*;
2:    import java.util.Random;
3:    public class TestTransaction1 {
4:       public static void main(String[] args) {
5:          Connection con = null;
6:          try {
7:             con = DriverManager.getConnection("jdbc:mysql://127.0.0.1:
                 3306/demoDB", "root", "");
8:             con.setAutoCommit(false);
9:             String sql = "insert into student values(?, '某人' ,?)";
10:            PreparedStatement state = con.prepareStatement(sql);
11:            int sqlNum = 6;
12:            for(int i = 1; i <= sqlNum; i++) {
13:               state.setString(1, "JS-"+i);       //正常处理
14:               Random rd = new Random();
15:               int age = rd.nextInt(100);
16:               state.setInt(2, age);
17:               state.execute();                   //任何 SQL
18:            }
19:            con.commit();
20:            con.close();
21:         } catch(SQLException e) {
22:            e.printStackTrace();
23:             try {
24:             con.rollback();
25:             } catch(SQLException e1) {
26:             e1.printStackTrace();
27:             }
28:         }
29:      }
30:   }
```

假设原来的数据表为空表,运行该程序,能正常结束,SQL 执行插入 6 条记录并完成提交。程序运行后获得的数据表内容是:

```
+------+------+------+
| ID   | name | age  |
+------+------+------
| JS-1 | 某人 |  93  |
| JS-2 | 某人 |  29  |
| JS-3 | 某人 |  60  |
| JS-4 | 某人 |   8  |
| JS-5 | 某人 |  39  |
| JS-6 | 某人 |  33  |
+------+------+------
```

为了验证事务处理过程中出现异常的情况,尝试把例 12.9 的第 13 行的代码用以下代码替换,当在插入第 3 条记录时,故意重复已有的 ID,由于违反主键唯一性的约束,因此将抛出异常。

```
if(i == 3)      //插入第 3 条记录时
    state.setString(1, "JS-2");     //故意重复已有的 id
else
    state.setString(1, "JS-" + i);
```

程序运行后,获得的数据表并未插入任何记录。这是由于发生异常后,经过捕获,执行了第 17 行调用 rollback()方法进行回滚操作。

注意:如果不进行回滚,运行结果也相同。表面上不用 rollback()方法和用了 rollback()方法效果一样,但是不用 rollback()方法可能导致被数据被锁定而无法及时释放,从而影响下一次的事务操作。

作为效果对比,把第 8 行代码去掉,即采用默认的自动提交模式,清空数据表后再运行程序,由于此时没有了事务处理的效果,发生异常之前的插入操作可以顺利提交,而发生异常后的插入操作未被执行。获得的数据表结果如下:

```
+------+------+------+
| ID   | name | age  |
+------+------+------+
| JS-1 | 某人 |  35  |
| JS-2 | 某人 |  36  |
+------+------+------+
```

通常在批量处理的过程中,由于涉及多个 SQL 更新操作,需要结合事务处理以达成设计的目的。如例 12.10 所示,该程序的效果是在批量插入记录过程中,如果发生任何异常,数据库将恢复到未插入任何记录的初始状态。

【例 12.10】 TestTransaction2.java

```
1:   import java.sql.*;
2:   import java.util.Random;
3:   public class TestTransaction2 {
4:       public static void main(String[] args) {
5:           Connection con = null;
6:           try {
7:               con = DriverManager.getConnection("jdbc:mysql://127.0.0.1:
                 3306/demoDB? rewriteBatchedStatements=true", "root", "");
```

```
8:              con.setAutoCommit(false);
9:              String sql = "insert into student values(?,'某人',?)";
10:             PreparedStatement state = con.prepareStatement(sql);
11:             int sqlNum = 6;
12:             for(int i = 1; i <= sqlNum; i++) {
13:                 state.setString(1, "JS-"+i);
14:                 Random rd = new Random();
15:                 int age = rd.nextInt(100);
16:                 state.setInt(2, age);
17:                 state.addBatch();
18:             }
19:             state.executeBatch();
20:             con.commit();
21:             con.close();
22:         } catch(SQLException e) {
23:             e.printStackTrace();
24:             try {
25:                 con.rollback();
26:             } catch(SQLException e1) {
27:                 e1.printStackTrace();
28:             }
29:         }
30:     }
31: }
```

12.9 DAO 模式

进行数据库的访问是许多应用软件的重要功能。在软件功能结构中通常要求设计时达到功能清晰、复用性强、可扩展性好、易于维护的效果,这些要求对于大型的复杂软件系统尤为重要,有必要结合优化的软件架构进行设计。在数据访问方面,DAO(Data Access Object,数据访问对象)是一种常用的设计模式,可提供具有弹性的数据库访问方式。其原理是对数据库的基本操作进行封装,对外为用户提供一个数据访问接口。DAO 把底层的数据访问逻辑和高层的业务逻辑分开,采用 DAO 模式进行分层设计,能使得开发人员更有效专注于编写业务代码。DAO 模式作为一种常用的设计规范,有利于系统开发的工程化实施。

典型的 DAO 模式主要包含以下几个组成部分。

(1) DAO 接口:提供了业务功能对数据访问的抽象方法,是客户程序的调用规范。

(2) DAO 接口的实现类:提供 DAO 接口中各抽象方法的具体实现。

(3) 实体类:用于存放与传输对象数据,是和数据表记录相对应的实体对象。

为了简化和复用数据库的基本操作,通常需要设计一些工具类,以提供连接、关闭数据库和通用查询等功能。下面举一个较为完整的典型案例用于展示 DAO 模式的基本设计方法。该案例用于访问表 12.1 的 student 表,同时提供了一个 Swing 图形用户界面。界面如图 12.4 所示,用户单击界面中的"查询"按钮,可以查找学生记录并把结果展示在表格中。

该案例的代码模块由以下几个部分组成:DAO 接口、DAO 接口的实现类、处理对象模

图 12.4　案例的用户界面

型、业务逻辑模型、数据库操作工具类、主界面视图和控制器。用 UML 类图进行简单的描述如图 12.5 所示。

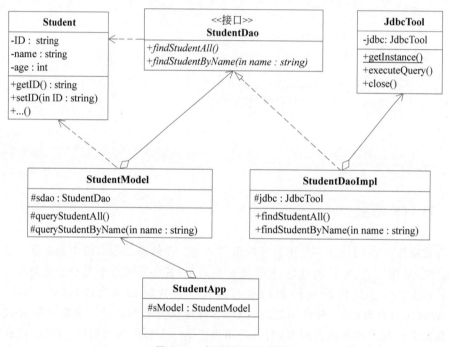

图 12.5　案例的 UML 类图

　　该系统总体上按 MVC 模式进行设计,视图是一个 Swing 图形界面;控制器是响应按钮单击事件的监听器;模型包含了学生信息查询的业务逻辑。模型在涉及数据访问的部分采用了 DAO 模式进行设计:模型中包含了 StudentDao 接口的实例,该实例是一个通过接口实现类 StudentDaoImpl 创建一个对象;JdbcTool 类提供了对数据库进行基本操作的工具,StudentDaoImpl 类就利用了该工具来描述数据访问逻辑。系统中处理的对象模型是 Student 类,反映了数据表中的学生记录和程序中的实体对象之间的映射关系。

　　以下对该案例的各组成部分分别进行说明。

　　(1) 数据库操作的工具类。

　　JdbcTool 类提供了几个方法用于实现常用的数据库基本操作功能,如获取数据库连接功能、执行 SQL 语句功能和关闭数据库连接功能。该类采用了单例模式进行设计,目的是获得数据库连接的唯一实例。

```
class JdbcTool {        //单例模式
    private static JdbcTool jdbc;
    private Connection con = null;
    private JdbcTool() {
        try {
            Class.forName("com.mysql.cj.jdbc.Driver");        //MySQL 8 驱动
            con = DriverManager.getConnection ("jdbc:mysql://127.0.0.1:3306/
            demoDB", "root", "");
        } catch(SQLException | ClassNotFoundException e) {
            e.printStackTrace();
        }
    }
    public static synchronized JdbcTool getInstance() {
        if(jdbc == null) {
            jdbc = new JdbcTool();
        }
        return jdbc;
    }
    public void close() {        //关闭数据库连接
        try {
            con.close();
            System.out.println("DB 连接已关闭。");
        } catch(SQLException e) {
            e.printStackTrace();
        }
    }
    public ResultSet executeQuery(String sql) {        //执行一条 SQL 查询语句
        Statement state;
        ResultSet rs = null;
        try {
            state = con.createStatement (ResultSet.TYPE_SCROLL_INSENSITIVE,
            ResultSet.CONCUR_READ_ONLY);
            rs = state.executeQuery(sql);
        } catch(SQLException e) {
            e.printStackTrace();
        }
        return rs;
    }
}
```

(2) 实体类对象模型。

实体类一般是与数据表一一对应的 Java 类,按 Java Bean 的风格进行设计:成员变量的访问权限为 private;而存取成员变量的方法分别以 set 和 get 作为名字开头,且访问权限为 public;提供了必要的构造方法。

```
class Student {                    //学生信息类
    private String ID;            //学号
    private String name;          //姓名
    private int age;              //年龄
    public Student(String ID, String name, int age) {
        this.ID = ID;
        this.name = name;
```

```
        this.age = age;
    }
    public String getID() {              //获取 ID 属性值
        return ID;
    }
    public void setID(String ID) {       //设置 ID 属性值
        this.ID = ID;
    }
    …   //存取其他属性的方法
}
```

（3）DAO 接口。

该接口提供了一系列抽象方法，对外提供了数据访问功能的统一界面。

```
interface StudentDao {
    List<Student> findStudentAll();                    //查找所有学生记录
    List<Student> findStudentByName(String name);      //按名字查找学生记录
    void close();                                      //关闭数据库连接
}
```

（4）DAO 实现类。

该类是对 DAO 接口的具体实现。设计时使用了数据库操作的工具类。

```
class StudentDaoImpl implements StudentDao {
    JdbcTool jdbc = JdbcTool.getInstance();
    public List<Student> findStudentAll() {
        String sql = "select * from student";
        ResultSet rs = jdbc.executeQuery(sql);
        List<Student> studentList = getStudentList(rs);
        return studentList;
    }
    public List<Student> findStudentByName(String name) {
        String sql = "select * from student where name='" + name + "'";
        ResultSet rs = jdbc.executeQuery(sql);
        List<Student> studentList = getStudentList(rs);
        return studentList;
    }
    private List<Student> getStudentList(ResultSet rs) {
    //从查询结果集获取学生信息列表
        List<Student> studentList = new ArrayList<Student>();
        if(rs != null)
            try {
                while(rs.next()) {
                    String ID = rs.getString(1);       //学号
                    String name = rs.getString(2);     //姓名
                    int age = rs.getInt(3);            //年龄
                    studentList.add(new Student(ID, name, age));
                }
            } catch(SQLException e) {
                e.printStackTrace();
            }
```

```
            return studentList;
        }
        public void close() {
            jdbc.close();
        }
    }
```

（5）业务逻辑模型。

该类定义了系统的业务逻辑，包含了 DAO 对象，以便采用 DAO 数据库访问机制实现数据存取。本业务主要是根据用户查询需求来访问数据库，初始化和填充表格数据。

```
class StudentModel {
    StudentDao sdao;                               //DAO 对象
    String[] tbHead;
    String[][] tbData;
    int recColumn = 3;                             //记录的字段数(固定)
    StudentModel() {
        sdao = new StudentDaoImpl();               //初始化 DAO 对象
    }
    String[] getTableHead() {                      //获取表格的标题信息
        tbHead = new String[recColumn];
        tbHead[0] = "学号";
        tbHead[1] = "姓名";
        tbHead[2] = "年龄";
        return tbHead;
    }
    String[][] getTableData() {                    //获取表格的数据信息
        return tbData;
    }
    void queryStudentAll() {                       //查询所有学生
        String sql = "select * from student";
        List<Student> list = sdao.findStudentAll();
        fillStudentData(list);
    }
    void queryStudentByName(String name) {         //按姓名查询学生
        String sql = "select * from student where name='" + name + "'";
        List<Student> list = sdao.findStudentByName(name);
        fillStudentData(list);
    }
    private void fillStudentData(List list) {      //用查询结果填充表格数据
        int recNumber = list.size();               //获取记录数
        tbData = new String[recNumber][recColumn];
        Iterator<Student> it = list.iterator();
        int recNO = 0;
        while(it.hasNext()) {
            Student stu = it.next();
            tbData[recNO][0] = stu.getID();        //学号
            tbData[recNO][1] = stu.getName();      //姓名
            tbData[recNO][2] = String.valueOf(stu.getAge());    //年龄
            recNO++;
        }
    }
}
```

（6）系统的主类（包含视图和控制器）。

该类设计为窗体类，包含了程序运行的主方法。窗体系统构成了整个视图，包含了输入框、按钮和表格等界面元素。控制器部分对应按钮的监听器，设计为匿名对象，用于响应按钮单击事件。由于该演示系统的功能比较简单，因此这里暂没有将视图模块和控制器模块进行分离设计。

```java
public class StudentApp extends JFrame {
    JTextField txtInput;
    JButton btQuery;
    JTable table;
    DefaultTableModel tModel;                //图形表格模型
    StudentModel sModel;                     //学生业务逻辑模型
    StudentApp() {
        sModel = new StudentModel();
        this.setLayout(new FlowLayout());
        this.setBounds(200, 350, 350, 240);
        this.setTitle("学生信息查询");
        this.add(new JLabel("姓名："));
        txtInput = new JTextField(20);
        this.add(txtInput);
        btQuery = new JButton("查询");
        btQuery.addActionListener(new ActionListener() {
                                         //控制器部分：按钮响应逻辑
            @Override
            public void actionPerformed(ActionEvent e) {
                String name = txtInput.getText().trim();
                if(name.equals(""))
                    sModel.queryStudentAll();
                else
                    sModel.queryStudentByName(name);
                tModel.setDataVector(sModel.getTableData(), sModel
                .getTableHead());          //刷新表格数据
            }
        });
        this.add(btQuery);
        tModel = new DefaultTableModel(sModel.getTableData(), sModel
        .getTableHead());
        table = new JTable(tModel);
        this.add(new JScrollPane(table));
        this.setVisible(true);
        this.setDefaultCloseOperation(EXIT_ON_CLOSE);
        this.addWindowListener(new WindowAdapter() {
            public void windowClosed(WindowEvent e) {
                sModel.sdao.close();
            }
        });
    }
    public static void main(String[] args) {
        new StudentApp();
    }
}
```

12.10 小结

数据库应用开发在软件开发领域中占有十分重要的地位。关系数据库是使用最广的数据库类型,SQL 是标准的关系数据库查询语言。JDBC 为 Java 开发者提供了一种访问数据库的重要工具,访问和操作数据库的基本步骤包括加载驱动、连接数据库、声明与执行 SQL 语句、处理查询结果和关闭连接等。利用 JDBC 编程技术,开发者可以实现对数据库的增、删、改、查等操作。通过预处理和批处理等技术提高特定情况下对数据库的操作效率。通过存储过程处理,支持多 SQL 语句的高效处理。通过事务处理机制保障了修改性操作的安全可靠。在数据库应用系统的开发实践过程中,采用 DAO 模式提高了应用系统中数据访问功能的可扩展性、可维护性和可复用性。

习题

1. 使用 MySQL 或者 SQL Server 等数据库系统,创建一个学生数据表,包含学号、姓名、性别、出生日期和身高字段,然后编写 SQL 语句完成以下工作。

(1) 查找当前年龄满 20 岁的所有女生。

(2) 插入一条新记录;然后更新该记录中的身高信息。

(3) 编写一个存储过程,用于统计身高超过指定高度 h 的男学生人数。存储过程以身高 h 作为输入参数。测试该存储过程。

2. 思考并回答以下问题。

(1) 为什么某些应用中需要声明 ResultSet.TYPE_FORWARD_ONLY?

(2) 缓存行集的作用是什么? 请举例说明其可能的应用场景。

(3) 比较 executeQuery()方法和 executeUpdate()方法的区别。

(4) 比较 Statement 和 PreparedStatement 在使用上的差别。

(5) 事务处理的特点是什么? 什么情况下必须采用事务处理?

3. 上机验证以下案例。

(1) 在例 12.2 中,尝试对 createStatement 赋予不同的参数,测试运行效果。

(2) 对于例 12.5,验证调用 updateRow()方法的必要性。

(3) 验证例 12.9 中对于异常的处理过程,检查事务是否回滚成功。

4. 编写一个简单的图书管理系统,完成以下设计内容。

(1) 设计关系数据表,包括图书表、用户表和借阅记录表。

(2) 设计系统的功能:登录功能,图书查询功能,图书借阅功能和图书归还功能。

(3) 设计系统的界面:界面可以是 Swing 图形界面,或者命令行字符界面。

系统要求采用 DAO 模式进行设计,绘制系统的 UML 类图,完成系统功能测试。

第 **13** 章

多线程编程

内容提要：

☑ 并发与线程　　　　　　　　☑ 线程的同步

☑ Thread 类与 Runnable 接口　　☑ Java 并发包

多线程编程能有效提高并发环境中应用程序的性能，Java 的一大优势是内置了对多线程编程的支持。本章介绍 Java 的多线程并发程序设计，包括使用 Java 的基本 API 进行设计，以及利用 Java 的并发包进行设计。

13.1　并发与线程

13.1.1　并发处理

之前编写的程序仅考虑计算任务进行串行处理的情况。串行处理指计算机在执行计算任务过程中，一次只取一个任务并执行该任务；而并发（concurrency）处理指计算机同时运行多个程序或处理多个任务的处理方式。另外，并行（parallel）处理也是一常见的概念，指不同的程序或任务在同一时间点执行处理。具体来说，并发是指两个或者多个事件在同一时间间隔内发生；而并行是指两个或者多个事件在同一时刻发生。二者的区别在于并行是同时进行，并发是交替进行；并行是物理上的同时发生，而并发是逻辑上的同时发生。计算机程序的串行、并发和并行处理示意如图 13.1 所示。

现代操作系统是功能强大的并发处理管理器，对应用程序的高效运行提供了软件支持。操作系统分配给每个正在运行的任务一段 CPU 时间（即时间片，time slice），通过协调各个任务的执行，实现并行处理。目前普及的多处理器系统以及多核处理器拥有强大的多线程 CPU 计算资源，为并发程序的高效运行提供了硬件条件。

并发处理方式通过充分利用 CPU 计算资源，允许应用程序并行执行，有效提升运行速度，从而极大地提高软件系统的性能。例如，图形界面应用程序中，在处理用户的输入操作或数据 I/O 时，通常需要刷新用户界面，如果仅由单个线程来进行数据处理和界面刷新，用户在使用过程中容易遇到卡顿的情况，极大降低了用户体验。为了保证人机交互的顺畅，可

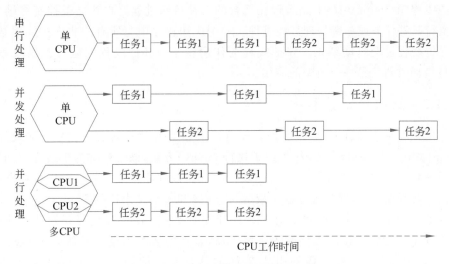

图 13.1　串行、并发和并行处理示意

以通过采用多线程技术进行优化设计,由不同的线程负责执行不同的功能,达到并发处理的效果。同样地,Web 服务器需要同时响应多个用户的服务请求,如果不进行并发处理,将造成系统严重的性能问题。由于并发处理常涉及资源的分配与各线程之间的协调,与串行程序对比,并发处理的开发难度较高,调试也较为困难。

13.1.2　进程与线程

我们所熟悉的计算机程序是指静态的代码。在现代操作系统环境中,程序的运行需要获得必要的计算资源,例如 CPU 时间、内存等。为了更好地描述程序运行的工作机制,引入了进程的概念。进程(process)是一个具有一定独立功能的程序在一个数据集合上依次动态执行的过程。进程可以看作一个正在执行的程序的实例。进程是操作系统进行资源分配和调度的一个独立单位,每个进程都拥有独立的地址空间,这些地址空间包括代码区、数据区和堆栈区,进程之间的地址空间是隔离的,互不影响。

由于进程的创建、销毁与切换存在着较大的时空开销,人们设计了线程(thread)以减少开销。线程被设计成进程的一个执行路径,同一个进程中的线程共享进程的资源,因此系统对线程的调度所需的成本远远小于进程。

进程和线程都是操作系统的重要概念。从本质上看,进程是操作系统资源分配的基本单位,而线程是处理器任务调度和执行的基本单位。一个进程至少含有一个线程,线程是进程的一部分,因此线程也被称为轻量级进程。在资源开销方面,每个进程都有独立的地址空间,进程之间的切换会有较大的开销;同一个进程内的线程共享进程的地址空间,每个线程都有自己独立的运行栈和程序计数器,线程之间切换的开销小。在应用效果方面,一个进程崩溃后,在保护模式下其他进程不会受到影响;而一个线程崩溃可能导致整个进程被终止,因此多进程应用一般比多线程应用健壮。

线程从创建到消亡的生命周期中,存在常见的 5 种状态:新建(new)、就绪(ready)、运行(running)、阻塞(blocked)、死亡(terminated)。由于 CPU 使用权通常需要在多个线程之间切换,因此线程状态会多次在运行、阻塞、就绪之间切换。

守护线程(daemon thread)是运行在后台的一种特殊进程。它独立于控制终端并且周期性地执行某种任务或等待处理某些事件。一个应用程序中当所有的非守护线程结束后，存在的守护线程也会自动结束。守护线程的作用就是为其他线程的运行提供服务，例如Java的垃圾回收器就是一个典型的应用。

13.1.3　Java 中的线程

Java 的线程管理通过 JVM 来实现。在运行 Java 应用程序过程中，JVM 加载代码，当发现 main()方法时，将启动一个线程用于执行 main()方法，该线程称为主线程。如果程序中没有再创建其他线程，当 main()方法执行完毕时，该程序结束。如果程序中还有其他非守护线程的线程在运行，即使主线程结束运行，JVM 也不会结束该程序。

Java 的一个重要特点是内置了对多线程开发的支持。Java 多线程并发处理的支持技术来自两方面。一个是 Java 提供的语言级支持，基本的多线程设计工具均在 Java 的核心包 java.lang 中提供，不需要额外引入其他的软件包。例如，Java 语言的语法包含了synchronized、volatile 等与并发有关的关键字；Java 提供的 Thread 类包含了线程模型和丰富的操作。另一个是 Java 提供的专用于简化和优化并发设计的软件包 java.util.concurrent，该包含有大量的实用工具类，可支持高效的并发处理软件设计。

Java 中线程的生命周期包含线程的 5 个主要状态：新建、就绪、运行、阻塞和死亡，各个状态之间在特定条件下进行转移，如图 13.2 所示。图 13.2 中的方法名来自 Java 的 Thread类，各状态的解析如下。

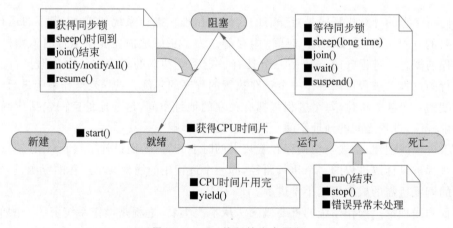

图 13.2　Java 线程的生命周期

（1）新建：当利用 Java 的 Thread 类或其子类创建一个线程对象时，该对象处于新建状态。

（2）就绪：线程对象创建后，当调用了该对象的 start()方法，该对象处于可运行的就绪状态，等待被线程调度选中，以获得 CPU 的使用权。

（3）运行：当就绪状态的线程对象获得了 CPU 时间片，执行程序代码，处于运行状态；而处于运行状态的线程对象在 CPU 时间片用完或者执行 yield()方法时，回到就绪状态。

（4）阻塞：当线程对象因为某种原因放弃了 CPU 使用权，暂时停止运行，处于阻塞状态。阻塞分为以下几种情况。

① 同步阻塞：当运行的线程在获取对象的同步锁时，若该同步锁被别的线程占用，则 JVM 把该线程放入锁池（lock pool）中。

② 等待阻塞：当运行的线程执行 wait()方法时，JVM 把该线程放入等待队列（waiting queue）中。

③ 其他阻塞：当运行的线程执行 sleep(long time)或 join()方法，或者发出了 I/O 请求时，JVM 把该线程置为阻塞状态。

阻塞的线程在获得同步锁、sleep()时间到、join()等待线程终止或者 I/O 处理完毕等条件下，重新转入就绪状态。

（5）死亡：当线程对象的 run()或 main()方法执行结束，或者因异常退出了运行状态，则该线程结束生命周期。死亡的线程不可再次复生。

13.2 Thread 类与 Runnable 接口

Java 语言中，有两种创建线程的基本方式：一种方式是通过继承 Thread 类来设计一个具备线程功能的子类，该子类的对象即为线程对象；另一种方式是直接创建一个 Thread 类对象作为线程对象，再通过实现 Runnable 接口并创建一个可运行的功能实体，为该线程对象提供参数。

13.2.1 Thread 类

Java 语言的 Thread 类定义了 JVM 环境中的线程模型，为多线程并发设计提供了丰富的功能支持，该类的常用方法如表 13.1 所示。

表 13.1　Thread 类的常用方法

方　　法	功　　能
start()	指示线程开始运行，JVM 将调用该线程中的 run()方法
run()	如果线程对象获得了 Runnable 对象参数，那么会调用该 Runnable 对象的 run()方法；否则，此方法将不执行任何操作并返回
sleep()	指定当前线程休眠一段时间。该方法是静态方法
yield()	指定当前正在执行的线程对象放弃运行。调用该方法后，将把本线程的 CPU 使用权交给下一个同优先级的线程。该方法是静态方法
isAlive()	返回线程的活动状态。当线程已被启动且未死亡，就处于活动状态
join()	等待当前线程的死亡。该方法的重载方式允许指定一个等待的超时范围
interrupt()	把当前线程设置为中断状态。在线程的不同阻塞情况下，调用该方法将获得不同的处理结果；否则，仅设置中断状态
setDaemon()	若参数为 true，则设置线程的性质为守护线程；否则为普通用户线程
setPriority()	通过调用该方法，在线程被创建之后改变线程的优先级。线程的优先级用数字 1～10 表示，数值越大优先级越高

Java 预定义 3 个线程的优先等级常量，分别是 MIN_PRIORITY（值为 1，最低优先级）、NORM_PRIORITY（值为 5，默认优先级）和 MAX_PRIORITY（值为 10，最高优先级）。

Java 线程调度方式采用抢占式调度，即在当前线程执行过程中如果有一个更高优先级的线程进入可运行状态，则这个更高优先级的线程立即被调度执行。

Thread 类中，以下方法已被弃用。

（1）suspend()：如果线程是活动的，则调用该方法后线程将被挂起，除非调用 resume() 方法，否则不会进行进一步的处理。该方法容易导致死锁。

（2）resume()：如果线程处于活动状态但已挂起，则调用该方法会恢复该线程并允许其继续执行。该方法容易导致死锁。

（3）stop()：强制中止线程的执行。该方法不安全。

在 Java 的顶级父类 Object 中，声明了如下几个方法，常用于线程同步过程中的通信。

（1）wait()：让当前线程等待，直到被通知或中断等方式唤醒。带参数的重载方法允许指定等待的时间。

（2）notify()：通知以唤醒一个等待的线程。

（3）notifyAll()：通知以唤醒所有等待的线程。

使用 Thread 类来开发多线程应用的基本步骤如下。

（1）继承 Thread 类，设计一个 Thread 的子类。

（2）在子类中重写 Thread 类的 run()方法，在重写方法中编写所需的具体功能代码。

例 13.1 给出了一个倒计数器的例子，通过创建 Thread 的子类对象的方式获得线程对象。第 19、20 行分别创建了两个线程对象，它们内部各自含有一个计算项 count，因此线程运行时是进行独立倒计数。由于线程是并发执行的，因此输出的信息具有随机性，例 13.1 程序之后附上一种运行结果。第 9 行用于获取当前线程对象的名称和执行线程的名称，通过 Thread 的静态方法 currentThread()获取当前的执行线程信息。从本例的运行结果可见，当前线程对象和执行线程对象是一致的。

【例 13.1】 ThreadDemo.java

```
1:    class CountdownT extends Thread{
2:        int count;
3:        String tag;
4:        CountdownT(int count, String tag){
5:            this.count=count;
6:            this.tag=tag;
7:        }
8:        public void run() {
9:            System.out.println("当前线程名:"+this.getName() + ",执行线程名:"+
              Thread.currentThread().getName());
10:           while(count>0) {
11:               System.out.print(tag+count+"\t");
12:               count--;
13:           }
14:           System.out.print(tag+"倒计数结束!");
15:       }
16:   }
17:   public class ThreadDemo {
18:       public static void main(String[] args) {
19:           new CountdownT(10,"@").start();
20:           new CountdownT(10,"$").start();
```

```
21:        }
22:    }
/* * 一种运行结果:
当前线程名:Thread-0,执行线程名:Thread-0
当前线程名:Thread-1,执行线程名:Thread-1
@10  $10  @9  $9  @8  $8  @7  $7  @6  $6  @5  $5  @4  $4  @3  $3  @2  $2  @1
$1   $倒计数结束! @倒计数结束!
*/
```

为了让计数项 count 由多个线程共同操作,即共享 count 变量,例 13.2 给出了一种实现方式。程序第 1～6 行包装了计数项 count;在第 26、27 行为线程对象传入共享的计数数据。

【例 13.2】 **ThreadDemo2.java**

```
1:  class CountData{
2:      int count;
3:      CountData(int count){
4:          this.count=count;
5:      }
6:  }
7:  class CountdownT2 extends Thread{
8:      CountData data;
9:      String tag;
10:     CountdownT2(CountData data, String tag){
11:         this.data=data;
12:         this.tag=tag;
13:     }
14:     public void run() {
15:         System.out.println("当前线程名:"+this.getName()+",执行线程名:"+
                Thread.currentThread().getName());
16:         while(data.count>0) {
17:             System.out.print(tag+data.count+"\t");
18:             data.count--;
19:         }
20:         System.out.print(tag+"倒计数结束!");
21:     }
22: }
23: public class ThreadDemo2 {
24:     public static void main(String[] args) {
25:         CountData shareData=new CountData(10);
26:         new CountdownT2(shareData,"@").start();
27:         new CountdownT2(shareData,"$").start();
28:     }
29: }
/** 一种运行结果:
当前线程名:Thread-0,执行线程名:Thread-0
当前线程名:Thread-1,执行线程名:Thread-1
@10  $10  @9  $8  @7  $6  @5  $4  @3  $2  @1   $倒计数结束! @倒计数结束!
*/
```

13.2.2　线程的控制

JVM 运行时间系统负责 Java 线程的调度,而开发者可以通过为线程设置优先级来控制多个线程的并发优先顺序,以及通过设置标志来控制线程的结束。

在优先顺序控制方面,例如,修改例 13.1 中第 17～22 行的 ThreadDemo 类,代码如下:

```
 1:   public class ThreadDemo {
 2:      public static void main(String[] args) {
 3:          Thread t1=new CountdownT(10,"@");
 4:          Thread t2=new CountdownT(10,"#");
 5:          t1.setPriority(1);        //最低优先级
 6:          t2.setPriority(10);       //最高优先级
 7:          t1.start();
 8:          t2.start();
 9:      }
10:   }
/** 一种运行结果:
当前线程名:Thread-1,执行线程名:Thread-1
当前线程名:Thread-0,执行线程名:Thread-0
#10  #9  #8  #7  #6  #5  @10  #4  #3  #2  #1  #倒计数结束! @9 @8  @7  @6  @5
  @4  @3  @2  @1  @倒计数结束!
* /
```

程序中第 5、6 行分别为 t1 和 t2 线程设置不同优先级,通过多次运行的结果发现,线程 t2 的输出信息一般会比线程 t1 的靠前,反映了 t2 优先于 t1 执行。

在线程的结束控制方面,早期的设计中,通过调用线程对象的 stop()方法来强制中止线程,然而这种方式很不安全,易造成不可预期的后果,因此后来不再推荐这种方式。一种比较通用的做法是通过设置标志来控制线程中止。在例 13.3 中,功能线程类含有一个 shouldStop 标志变量,表示线程是否应中止。第 4 行在线程工作过程中不停地检测是否满足中止条件。在第 25 行,主方法线程通过调用 stopThread()方法来设置功能线程对象的标志变量,从而引发工作线程放弃执行,获得线程中止的效果。

【例 13.3】　ThreadStop.java

```
 1:   class WorkThread extends Thread {
 2:      private boolean shouldStop = false;
 3:      public void run() {
 4:          while(!shouldStop) {
 5:              try {
 6:                  System.out.println("我在工作!");
 7:                  Thread.sleep(1000);      //模拟工作
 8:              } catch(InterruptedException e) {
 9:              }
10:          }
11:          System.out.println("我被停止工作了!");
12:      }
13:      public void stopThread() {
14:          shouldStop = true;
15:      }
16:   }
```

```
17:    public class ThreadStop {
18:        public static void main(String[] args) {
19:            WorkThread t = new WorkThread();
20:            t.start();
21:            try {
22:                Thread.sleep(3000);        //让主线程运行一段时间
23:            } catch(InterruptedException e) {
24:            }
25:            t.stopThread();
26:        }
27:    }
/*  运行结果：
我在工作！
我在工作！
我在工作！
我被停止工作了！
*/
```

13.2.3　Runnable 接口

假设一个窗体应用程序需要多线程的支持，由于 Java 单继承所造成的限制，如果设计的窗体类继承了 JFrame 类后，就无法再通过继承 Thread 类来开发多线程功能了，一种应变方式是通过实现 Runnable 接口来达成目的。

在 java.lang 包中提供的 Runnable 接口可由任何类去实现，而这些类的对象是准备在线程中执行的。该接口仅包含一个不带任何参数的 run()抽象方法，接口的定义如下：

```
public interface Runnable {
    public abstract void run();
}
```

Thread 类实质上是一个实现了 Runnable 接口的应用类。使用 Runnable 接口来开发多线程应用的基本步骤如下。

（1）实现 Runnable 接口，设计一个 Runnable 的实现类。

（2）在实现类中重写 run()抽象方法，在重写方法中编写所需的具体功能代码。

（3）创建该实现类的对象，为线程对象传递参数。

下面将例 13.1 改写为 Runnable 接口实现方式，如例 13.4 所示。

【例 13.4】　RunnableDemo.java

```
1:     class CountdownR implements Runnable{
2:         int count;
3:         String tag;
4:         CountdownR(int count, String tag) {
5:             this.count=count;
6:             this.tag=tag;
7:         }
8:         @Override
9:         public void run() {
10:            while(count>0) {
11:                System.out.print(tag+count+"\t");
12:                count--;
```

```
13:            }
14:            System.out.print(tag+"倒计数结束!");
15:        }
16:    }
17:    public class RunnableDemo {
18:        public static void main(String[] args) {
19:            new Thread(new CountdownR(10,"@")).start();
20:            new Thread(new CountdownR(10,"#")).start();
21:        }
22:    }
/* 运行结果:
@10  #10  @9  #9  @8  #8  @7  #7  @6  #6  @5  #5  @4  #4  @3  #3  @2  #2  @1
  #1  #倒计数结束! @倒计数结束!
*/
```

在多线程应用的开发时,一般采用实现 Runnable 接口的方式,这样一方面可以克服Java 单继承的局限;另一方面程序编写时不需要继承 Thread 类,显得较为优雅。

13.3 线程的同步

当多个线程同时访问同一个变量时,存取结果存在很大的随机性。如果某个线程修改了某个变量,其他线程无法保证在第一时间知道该变量值的改变,可能导致数据读写结果的混乱。举一个商品报价的例子,假设有两个人同时利用同一个报价牌进行报价,一个人报价笔记本,另一个报价笔记本计算机,程序见例 13.5。

【例 13.5】 TestSync.java

```
1:  public class TestSync {
2:      private Double price = 0.0;        //报价牌
3:      private void function(String product) {
4:          if(product.equals("笔记本")) {
5:              price = 12.0;
6:              System.out.println("笔记本,价格便宜!");
7:              try {
8:                  Thread.sleep(3000);
9:              } catch(InterruptedException e) {
10:                 e.printStackTrace();
11:             }
12:         } else {
13:             price = 12000.0;
14:             System.out.println("笔记本计算机,价格昂贵!");
15:         }
16:         System.out.println(product + "价格: " + price);
17:     }
18:     public void showInfo(String product) {
19:         function(product);
20:     }
21:     public static void main(String[] args) {
22:         TestSync t = new TestSync();
23:         new Thread(new Runnable() {
24:             public void run() {
```

```
25:                    t.showInfo("笔记本");
26:                }
27:        }).start();
28:        new Thread(new Runnable() {
29:            public void run() {
30:                t.showInfo("笔记本计算机");
31:            }
32:        }).start();
33:    }
34: }
/* 运行结果:
笔记本,价格便宜!
笔记本计算机,价格昂贵!
笔记本计算机价格: 12000.0
笔记本价格: 12000.0
*/
```

程序中定义了一个报价的功能方法 function(),其中,第 8 行让线程休眠 3s,以延迟显示笔记本的价格信息。第 23～32 行定义并启动两个线程,模拟分别报价笔记本和笔记本计算机的情况。从程序运行结果看,由于两个线程对共享数据 price 的无序存取,导致运行结果出现笔记本价格有问题。

在多线程环境下,当进行共享资源的存取时,可能导致非预期的、带有随机性的处理结果,带来了线程安全问题。该问题是由于全局变量或静态变量的共享特点引起的。在操作系统理论中,把共享的全局变量或静态变量称为临界资源,一次只允许一个线程使用;而访问临界资源的代码就称为临界区(critical section),临界区是一段供线程独占式访问的代码。多线程的并发处理一般通过同步措施来保证执行结果的正确性。同步机制本质上是通过对资源进行加锁的方式,让特定线程在特定时刻获得资源的访问权限,而排斥其他线程对该资源的访问。当多个线程在执行同一段代码时采用加锁机制,使每次的执行结果和单线程执行的结果都是一样的,不存在执行程序时出现意外结果,这就是线程安全的;反之,当没有加锁机制保护,有可能出现多个线程先后更改数据,造成所得到的结果数据存在不确定性的现象,这就是线程不安全的。

13.3.1 synchronized 关键字

线程同步的目的是保护线程共享的数据,在线程的并发处理过程中,维持内存的一致性。Java 在语法层面给出的 synchronized 关键字,支持便捷的线程同步设计。一个类的任何方法可以用 synchronized 进行修饰,把整个方法内的代码设置为临界区,当一个线程执行 synchronized()方法时,能保证在任何其他线程访问该方法之前完成自己的执行;其他线程如果试图执行这个正被执行的方法时必须等待,如此可以有效防止多线程处理时导致共享数据被破坏。把例 13.5 改进为同步处理方式,只需要对第 18 行的 showInfo()方法增加 synchronized 修饰符,代码如下:

```
public synchronized void showInfo(String product) {
    function(product);
}
/* 运行结果:
笔记本,价格便宜!
```

```
笔记本价格: 12.0
笔记本计算机,价格昂贵!
笔记本计算机价格: 12000.0
*/
```

从运行结果看,报价结果是正确的,而且在输出时,笔记本的报价信息没有被打乱,因此两种商品的输出信息都是连续的。

在设计同步处理时,也可以用 synchronized 修饰一个对象,后接一个代码块,表示该代码块是受同步控制的临界区。对例 13.5 进行的同步处理改造也可以采用以下方式,也可以获得正确的执行结果。

```
public void showInfo(String product) {
    synchronized (this) {
        function(product);
    }
}
```

该方式中,synchronized 修饰的对象是当前对象 this。此外,也可以指定一个数据成员作为同步对象,为了防止该数据成员被修改,可以声明为 final 常量。例如,在以下代码段中定义的 lock 对象,拟作为同步对象。

```
private final Double lock=0.0;
```

而 lock 对象也可以这么定义:

```
private final Object lock = new Object();
```

接下来,在以下代码段中,用 synchronized 来修饰 lock 对象,效果与修饰 this 对象类似。

```
public void showInfo(String product) {
    synchronized (lock) {
        function(product);
    }
}
```

13.3.2　线程的协调

在一般应用场景中,可以利用 synchronized 关键字来进行简单的同步处理。然而,当涉及更为复杂的业务需求时,就需要依靠更为细致的线程协调机制。Java 提供了必要的线程之间的通信机制,可实现并发处理在各个线程之间的协调。在 Java 的顶级父类 Object 中已经声明了 wait()、notfiy() 和 notifyAll() 等方法,线程之间可以利用这些 API 方法进行通信。

一个典型的案例是模拟生产-消费关系。例 13.6 定义了一个工作信息类 WorkInfo,该类还有两个同步的方法:一个是开展工作 doWork(),当工作完成时,将进行等待,否则进行工作,设置工作状态为完成,并发出通知;另一个是检查工作 doCheck(),当工作未完成时,将会进行等待,否则进行检查,设置工作状态为未完成,并发出通知。可以把开展工作看成生产者,检查工作看成消费者,工作状态被二者所改变。程序自第 28 行起定义可运行的 MyTask 类,可根据输入的标签参数确定该任务的类型:work 标签表示任务是进行工作,进行共 5 次的工作,每 2s 进行一次;check 标签则为检查工作,进行共 5 次的检查,每 1.5s 进行一次。程序中第 6、18 行用 wait()方法进行等待;第 13、25 行用 notifyAll()方法进行通知。第 59、60 行分别启动新线程,用于运行工作任务和检查任务。运行结果附在程序末尾,可以发现同步的效果是 5 次的工作任务和 5 次的检查任务交错执行。

【例 13.6】 TestWork.java

```
 1:    class WorkInfo{
 2:        boolean finished=false; //是否完成工作
 3:        synchronized void doWork(){
 4:            while(finished) {
 5:                try {
 6:                    wait();
 7:                } catch(InterruptedException e) {
 8:                    e.printStackTrace();
 9:                }
10:            }
11:            System.out.println("进行工作......工作结束。");
12:            finished=true;
13:            notifyAll();
14:        }
15:        synchronized void doCheck() {
16:            while(!finished) {
17:                try {
18:                    wait();
19:                } catch(InterruptedException e) {
20:                    e.printStackTrace();
21:                }
22:            }
23:            System.out.println("同步等待,发现已经完成工作!");
24:            finished=false;
25:            notifyAll();
26:        }
27:    }
28:    class MyTask implements Runnable{
29:        WorkInfo info;
30:        String taskType;
31:        MyTask(WorkInfo info, String taskType){
32:            this.info=info;
33:            this.taskType=taskType;
34:        }
35:        public void run() {
36:            for(int i=0;i<5;i++) { //进行 5 次
37:                if(taskType.equals("work")) {
38:                    try {
39:                        Thread.sleep(2000);
40:                    } catch(InterruptedException e) {
41:                        e.printStackTrace();
42:                    }
43:                    info.doWork();
44:                }
45:                else if(taskType.equals("check")) {
46:                    try {
```

```
47:                      Thread.sleep(1500);
48:                   } catch(InterruptedException e) {
49:                      e.printStackTrace();
50:                   }
51:                   info.doCheck();
52:               }
53:           }
54:       }
55:  }
56:  public class TestWork {
57:      public static void main(String[] args) {
58:          WorkInfo info=new WorkInfo();
59:          new Thread(new MyTask(info, "work")).start();
60:          new Thread(new MyTask(info, "check")).start();
61:      }
62:  }
/* 运行结果:
进行工作...工作结束。
同步等待,发现已经完成工作!
进行工作...工作结束。
同步等待,发现已经完成工作!
进行工作...工作结束。
同步等待,发现已经完成工作!
进行工作...工作结束。
同步等待,发现已经完成工作!
进行工作...工作结束。
同步等待,发现已经完成工作!
*/
```

在同步过程中,等待的线程必须被通知唤醒才能继续执行。如果调用了 wait()方法, 就应当有对应匹配的 notify()或 notifyAll()方法被调用,否则这个等待的线程将无休止地 等待下去。notify()方法通知的是一个等待的线程,如果有多个线程在等待,将随机选中其 中一个通知唤醒;而 notifyAll()方法则通知唤醒所有等待的线程。

对于多个线程之间的协作问题,如果设计不当,容易造成死锁(deadlock)现象。死锁是 指两个或两个以上的线程在运行过程中因争夺资源而造成的一种僵局,若无外力作用,这些 线程都将无法向前推进。简单来说,当两个线程各自都占有资源,二者却还需要对方的资 源,这样进入互相等待的僵持状态就是死锁现象。例 13.7 给出了死锁的案例。程序中的 doWork()方法和 support()方法都设计为类中的同步方法,在 doWork()方法中调用了 support()方法,这些方法的使用时需要锁定对方资源。因此,运行结果是张三和李四所在 的线程都在等待对方释放资源,进入死锁状态。

【例 13.7】　TestDeadlock.java

```
1:  class Person {
2:      String name;
3:      public Person(String name) {
4:          this.name = name;
5:      }
6:      public synchronized void doWork(Person friend) { //synchronized
7:          System.out.println(name + "在工作,需要" + friend.name + "的协助");
```

```
8:          try {
9:              Thread.sleep(1000);
10:         } catch(InterruptedException e) {
11:             e.printStackTrace();
12:         }
13:         friend.support(this);
14:         System.out.println(name + "完成工作!");
15:     }
16:     public synchronized void support(Person friend) { //synchronized
17:         System.out.println(name + "在协助" + friend.name);
18:     }
19: }
20: public class TestDeadlock {
21:     public static void main(String[] args) {
22:         Person p01 = new Person("张三");
23:         Person p02 = new Person("李四");
24:         new Thread(new Runnable() {
25:             public void run() { p01.doWork(p02);}
26:         }).start();
27:         new Thread(new Runnable() {
28:             public void run() { p02.doWork(p01);}
29:         }).start();
30:     }
31: }
/* 运行结果:
张三在工作,需要李四的协助
李四在工作,需要张三的协助
*/
```

在线程同步的应用中,有时要求某些线程需要等待其他线程结束才能继续执行,这时可以采用线程的联合进行处理。具体处理方式是:假设线程 t1 需要等待线程 t2 执行完,那么可以在 t1 执行时,调用 t2.join()方法,这时 t1 将暂停执行直到 t2 执行完毕。调用 join()方法时,还可以指定超时参数。

例 13.8 给出了运用线程的联合进行处理的例子。程序中定义了一个生产者 Product 类和一个消费者 Consume 类。分别启动 3 个线程,测试模拟一个消费者等待两个生产者完成任务的情景。其中,生产者和消费者同时启动,并发执行,但消费者必须等待两个生产者都结束执行后才能结束执行。关键的代码是程序中第 30、31 行在消费者执行时调用生产者的 join()方法。在程序末尾附上一种运行结果。由于两个生产者并发执行,消费者需要等待耗时较长的那个生产者结束任务,因此消费者的等待耗时约为该生产者的耗时。

【例 13.8】　TestJoin.java

```
1:  class Product implements Runnable {
2:      String pname;
3:      long msecond;
4:      Product(String pname, long msecond) {
5:          this.pname=pname;
6:          this.msecond=msecond;
7:      }
8:      public void run() {
```

```
 9:          System.out.println(pname+"开始生产...");
10:          long t1 = System.currentTimeMillis();
11:          try {
12:              Thread.sleep(msecond);
13:          } catch(InterruptedException e) {
14:              e.printStackTrace();
15:          }
16:          long t2 = System.currentTimeMillis();
17:          System.out.println(pname+"结束生产!"+(t2 - t1)+"(ms)");
18:      }
19:  }
20:  class Consume implements Runnable {
21:      Thread p1, p2;
22:      Consume(Thread p1, Thread p2) {
23:          this.p1 = p1;
24:          this.p2 = p2;
25:      }
26:      public void run() {
27:          System.out.println("消费开始...");
28:          long t1 = System.currentTimeMillis();
29:          try {
30:              p1.join();
31:              p2.join();
32:          } catch(InterruptedException e) {
33:              e.printStackTrace();
34:          }
35:          long t2 = System.currentTimeMillis();
36:          System.out.println("消费结束!"+(t2 - t1)+"(ms)");
37:      }
38:  }
39:  public class TestJoin {
40:      public static void main(String[] args) {
41:          Thread p1 = new Thread(new Product("产品 1",3000));
42:          Thread p2 = new Thread(new Product("产品 2",2000));
43:          Thread cc = new Thread(new Consume(p1, p2));
44:          p1.start();
45:          p2.start();
46:          cc.start();
47:      }
48:  }
/* 一种运行结果:
产品 1 开始生产...
产品 2 开始生产...
消费开始...
产品 2 结束生产! 2000(ms)
产品 1 结束生产! 3000(ms)
消费结束! 3000(ms)
*/
```

13.4　Java 并发包

利用 Java 平台提供的低层的 API 如 Thread 类进行并发程序设计时,要求开发者熟悉各种并发处理相关的 API,程序组织往往较为烦琐且易出错。为了简化 Java 并发程序的开发,自 JDK 5 开始,JDK 提供了一个功能强大的 java.util.concurrent(JUC) Java 并发开发工具包。该包提供了大量实用类和接口,面向高层框架级的并发处理,可提高并发软件的开发效率。该包主要由以下几个部分组成。

(1) locks 部分:锁相关的类,如读写锁、重入锁等。

(2) atomic 部分:原子变量类相关,构建非阻塞算法的基础类。

(3) executor 部分:线程池相关的类和接口。

(4) collections 部分:并发容器相关的类和接口。

(5) tools 部分:同步异步处理相关的类和接口,如信号量、栅栏等功能。

13.4.1　线程池

在前面的并发程序案例中,线程对象的创建需要利用 Thread 类,而对于线程的操作则是调用 API 来完成的。JUC 包提供了高层的线程管理工具,包括线程池这种高效的线程维护机制。线程池技术通过复用已创建的线程,减少创建和销毁线程所需的时间,加快任务处理的响应速度,同时便于统一监控和管理。JUC 包中的 Executors 工具类提供了以下几种创建线程池的静态方法。

(1) newCachedThreadPool()方法:创建一个线程池,该线程池将根据需要创建新线程,当以前构建的线程可用时将重用这些线程。线程池通常会提高执行大量短期异步任务的程序的性能。

(2) newFixedThreadPool()方法:创建一个线程池,该线程池重用固定数量的线程。在任何时候,最多这个固定数量的线程是活动的;如果在所有线程都处于活动状态时提交了其他任务,则它们将在队列中等待,直到有线程可用为止。

(3) newSingleThreadExecutor()方法:创建一个执行器,该执行器使用单个工作线程。其目的是保证任务按顺序执行,并且在任何给定时间最多仅有一个任务处于活动状态。

(4) newScheduledThreadPool()方法:创建一个线程池,该线程池可以安排命令在给定延迟后执行或定期执行。

(5) newWorkStealingPool()方法:创建工作窃取(work-stealing)型线程池,该线程池的大小是当前可用处理器的数量。

以上这些方法都可以返回 ExecutorService 接口的一个对象引用。ExecutorService 接口提供的主要方法包括:

(1) submit()方法:提交一个可带返回结果的任务以供执行,返回一个表示即将完成的任务执行结果对象。

(2) shutdown()方法:启动有序的任务关闭,在此关闭中执行以前提交的任务,但不接受执行任何新任务。

ExecutorService 接口扩展了 Executor 接口,Executor 接口仅含有一个抽象方法

execute()。

execute()方法：执行给定的任务。该任务可以在新线程、池线程或调用线程中执行，由 Executor 的具体实现决定。该方法的参数是一个 Runnable 任务对象。

把例 13.4 的 main()方法部分改采用线程池方式执行倒计时器任务，代码如下：

```
1:  public static void main(String[] args) {
2:      ExecutorService exec=Executors.newCachedThreadPool();
3:      //ExecutorService exec=Executors.newFixedThreadPool(8);
4:      exec.execute(new CountdownR(10,"@"));
5:      exec.execute(new CountdownR(10,"#"));
6:      exec.shutdown();
7:  }
```

代码中第 2 行创建缓冲线程池；也可以像第 3 行那样采用固定线程数的线程池方式，指定线程数为 8 个；第 4、5 行调用 execute()方法执行任务；第 6 行关闭线程池。

13.4.2　阻塞队列

JUC 包提供了几个实用的并发容器，包括阻塞队列如 BlockingQueue、线程安全列表如 CopyOnWriteArrayList、并发映射如 ConcurrentMap 等。这些并发容器是多线程条件下线程安全的常用数据结构，本节以 BlockingQueue 的应用为例。

BlockingQueue 通常用于一个线程负责生产对象，而另外一个线程负责消费这些对象的场景，而对象放入队列中，先被生产的先被消费。由于队列空间是有限的，如果队列到达临界点，那么生产线程就会阻塞，直到消费线程从队列中取走一个对象。如果队列是空的，那么消费线程将阻塞，直到生产线程把一个对象放入队列，如图 13.3 所示。

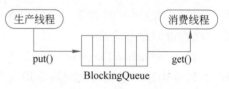

图 13.3　阻塞队列工作示意

BlockingQueue 是一个泛型接口，其包含常用的抽象方法有：

(1) put()方法：将指定的元素插入队列，必要时等待空间变为可用。

(2) take()方法：从队列中获取一个元素，必要时等待直到某个元素可用。

(3) add()方法：在不违反容量限制的情况下，立即将指定元素插入队列，若成功则返回 true，如果当前没有可用空间，则抛出异常。

(4) offer()方法：在不违反容量限制的情况下立即将指定的元素插入此队列，则在成功时返回 true；如果当前没有可用空间，则返回 false。由于不抛出异常，当使用容量受限的队列时，此方法通常比 add()方法更可取。

(5) remove()方法：从该队列中删除指定元素的单个实例。

BlockingQueue 接口的常用的具体实现类包括数组阻塞队列类 ArrayBlockingQueue、链表阻塞队列类 LinkedBlockingQueue、延迟队列类 DelayQueue 和同步队列类 SynchronousQueue 等。

例 13.9 给出一个供餐服务的例子，假设有一张空间有限的餐桌用于放置菜品，服务员按序供菜，放到餐桌上，客人按序从餐桌取菜。当餐桌满了，服务员需要等待；反之，当餐桌空了，客人需要等待。把餐桌定义为 BlockingQueue 对象，服务员和客人均需要对餐桌进行

操作，服务员对象调用 put()方法进行供菜，客人对象调用 get()方法进行取菜。程序第 43
行创建一个容量为 10 个元素的队列，所采用的具体阻塞队列类为 ArrayBlockingQueue。

【例 13.9】 DiningService.java

```
1:   import java.util.concurrent.*;
2:   class Waiter implements Runnable {              //服务员
3:       private BlockingQueue<String> table;      //餐桌
4:       public Waiter(BlockingQueue<String> table) {
5:           this.table = table;
6:       }
7:       public void run() {
8:           try {
9:               table.put("第 1 道菜");
10:              System.out.println("供第 1 道菜");
11:              Thread.sleep(1000);
12:              table.put("第 2 道菜");
13:              System.out.println("供第 2 道菜");
14:              Thread.sleep(1000);
15:              table.put("第 3 道菜");
16:              System.out.println("供第 3 道菜");
17:              Thread.sleep(1000);
18:              table.put("第 4 道菜");
19:              System.out.println("供第 4 道菜");
20:          } catch(InterruptedException e) {
21:              e.printStackTrace();
22:          }
23:      }
24:  }
25:  class Guest implements Runnable {              //客人
26:      private BlockingQueue<String> table;      //餐桌
27:      public Guest(BlockingQueue<String> table) {
28:          this.table = table;
29:      }
30:      public void run() {
31:          try {
32:              System.out.println("取"+table.take());
33:              System.out.println("取"+table.take());
34:              System.out.println("取"+table.take());
35:              System.out.println("取"+table.take());
36:          } catch(InterruptedException e) {
37:              e.printStackTrace();
38:          }
39:      }
40:  }
41:  public class DiningService {
42:      public static void main(String[] args) {
43:          BlockingQueue<String> table = new ArrayBlockingQueue<String>(10);
44:          Waiter waiter = new Waiter(table);
45:          Guest guest = new Guest(table);
46:          new Thread(waiter).start();
47:          new Thread(guest).start();
48:      }
49:  }
```

```
/* 运行结果:
供第 1 道菜
取第 1 道菜
供第 2 道菜
取第 2 道菜
供第 3 道菜
取第 3 道菜
供第 4 道菜
取第 4 道菜
*/
```

为了验证阻塞效果,对例 13.9 进行以下修改。

(1) 把第 18、19 行注释掉,这样仅供应 3 道菜,而客人仍然要取 4 次菜,那么最后一次只能等待,运行到最后出现客人线程阻塞现象。

(2) 让第 18、19 行仍保持工作,要供应 4 道菜,但修改第 43 行的队列参数,把队列容量改为 2;再把第 33~35 行注释掉,这样仅取 1 道菜,由于队列容量所限,供第 4 道菜时服务员只能等待,运行到最后出现服务员线程阻塞现象。

13.4.3　同步栅栏

多个线程任务在执行时,一种常见的同步方式是采用同步栅栏(barrier),可以使得一组线程互相等待,直到所有线程到达某个共同的执行点后再继续后续处理。同步栅栏的工作示意如图 13.4 所示,线程任务 T1~T4 各自独立执行,需要在同步栅栏处会合。对于已经执行完的任务需要等待其他任务的结束,例如,由于任务 T3 最晚结束,其他任务 T1、T2 和 T4 执行完后需要等待 T3 结束。各任务会合后,继续执行后续预定任务 T0。

JUC 包中的 CyclicBarrier 类是一个典型的同步栅栏工具,其特点是可重复使用(cyclic),即它可以在等待线程释放后重新使用。该类中常用的方法如下。

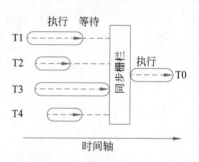

图 13.4　同步栅栏的工作示意

(1) await()方法:进行等待。带参数的重载方法可以指定等待的超时时间。

(2) reset()方法:将同步栅栏重置为初始状态。

(3) CyclicBarrier(int parties)构造方法:该方法的 parties 参数是同步等待任务的个数。另外还有额外带 Runnable 参数的重载形式,可为栅栏预定一个任务,当栅栏到达同步点时,执行该预定任务。

例 13.10 给出了一个模拟人员集合的例子。人员类 Person 是个可运行任务,包含有一个 CyclicBarrier 成员,在第 16 行调用 await()方法进行同步等待。第 25 行定义的栅栏对象带有预定任务,功能是在第 27 行打印提示信息,当所有人员到齐,将执行这个打印任务。

注意:CyclicBarrier 的任务个数参数 parties 应当与实际参与同步等待的任务个数一致,如果 parties 值超过任务个数,将造成空等待,线程无法正常结束;而如果 parties 值小于任务个数,则后完成的任务将被跳过。

【例 13.10】 Gathering.java

```
1:   import java.util.concurrent.*;
2:   class Person implements Runnable {
3:       private CyclicBarrier barrier;
4:       private String name;
5:       private long msec;
6:       Person(CyclicBarrier barrier, String name, long msec) {
7:           this.barrier=barrier;
8:           this.name=name;
9:           this.msec=msec;
10:      }
11:      public void run() {
12:          try {
13:              System.out.println(name+": 在赶过来的路上...");
14:              Thread.sleep(msec);
15:              System.out.println(name+": 已到达!");
16:              barrier.await();
17:          } catch(InterruptedException | BrokenBarrierException e) {
18:              e.printStackTrace();
19:          }
20:      }
21:  }
22:  public class Gathering {
23:      public static void main(String[] args) {
24:          int parties=3;   //同步等待的人数
25:          CyclicBarrier barrier = new CyclicBarrier(parties, new Runnable() {
26:              public void run() {
27:                  System.out.println("大家都齐了,出发吧!");
28:              }
29:          });
30:          ExecutorService exec=Executors.newCachedThreadPool();
31:          exec.execute(new Person(barrier,"张三",3000));
32:          exec.execute(new Person(barrier,"李四",1000));
33:          exec.execute(new Person(barrier,"王五",2000));
34:          exec.shutdown();
35:      }
36:  }
/* 运行结果:
张三: 在赶过来的路上...
李四: 在赶过来的路上...
王五: 在赶过来的路上...
李四: 已到达!
王五: 已到达!
张三: 已到达!
大家都齐了,出发吧!
*/
```

13.4.4 异步处理

计算机的异步处理是指在程序执行过程中,允许同时进行多个操作,而不必等待任何一个操作完成才能开始下一个操作。异步处理的优点在于可以充分利用多线程资源,提高程序的效率和响应速度。Java 的 JUC 包提供的 Future 接口代表异步计算的结果,该接口包含的重要抽象方法包括：

（1）get()方法：尝试获取任务执行结果。如果任务未完成，将会等待任务的结束以获取结果。

（2）cancel()方法：尝试取消执行当前任务。如果任务已完成、已取消或由于其他原因无法取消，则此尝试将失败。

FutureTask类是代表一种可取消的异步计算。这个类提供了Future的基本实现，包含了启动和取消任务、检查任务是否完成以及获取任务执行结果的方法。只有在任务完成后才能获取执行结果；如果任务尚未完成，则get()方法将被阻塞。一旦任务完成，就不能重新启动或取消任务。

实现Future接口的实用类除了FutureTask类外，还有CompletableFuture类和ForkJoinTask类等，这些类可以在特定的异步处理场景中选用。下面举一个简单的异步计算实例，该实例的功能仅仅是向线程池提交一个异步计算任务，并获取任务执行结果。程序如例13.11所示。程序中由于采用了面向接口编程方式，隐藏了具体实现细节，以至于连基本的FutureTask类的使用也不需要在程序中出现。在第16行调用newCachedThreadPool()方法，获得了一个ThreadPoolExecutor对象，向上转型为ExecutorService接口的对象引用exec()方法。第18行通过exec()方法调用submit()方法，实际上是调用了ThreadPoolExecutor类的父类AbstractExecutorService中定义的submit()方法，而该方法的功能是创建一个FutureTask对象。

由于本例需要返回任务计算结果，因此该任务实现了Callable接口。Callable接口仅含有一个call()抽象方法，开发者只需要重写该方法，在方法内实现计算功能并返回计算结果。

【例13.11】 CallableFutureDemo.java

```
1:   import java.util.concurrent.*;
2:   class ResultTask implements Callable<String>{
3:       @Override
4:       public String call() throws Exception {
5:           System.out.println("开始执行任务...");
6:           try {
7:               Thread.sleep(3000);
8:           } catch(InterruptedException e) {
9:               e.printStackTrace();
10:          }
11:          return "完成处理,结果返回!";
12:      }
13:  }
14:  public class CallableFutureDemo {
15:      public static void main(String[] args) {
16:          ExecutorService exec=Executors.newCachedThreadPool();
17:          System.out.println("提交任务...");
18:          Future<String> future = exec.submit(new ResultTask());
19:          try {
20:              System.out.println("获取结果: "+future.get());
21:          } catch(InterruptedException | ExecutionException e) {
22:              e.printStackTrace();
```

```
23:          }
24:          exec.shutdown();
25:      }
26: }
/* 运行结果:
提交任务...
开始执行任务...
获取结果:完成处理,结果返回!
*/
```

13.4.5 Fork/Join 框架

分治法是一种常用的解决问题思路,其主要思想是将一个规模为 N 的问题,分解成 K 个规模为 N/K 的子问题,这些子问题相互独立且与原问题性质相同;通过求解子问题的解,然后合并得到原问题的解。由于子问题的解决可以让不同的线程完成,因此分治法适合用于并发设计场景。自 JDK 7 开始,JUC 包增加了 Fork/Join 框架的相关支持,提供了一种特殊的线程池 ForkJoinPool,以及抽象类 ForkJoinTask 作为任务抽象。

ForkJoinPool 线程池与其他类型线程池的区别主要在于采用了工作窃取技术:池中的所有线程都试图查找和执行提交给池的任务,以及由其他活动任务创建的任务。通过该池可以高效地处理大规模的子任务或者新提交的小任务。

ForkJoinTask 类是在 ForkJoinPool 中运行的任务的抽象基类。ForkJoinTask 是一个类似线程的实体,但比普通线程轻量得多。由于对任务做了些限制,因此实现了仅由 ForkJoinPool 中的少量实际线程就可以处理大量的任务和子任务的能力。ForkJoinTask 是一种轻量级的 Future 异步处理方式,该类的主要方法包括:

(1) fork()方法:尝试安排以异步方式执行当前任务。

(2) join()方法:返回任务完成后的计算结果。

(3) get()方法:获取任务计算结果,如果任务未结束则等待。

(4) invoke()方法:开始执行当前任务,在必要时等待其完成,并返回其结果;如果任务执行时异常,则抛出异常。

JUC 包提供了继承自 ForkJoinTask 类的实用子类,如 RecursiveAction 类、RecursiveTask 类等,用于解决特定分治问题。下面举 RecursiveTask 类的应用为例。

假设需要对于指定区间范围内的连续整数进行求和。采用递归分治的方式进行处理,设置一个区间尺寸阈值,若区间尺寸落入这个阈值,则直接进行求和计算,否则对区间进行二分划分,如此递归进行处理。其工作原理如图 13.5 所示。该应用的程序实现如例 13.12 所示。

程序中第 5 行设置划分的区间尺寸阈值。在重写的 compute()方法中编写计算功能:第 12~18 行对落入阈值的区间直接进行求和计算。第 19~24 行对超出阈值的区间进行二分划分,生成子任务,其中,第 21、23 行指示子任务调用 fork()方法进行分支执行;第 24 行获取子任务结果并进行合并计算。第 30 行创建一个 ForkJoin 线程池,在第 31 行通过线程池对象调用 submit()方法提交任务,在第 32 行通过任务对象调用 get()方法获取异步计算结果。

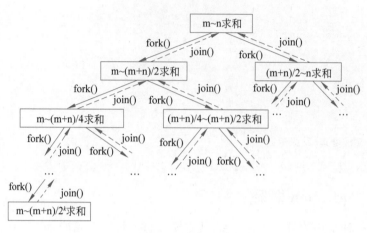

图 13.5   递归划分求和

【例 13.12】 GetSum.java

```
1:    import java.util.concurrent.*;
2:    class SumTask extends RecursiveTask<Long> {
3:        private long min;
4:        private long max;
5:        private long threshold = 1000;      //区间尺寸阈值
6:        public SumTask(long min, long max) {
7:            this.min = min;
8:            this.max = max;
9:        }
10:       @Override
11:       protected Long compute() {
12:           if((max - min) <= threshold) {
13:               long sum = 0;
14:               for(long i = min; i < max; i++) {
15:                   sum = sum + i;
16:               }
17:               return sum;
18:           }
19:           long middle = (max + min)/2;
20:           SumTask leftTask = new SumTask(min, middle);
21:           leftTask.fork();
22:           SumTask rightTask = new SumTask(middle, max);
23:           rightTask.fork();
24:           return leftTask.join() + rightTask.join();
25:       }
26:   }
27:   public class GetSum {
28:       public static void main(String[] args) throws Exception {
29:           long min = 555, max = 20000;
30:           ForkJoinPool pool = new ForkJoinPool();
31:           ForkJoinTask<Long> mytask = pool.submit(new SumTask(min, max));
32:           System.out.println("[" + min + ", " + max + "]的求和结果是: " +
             (mytask.get()+max));
```

```
33:        }
34:    }
/* 运行结果：
[555,20000]的求和结果是：199856265
*/
```

13.5 小结

采用多线程并发程序设计方式，充分利用多线程资源进行计算，对于提高应用程序的性能具有重要的意义。Java 在语言层面以及工具包层面提供了对多线程并发程序设计的良好支持，展现了作为一种并发程序设计语言的极大优势。Java 多线程编程的设计方式来自两个方面：一个是使用 Java 的基本 API 进行设计，包括利用 Thread 类创建线程对象、实现Runnable 接口以定义任务、使用 synchronized 关键字进行同步，以及利用 Java 线程的 API进行线程间的通信与协调；另一个是利用 Java 的并发工具包进行设计，包括线程池、阻塞队列、同步栅栏、Future 异步处理和 Fork/Join 框架的使用。

习题

1. 思考并回答以下问题。

（1）Java 线程的生命周期中有哪些状态？各状态之间如何转换？

（2）在什么情况下需要进行线程同步？Java 进行线程同步的方法有哪些？

2. 编写程序，创建 10 个线程，每个线程用 sleep()方法延时随机一段时间后，打印出本线程的特有信息。要求分别采用继承 Thread 类的方式和实现 Runnable 接口的方式来实现。

3. 编程模拟美食消费场景：一位厨师现场制作美食，两位顾客等着消费。假设每样美食制作时间不固定，每位顾客对每样美食的消费时间也不固定。厨师需要有顾客来取食时才会开始制作；而顾客消费完美食后才会再去取新的美食。要求分别用线程同步协调方式和阻塞队列方式来实现。

4. 编程模拟某机器的生产场景：5 个工人分别负责 5 个零件的生产，第 6 个工人负责最后的组装。零件的生产可以同时进行，但必须等所有零件备齐后，才能进行组装。要求分别采用 Java 线程同步方式和利用 Java 并发包的同步栅栏方式来实现。

第 14 章

网 络 编 程

内容提要：

☑ 网络基础	☑ UDP 编程
☑ URL 访问 Web	☑ Java RMI
☑ TCP Socket 编程	

网络编程是指使用编程语言进行网络通信和数据传输的开发。Java 是一种面向网络的编程语言，JDK 提供了丰富的可用于开发网络应用程序的库和 API。本章介绍利用 Java 开发常用网络应用的方法，包括利用 URL 访问 Web 资源、TCP Socket 编程、UDP 编程以及利用 Java RMI 开发远程调用服务等内容。

14.1 网络基础

14.1.1 网络

网络（network）是由若干节点和连接这些节点的链路组成的结构。多个网络还可通过路由器等设施进行互联，形成一个覆盖范围更大的网络，称为互联网。因特网（Internet）是连接全球计算机网络的巨型互联网，也称国际互联网。一般来说，计算机网络主要是由一些通用的、可编程的硬件互连而成的，而这些硬件具备通用性，能够用来传送多种不同类型的数据，并能支持广泛的应用。

计算机网络是一个非常复杂的系统，需要解决的问题很多并且性质各不相同。在早期的网络设计中，就出现了"分层"的思想，把庞大而复杂的网络处理和通信相关问题进行局部化处理。一个完整的网络体系结构是计算机之间相互通信的层次，以及各层中的协议和层次之间接口的集合。计算机网络结构模型通常采用 OSI（开发系统互联）七层模型或 TCP/IP 四层模型进行描述，网络的分层模型如图 14.1 所示。OSI 模型的七个层次从低到高包括物理层、数据链路层、网络层、传输层、会话层、表示层和应用层。而在 TCP/IP 模型中将应用层、表示层、会话层合并为应用层，又将数据链路层、物理层合并为网络接口层，形成了四层结构。这四个层次的基本功能如下。

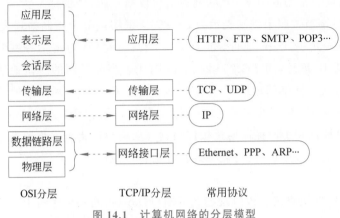

图 14.1　计算机网络的分层模型

（1）网络接口层用于控制组成网络的硬件设备和介质。

（2）网络层用于处理网络中传输的数据包，确定通过网络的最佳路径。

（3）传输层用于用户数据的传输，保证数据的可靠传输，进行流量控制和拥塞控制等。

（4）应用层用于向用户提供数据编码和对话控制。

OSI 模型虽然是国际标准化组织（ISO）提出的，但总体较为复杂，不利于工程实施；而 TCP/IP 分层模型更适合于工程实践，得到了广泛应用。

14.1.2　网络协议

网络协议（protocol）指计算机网络中互相通信的对等实体之间交换信息时所必须遵守的规则的集合。对等实体通常是指计算机网络体系结构中处于相同层次的信息单元。例如，处在互联中的 A 和 B 两台计算机，以分层模型的角度看，A 机的传输层和 B 机的传输层是对等实体；同样地，A 机的网络层和 B 机的网络层也是对等实体。网络协议包括以下三个要素。

（1）语法：定义收发双方所交换的信息的格式。

（2）语义：定义收发双方所要完成的操作。

（3）同步：定义收发双方的时序关系。

在协议的控制下，两个对等实体间的逻辑通信使得本层能够向上一层提供服务；要实现本层协议，还需要使用下面一层所提供的服务。这里所指的服务是垂直的，即网络的下一层为上一层提供服务；相对而言，协议是水平的，反映了两个对等实体之间的交互关系。作为计算机网络软件的开发人员，需要熟悉基于网络协议的编程方法。常用的网络协议包括 TCP、IP、UDP、HTTP 等，简介如下。

1. TCP

TCP 即传输控制协议，是一种面向连接的、可靠的、基于字节流的通信协议。TCP 通信时，每发出一个数据包都要求确认，如果有一个数据包丢失，就收不到确认，发送方就必须重发这个数据包。为了保证传输的可靠性，TCP 协议建立了三次对话的确认机制，即在正式收发数据前，必须和对方建立可靠的连接。

2. IP

IP 即互联网协议，通过约定地址编码，使得人们能够区分网络中不同的主机，这些地址就是所谓的 IP 地址。常用的 IPv4（互联网通信协议第 4 版）中的地址为 32 位，用 4 字节表示一个 IP 地址，每字节按照十进制表示为 0～255。采用点分十进制格式表示，就是用 4 组 0～255 的数字来表示一个 IP 地址，如 192.168.1.1。此外，约定了一些特殊的 IP，例如 127.0.0.1 代表本机 IP 地址，而 255.255.255.255 则代表当前子网的广播地址。IP 地址分为两部分：前面部分代表网络的地址；后面部分表示该主机在局域网中的地址。如果两个 IP 地址在同一个子网内，则它们的网络地址一定相同。为了判断 IP 地址中的网络地址，IP 引入了子网掩码，IP 地址和子网掩码通过按位与运算后就可以得到网络地址。IP 具体规定了数据分组（packet，又称数据包）的封装格式及分组转发规则。

3. UDP

UDP 即用户数据报协议。该协议定义了端口（port），同一个主机上的每个应用程序都需要指定唯一的端口号，并且规定网络中传输的数据报（datagram）必须加上端口信息，当数据报到达主机以后，就可以根据端口号找到对应的应用程序了。这里端口的作用在于标识不同进程通信的地址，是逻辑上的端口而非物理端口。端口号的范围为 0～65 535，其中 0～1023 的端口称为系统端口或常用端口，这些端口由操作系统或者常用应用程序使用；其余端口则是动态端口，由应用程序自己选择。UDP 比较简单，实现容易，数据传输效率高；但由于没有确认机制，数据报一旦发出，无法知道对方是否收到，因此可靠性较差。

4. HTTP

HTTP 即超文本传输协议。该协议是一个简单的请求-响应协议，提供了访问超文本信息的功能，是 WWW 浏览器和 WWW 服务器之间的应用层通信协议。WWW（World Wide Web，万维网，简称 Web）是基于客户机/服务器方式的信息发现技术和超文本技术的综合。WWW 服务器通过超文本标记语言（HTML）把信息组织成为图文并茂的超文本，而利用超链接（hyperlink）支持从一个站点跳到另一个站点。HTTP 指定了客户端可能发送给服务器什么样的消息以及得到什么样的响应；Web 使用 HTTP 来传输各种超文本页面和数据。

14.1.3　套接字

Socket（套接字）是对网络中通信端点的抽象。套接字提供了应用层进程利用网络协议交换数据的机制。从其所处的位置来讲，套接字连接了上层的应用进程和下层的网络协议栈，是应用程序之间通过网络协议进行通信的接口，也是应用程序与网络协议栈进行交互的接口。两个主机在通信过程中，其中一个网络应用程序将要传输的一段信息写入它所在主机的 Socket 中，该 Socket 通过网络传输介质将这段信息发送到另外一台主机的 Socket 中，使对方能够接收到这段信息。Socket 的配置由 IP 地址和端口结合，提供向应用层进程传送数据包的机制。

套接字的表示格式是点分十进制的 IP 地址后接端口号，中间用冒号或逗号隔开。每一个传输层连接唯一地被通信的两个端点（即由两个套接字）所确定。例如，若 IP 地址是 210.34.122.15，而端口号是 33，则对应的套接字为 210.34.122.15:33。根据套接字的工作方式不同，可以将套接字调用分为面向连接服务的，如 TCP 套接字，以及无连接服务的，如 UDP 套接字。

14.2　URL 访问 Web

　　URL(统一资源定位器)是在因特网的万维网服务程序上用于指定信息位置的表示方法。已经被万维网联盟(W3C)认定为互联网的一个国际标准。URL 一般由 4 部分组成:协议、主机、端口、路径。URL 的一般语法格式如下,其中带方括号的为可选项:

> 协议: //主机名 [: 端口]/路径 /[:参数][?查询][#片段]

　　例如,https://www.test.com:8080/news/index.asp?testID=5&myID=2233#name。
　　与 URL 相关的一个概念 URI(统一资源标识符)指能够唯一标记一个网络资源的符号,该定义较为宽泛,没有规定资源的具体标识方式。而 URL 是一种定位资源的具体方式,是 URI 的实现方法之一。
　　JDK 的 java.net 包提供了大量实现网络应用程序的类。java.net 包中的 API 可以大致分为两类:一类是低级 API,用于处理以下对象。
　　(1) 地址:网络标识符,如 IP 地址。
　　(2) 套接字:提供基本的双向数据通信机制。
　　(3) 接口:用于描述网络接口。
　　另一类是高级 API,处理以下对象。
　　(1) URI:表示通用资源标识符。
　　(2) URL:表示统一资源定位器。
　　(3) URLConnection:表示 URL 指向的资源的连接。
　　java.net.URL 类表示统一资源定位器,是指向万维网上资源的指针。这些资源可以是简单的文件或目录,也可以是对更复杂对象的引用,例如对数据库或搜索引擎的查询。利用 java.net 包提供的 URL 类访问 Web 的步骤如下。
　　(1) 创建一个 URL 对象。
　　(2) 通过 URL 对象,调用 openStream()方法获取一个输入流对象;或者调用 openConnection()方法返回 URLConnection 对象,再通过该对象获取 I/O 流对象。
　　(3) 操作流对象。
　　(4) 关闭流对象。
　　调用 openStream()方法方式仅能读取 URL 资源,引入 URLConnection 对象进行操作的方式则可以更灵活地实现对 URL 资源的读写。抽象类 URLConnection 是应用程序和 URL 之间的通信连接的所有类的超类。此类的实例既可以用于从 URL 引用的资源进行读取,也可以用于向 URL 引用的源进行写入。该抽象类把大部分工作委托给底层协议处理程序,如 HTTP 或 HTTPS。
　　例 14.1 利用 URL 对象访问 Web 网站,通过读取输入流方式获取指定网址对应的网页数据,然后在控制台输出。也可以把网页数据保存为页面文件,再用浏览器查看。程序中第 7 行通过 URL 对象获得一个 URL 连接对象;第 8 行通过该对象获取输入流,以便于读取数据。
　　【例 14.1】　TestURL.java

```
1:   import java.net.*;
2:   import java.io.*;
```

```
 3:    public class TestURL {
 4:        public static void main(String[] args) {
 5:            try {
 6:                URL url = new URL("https://www.baidu.com");
 7:                URLConnection conn = url.openConnection();
 8:                BufferedReader dis = new BufferedReader(new InputStreamReader
                   (conn.getInputStream()));
 9:                String line;
10:                while((line = dis.readLine()) != null) {
11:                    System.out.println(line);
12:                }
13:                dis.close();
14:            } catch(IOException e) {
15:                e.printStackTrace();
16:            }
17:        }
18:    }
/* 运行后的局部结果:
<!DOCTYPE html>
<!--STATUS OK--><html> <head><meta http-equiv=content-type content=text/
html;charset=utf-8><meta http-equiv=X-UA-Compatible content=IE=Edge><meta
content=always name=referrer><link rel=stylesheet type=text/css href=
https://ss1.bdstatic.com/5eN1bjq8AAUYm2zgoY3K/r/www/cache/bdorz/baidu.min.css
><title>百度一下,你就知道...
*/
```

14.3 TCP Socket 编程

主机可以部署多个服务应用软件,为远程用户提供多个访问服务。每个服务打开一个Socket,并绑定到一个特定端口上,这样同一个主机的不同端口可以对应不同的服务。用户程序则通过 Socket 来访问特定的服务。对于提供服务的软件称为服务端(server),而使用这些服务的软件称为客户端(client)。以 TCP 为基础的网络应用为用户提供面向有连接的服务,稳定可靠,应用十分广泛。这些应用通常采用 TCP Socket 技术进行开发。

Java 的 java.net 包提供了对 Socket 编程的完整支持。常用的类有 java.net.Socket 和 java.net.ServerSocket 等。Socket 类实现了客户端套接字,即两台机器之间通信的端点。套接字的实际工作是由 SocketImpl 类的一个实例执行的,开发者一般只需要直接利用Socket 类进行操作,而无须关注其底层的具体实现。ServerSocket 类实现了服务器套接字。服务器套接字等待通过网络传入的请求,它根据该请求执行一些操作,然后可能向请求者返回一个结果。同样地,服务器套接字的实际工作由 SocketImpl 类的一个实例执行,开发者也无须关注其具体实现。

TCP Socket 的应用开发包括服务端的开发和客户端的开发。服务端的开发步骤如下:
(1) 创建一个 ServerSocket 对象,可指定端口号,如:

```
ServerSocket server = new ServerSocket(port);
```

该语句把 ServerSocket 对象绑定到指定的端口 port。如果 port 值为 0,则表示让系统自动分配端口号。

(2) 监听来自客户端的请求,建立 Socket 连接,如:

```
Socket conn = server.accept();
```

该语句通过 ServerSocket 对象调用 accept()方法进行监听,并接受客户端的连接请求。当响应请求后将建立一个 Socket 连接。

(3) 利用 Socket 进行数据通信。通过 Socket 对象获取 I/O 流,再利用对这些 I/O 流的操作,实现与客户端的通信。

(4) 关闭 Socket 连接及 ServerSocket 服务。调用对应的 close()方法完成连接关闭,以释放资源。

客户端的开发步骤如下。

(1) 创建一个 Socket 对象,需指定服务端对应的地址 host 和端口 port,如:

```
Socket conn = new Socket(host, port);
```

(2) 利用 Socket 进行数据通信。与服务端的开发类似,通过操作 Socket 对象中的 I/O 流实现与服务端的通信。

(3) 关闭 Socket 连接以释放资源。

一个采用 Java 开发的 TCP Socket 应用的交互过程如图 14.2 所示。

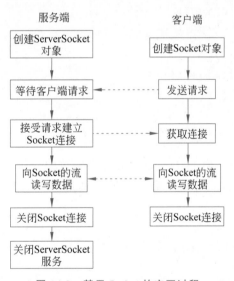

图 14.2 基于 Socket 的交互过程

以下的实例中,利用 TCP Socket 技术,设计服务端和客户端,进行简单的交互功能测试。例 14.2 为服务端程序。第 11 行创建一个服务套接字对象,指定端口为 4321;第 12 行获取一个 TCP 套接字对象,通过该对象获取相应的 I/O 流,这些流对象构成了服务端与客户端的连接管道,后续的数据通信通过对这些 I/O 流对象的读写操作来实现。第 17 行检测来自客户端发送的信息,如果是"quit"字符串则退出循环处理。当结束服务时,第 23～26 行对各个流对象和套接字对象进行关闭,以释放资源。

【例 14.2】 **Server.java**

```
1:    import java.net.*;
2:    import java.util.Scanner;
3:    import java.io.*;
4:    public class Server {
5:        public static void main(String[] args) {
6:            ServerSocket server;
7:            DataInputStream dis;
8:            DataOutputStream dos;
9:            Scanner keyin = new Scanner(System.in);   //
10:           try {
11:               server = new ServerSocket(4321);
12:               Socket conn = server.accept();
13:               dis = new DataInputStream(conn.getInputStream());
14:               dos = new DataOutputStream(conn.getOutputStream());
15:               while(true) {
16:                   String line = dis.readUTF();
17:                   if(line.equals("quit")) break;
18:                   System.out.println("收到客户端信息: " + line);
19:                   System.out.print("输入>> ");   //
20:                   line = keyin.next();   //
21:                   dos.writeUTF("返回... " + line);
22:               }
23:               dos.close();
24:               dis.close();
25:               conn.close();
26:               server.close();
27:           } catch(IOException e) {
28:               e.printStackTrace();
29:           }
30:       }
31:   }
```

例 14.3 为客户端程序。第 11 行创建与服务端一致的套接字对象,指定了服务端的 IP 和端口。后续的数据通信方式与服务端类似,也是通过 I/O 流的读写操作来实现。

【例 14.3】 **Client.java**

```
1:    import java.net.Socket;
2:    import java.util.Scanner;
3:    import java.io.*;
4:    public class Client {
5:        public static void main(String[] args) {
6:            Socket conn;
7:            DataInputStream dis;
8:            DataOutputStream dos;
9:            Scanner keyin = new Scanner(System.in);
10:           try {
11:               conn = new Socket("127.0.0.1", 4321);
12:               dis = new DataInputStream(conn.getInputStream());
13:               dos = new DataOutputStream(conn.getOutputStream());
```

```
14:            while(true) {
15:                System.out.print("输入>> ");
16:                String line = keyin.next();
17:                dos.writeUTF(line);
18:                if(line.equals("quit")) break;
19:                line = dis.readUTF();
20:                System.out.println("收到服务端信息: " + line);
21:            }
22:            dos.close();
23:            dis.close();
24:            conn.close();
25:        } catch(IOException e) {
26:            e.printStackTrace();
27:        }
28:    }
29: }
```

测试时,先运行服务端,让服务器处于就绪状态;然后运行客户端。先在客户端输入字符串,服务端进行响应;在服务端输入字符串,客户端也进行响应,继续在客户端输入字符串。如此进行交互,直到客户端输入"quit"字符串,服务端和客户端中止运行。测试获得的运行结果如图 14.3 所示。

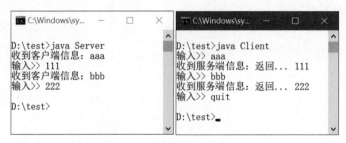

图 14.3 服务端与客户端交互

把例 14.2 中有关服务端键盘输入的代码去除,即把程序的第 9、19 和 20 行注释掉,如此仅在客户端进行输入操作,服务端仅进行响应,运行结果如图 14.4 所示。

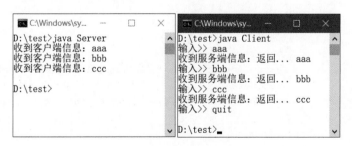

图 14.4 服务端响应客户端

尝试运行多个客户端,发现仅有一个客户端能有效与服务端连接,其他客户端则出现连接被重置的错误。其原因在于这个版本的服务端仅提供一个套接字连接,无法响应多个客户端的请求。为此,对例 14.2 服务端程序进行改进,使服务器可提供数量不限的套接字对象,考虑利用多线程技术为多用户提供连接。改进后的服务端程序如例 14.4 所示。

【例 14.4】 **ServerMulti.java**

```java
1:    import java.net.*;
2:    import java.io.*;
3:    class MyServer implements Runnable {
4:        private Socket conn;
5:        MyServer(Socket conn){
6:            this.conn=conn;
7:        }
8:        public void run() {
9:            DataInputStream dis;
10:            DataOutputStream dos;
11:            try {
12:                dis = new DataInputStream(conn.getInputStream());
13:                dos = new DataOutputStream(conn.getOutputStream());
14:                while(true) {
15:                    String line = dis.readUTF();
16:                    if(line.equals("quit")) break;
17:                    System.out.println("收到客户端信息: " + line);
18:                    dos.writeUTF("返回... " + line);
19:                }
20:                dos.close();
21:                dis.close();
22:                conn.close();
23:                System.out.println("连接关闭!");
24:            } catch(IOException e) {
25:                e.printStackTrace();
26:            }
27:        }
28:    }
29:    public class ServerMulti {
30:        public static void main(String[] args) {
31:            int port = 4321;
32:            ServerSocket server;
33:            Socket conn;
34:            try {
35:                server = new ServerSocket(port);
36:                while(true) {
37:                    conn=server.accept();
38:                    System.out.println ("已监听到远程客户主机[" + conn
                         .getInetAddress() + ": 端口" +conn.getPort () + "]");
39:                    new Thread(new MyServer(conn)).start();
40:                }
41:            } catch(IOException e) {
42:                e.printStackTrace();
43:            }
44:        }
45:    }
```

测试时,先启动服务端程序,然后启动多个客户端程序进行输入字符串操作。客户端程序仍然采用例 14.3。在本机进行实验,各个客户端的 IP 一样,但端口是不同的,由程序自动选定。运行结果如图 14.5 所示。

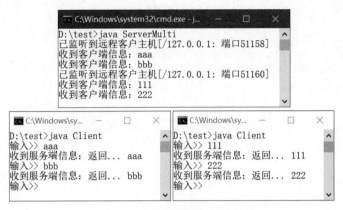

图 14.5 服务端响应多个客户端

14.4 UDP 编程

基于 UDP 的通信方式,无须在服务端和客户端之间建立持久连接,而且低延迟,可实现高效的数据传输。为了明确数据的目的地以及来源地,采用数据报(datagram)作为传输的对象。根据数据报中所包含的信息,消息可以从一台主机路由到另一台主机。从一台主机发送到另一台主机的多个数据报可能会有不同的路由,因此可能以任何顺序到达,然而数据报的传递没有保证一定成功。

Java 提供的 java.net.DatagramPacket 类用于描述数据报的数据包(packet),一个数据包内含有数据的来源地或目的地的地址和端口信息,适用于实现无连接的数据报传递服务。Java 的 UDP 服务端编程和客户端编程形式类似,一般开发步骤如下。

(1) 创建一个 DatagramSocket 对象,即建立数据报 Socket。

(2) 创建 DatagramPacket 对象,组织数据报的数据包内容,包括地址、端口信息和消息数据。

(3) 利用数据报 Socket 接收或发送 DatagramPacket 数据包。

(4) 关闭数据报 Socket,释放资源。

举个 UDP 应用开发的例子,该应用的基本功能和 14.3 节中的例子类似,当客户端输入字符串,服务端进行响应。本例使用 UDP 技术进行实现,例 14.5 是服务端程序;例 14.6 是客户端程序。

【例 14.5】 UDPServer.java

```
1:    import java.net.*;
2:    import java.io.IOException;
3:    public class UDPServer {
4:        public static void main(String[] args) {
5:            int port = 4321;
6:            DatagramSocket conn;
7:            DatagramPacket pack;
8:            System.out.println("UDPServer 服务端启动======>");
```

```
9:          try {
10:             conn = new DatagramSocket(port);
11:             while(true) {
12:                 byte[] msg = new byte[256];
13:                 pack = new DatagramPacket(msg, msg.length);
14:                 conn.receive(pack);
15:                 String clientInfo = "Client[" + pack.getAddress()
                        .toString() + ":" + pack.getPort() + "]";
16:                 String clientData = new String(pack.getData()).trim();
17:                 System.out.println(clientInfo + "的消息: " + clientData);
18:                 if(clientData.equals("exit")) break;    //退出的条件
19:                 String reply = "你好!" + clientInfo;
20:                 pack.setData(reply.getBytes());         //pack复用,内已含有
                                                            //地址及端口信息
21:                 conn.send(pack);
22:             }
23:             conn.close();
24:         } catch(IOException e) {
25:             e.printStackTrace();
26:         }
27:     }
28: }
```

例 14.5 中第 13 行创建一个数据报文数据包 pack 用于接收数据报文信息,包内开辟的存储空间是 msg,包内并不含有具体的 IP 地址和端口值信息(默认 IP 值为 null,端口值为－1)。执行第 14 行当接收到数据报文信息后,第 15 行就可以获取数据包的来源 IP 地址和端口信息了。第 20 行只设置数据包 pack 中的内容信息,没有创建新的数据包,因此没有改变原有的 IP 地址和端口信息,这样通过第 21 行发送,即可直接把信息发送到数据包的来源客户端。也可以从原有的数据包提取地址和端口信息,然后创建新数据包用于发送。

【例 14.6】 UDPClient.java

```
1:  import java.net.*;
2:  import java.util.Scanner;
3:  import java.io.*;
4:  public class UDPClient {
5:      public static void main(String[] args) {
6:          int port = 4321;
7:          String ipName = "127.0.0.1";
8:          DatagramSocket conn;
9:          Scanner keyin = new Scanner(System.in);
10:         DatagramPacket pack;
11:         System.out.println("UDPClient 客户端启动----->");
12:         try {
13:             InetAddress address = InetAddress.getByName(ipName);
14:             conn = new DatagramSocket();              //(port);
15:             while(true) {
16:                 System.out.print("输入>>");
17:                 String keyinfo = keyin.next();
18:                 if(keyinfo.equals("quit")) break;
19:                 byte[] msg = keyinfo.getBytes();
20:                 pack = new DatagramPacket(msg, msg.length, address, port);
```

```
21:                    conn.send(pack);
22:                    pack.setData(new byte[256]);  //留足够大的新空间; pack复用
23:                    conn.receive(pack);
24:                    String serverInfo = "Server[" + pack.getAddress()
                       .toString() + ":" + pack.getPort() + "]";
25:                    System.out.println(serverInfo + "的消息: " + new String
                       (pack.getData()).trim());
26:                }
27:            conn.close();
28:        } catch(IOException e) {
29:            e.printStackTrace();
30:        }
31:    }
32: }
```

例14.6中的第14行在创建数据报Socket时,没有指定端口值,则该客户端程序的端口将由系统自动分配,因此可以在同个主机上开启多个客户端程序,彼此不会造成端口冲突。

测试该应用时,先启动服务端程序,再启动多个客户端程序。分别在客户端处输入字符串,服务端将进行响应,打印出客户端的信息;然后,客户端也获取了来自服务端的响应信息,打印出服务端的信息。一种运行结果如图14.6所示。

图 14.6　UDP 响应测试

利用 UDP 进行一对多的通信,通常采用广播(broadcast)技术。广播是一种典型的一对多类型的通信,其目的是将数据报发送到网络中的所有节点。与点对点通信的情况不同,广播时不必知道目标主机的具体 IP 地址,而是使用广播地址。广播地址是一个逻辑地址,连接到网络的设备可以在该地址上接收数据包,例如 255.255.255.255 是本网络的广播地址。

广播时,数据包被发送到网络中的所有节点,而不管它们是否有兴趣接收,这容易造成资源浪费。多播(multicast,或称组播)技术解决了这个问题,它只向那些感兴趣的节点发送数据包。多播基于组成员概念,其中多播地址代表每个组。多播地址在IPv4中属于所谓的D类地址,其范围是 224.0.0.0~239.255.255.255。

Java 提供的 java.net.MulticastSocket 类用于实现多播服务。在广播端,MulticastSocket 对象用于发送 DatagramPacket 定义的数据包;在接收端,MulticastSocket 对象则用于接收 DatagramPacket 数据包。广播端和接收端都需要调用 joinGroup()方法以加入同一个广播组。

下面举一个组播服务应用的例子。一个广播端用于广播用户键盘输入的字符串;多个接收端将用于接收广播信息。广播端的程序如例 14.7 所示。

【例 14.7】　Broadcaster.java

```
1:    import java.net.*;
2:    import java.util.Scanner;
3:    import java.io.IOException;
4:    public class Broadcaster {
5:       public static void main(String[] args) {
6:          int port = 4321;
7:          String groupName = "239.255.255.1";
8:          MulticastSocket conn;
9:          DatagramPacket pack;
10:         Scanner keyin = new Scanner(System.in);
11:         System.out.println("启动广播服务=====> ");
12:         try {
13:            InetAddress groupIP = InetAddress.getByName(groupName);
14:            conn = new MulticastSocket(port);
15:            conn.joinGroup(groupIP);
16:            while(true) {
17:               System.out.print("输入广播信息>> ");
18:               String line = keyin.next();
19:               if(line.equals("quit"))
20:                  break;
21:               byte[] data = line.getBytes();
22:               pack = new DatagramPacket(data, data.length, groupIP, port);
23:               conn.send(pack);
24:            }
25:            conn.close();
26:         } catch(IOException e) {
27:            e.printStackTrace();
28:         }
29:      }
30:   }
```

接收端的程序如例 14.8 所示。注意,接收端的地址和端口应该和广播端的保持一致。

【例 14.8】　Receiver.java

```
1:    import java.net.*;
2:    import java.io.IOException;
3:    public class Receiver {
4:       public static void main(String[] args) {
5:          int port = 4321;
6:          String groupName = "239.255.255.1";
7:          MulticastSocket conn;
8:          DatagramPacket pack;
9:          System.out.println("接收广播信息----> ");
10:         try {
11:            InetAddress groupIP = InetAddress.getByName(groupName);
12:            conn = new MulticastSocket(port);
13:            conn.joinGroup(groupIP);
14:            while(true) {
```

```
15:                    byte[] data = new byte[512];
16:                    pack = new DatagramPacket(data, data.length, groupIP, port);
17:                    conn.receive(pack);
18:                    System.out.println("收到广播信息: " + new String(pack
                       .getData()).trim());
19:                }
20:            } catch(IOException e) {
21:                e.printStackTrace();
22:            }
23:        }
24:    }
```

测试广播功能,运行广播端程序和若干接收客户端程序,当在广播端输入字符串时,发现运行的所有客户端都收到了相同的广播信息,运行结果如图 14.7 所示。

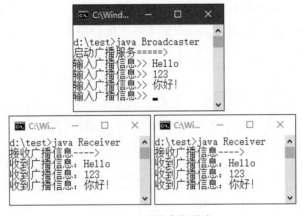

图 14.7　广播功能测试

14.5　Java RMI

支持分布式处理是 Java 的另一个优势。RMI(Remoting Method Invocation,远程方法调用)是 Java 提供的一个完善且简单易用的远程服务访问框架,采用客户/服务端通信方式,在服务端部署提供各种服务的远程对象,客户端通过请求访问这些远程对象的方法。RMI 框架采用代理来负责客户与远程对象之间的通信,而底层的通信利用 Socket 进行。RMI 框架为远程对象分别生成了客户端代理和服务器端代理:位于客户端的代理必被称为存根(stub),位于服务器端的代理类被称为骨架(skeleton)。以往需要利用 JDK 提供的 rmic 专用工具来生成静态的存根和骨架,但现在的 RMI 技术中,骨架不再必要,而静态存根已由动态生成的存根取代。RMI 的基本工作机制如图 14.8 所示。

开发 RMI 应用的一般步骤如下。

(1)定义一个远程服务接口,用以扩展 Remote 接口。

(2)设计一个远程服务实现类,继承自代理操作类 UnicastRemoteObject,并实现远程服务接口。

(3)创建一个服务端,注册远程服务对象,运行服务端。

(4)创建一个客户端,查找远程服务对象,调用远程方法。

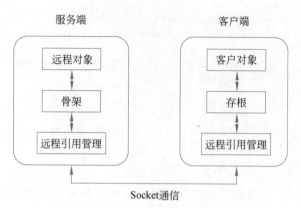

服务端　　　　　　　客户端

Socket通信

图 14.8　RMI 的基本工作机制

假设需要设计一个远程服务，提供用户求整数平方值的功能，用户用客户端远程访问该服务，本例应用 RMI 技术进行设计。首先定义一个远程服务接口，内含有一个求平方值的抽象方法，代码如下：

```
import java.rmi.*;
public interface SquaringService extends Remote{
    public int Squaring(int num) throws RemoteException; //求平方值
}
```

然后，设计该接口的远程服务实现类，代码如下：

```
import java.rmi.*;
import java.rmi.server.UnicastRemoteObject;
public class SquaringServiceImpl extends UnicastRemoteObject implements
SquaringService {
    protected SquaringServiceImpl() throws RemoteException {
        super();
    }
    @Override
    public int Squaring(int num) throws RemoteException {
        return num * num;
    }
}
```

必须显式地定义实现类的构造方法，以便抛出 RemoteException 异常。接下来，设计服务端的类，调用命名服务类 java.rmi.Naming 的 bind() 或 rebind() 方法进行服务注册，如例 14.9 所示。rebind() 方法中作为绑定参数的字符串应当带有 IP 地址信息，且和 setProperty() 方法设定的 IP 一致，否则将出现无法连接的错误。

【例 14.9】　MyServer.java

```
1:  import java.rmi.*;
2:  import java.rmi.registry.*;
3:  import java.io.IOException;
4:  public class MyServer {
5:      public static void main(String[] args) {
6:          try {
7:              SquaringService service = new SquaringServiceImpl();
```

```
8:            System.setProperty("java.rmi.server.hostname", "127.0.0.1");
9:            LocateRegistry.createRegistry(1089);
10:           Naming.rebind("rmi://127.0.0.1:1089/sqserver", service);
11:           System.out.println("RMI 服务已开启...");
12:       } catch(IOException e) {
13:           e.printStackTrace();
14:       }
15:   }
16: }
```

服务注册也可以采取调用 java.rmi.registry.Registy 接口的 bind()或 rebind()方法来
完成,如例 14.10 所示。

【例 14.10】 MyServer.java

```
1: import java.rmi.registry.*;
2: import java.io.IOException;
3: public class MyServer {
4:     public static void main(String[] args) {
5:         try {
6:             SquaringService service = new SquaringServiceImpl();
7:             Registry registry = LocateRegistry.createRegistry(1089);
8:             registry.rebind("sqserver", service);
9:             System.out.println("RMI 服务已开启...");
10:        } catch(IOException e) {
11:            e.printStackTrace();
12:        }
13:    }
14: }
```

最后,设计客户端的类、查找远程服务和调用远程方法。类似地,查找远程服务的方式
也有两种。一种是调用命名服务类 java.rmi.Naming 的 lookup()方法进行查找,代码如下:

```
import java.rmi.*;
import java.io.IOException;
public class ClientApp {
    public static void main(String[] args) {
        try {
            int num=Integer.parseInt(args[0]);
            SquaringService ss = (SquaringService)Naming.lookup("rmi:
            //127.0.0.1:1089/sqserver");
            int result = ss.Squaring(num);
            System.out.println(num+"的平方值: "+result);
        } catch(IOException | NotBoundException e) {
            e.printStackTrace();
        }
    }
}
```

另一种则是调用 java.rmi.registry.Registy 接口的 lookup()方法进行查找,代码如下:

```
import java.rmi.*;
import java.rmi.registry.*;
import java.io.IOException;
public class ClientApp {
```

```
public static void main(String[] args) {
    try {
        int num=Integer.parseInt(args[0]);
        Registry registry = LocateRegistry.getRegistry(1089);
        SquaringService ss = (SquaringService)registry.lookup("sqserver");
        int result = ss.Squaring(num);
        System.out.println(num+"的平方值: "+result);
    } catch(IOException | NotBoundException e) {
        e.printStackTrace();
    }
}
```

　　测试系统时,先运行服务端,让服务端处于就绪状态;再运行客户端,提供待计算的整数参数。一个运行结果如图 14.9 所示。

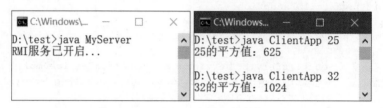

图 14.9　Java RMI 测试

14.6　小结

　　Java 提供了丰富的网络编程库和 API,使得开发者可以轻松地实现网络通信和数据传输的功能。开发者可以利用 Java 的 URL 相关类来访问 Web 资源;利用 ServerSocket 及 Socket 类来开发基于 TCP Socket 的应用;利用 DatagramSocket 等类来开发 UDP 类型的应用;利用 RMI 来开发远程服务访问类型的应用。

习题

　　1. 思考并回答以下问题。

　　(1) 网络协议的作用是什么?简单介绍一下常用的网络协议。

　　(2) TCP Socket 和 UDP 的区别是什么?简要说明二者在 Java 编程方面的差异。

　　2. 编写程序,根据用户给出的 URL 信息,访问 URL 指定的 Web 网站并返回页面结果。页面结果可保存为 HTML 文件或利用 HTML 可视化组件直接展示。

　　3. 编写程序,实现一个求平方值的网络应用。客户端接收用户输入的一个整数,发送到服务端,计算平方值后,把结果返回给客户端。要求利用 TCP Socket 完成网络通信。

　　4. 编写程序,实现一个文件传输的网络应用。由用户指定待传输的文件和传输目的地,将把该文件从一台计算机发送到另一台计算机。要求利用 UDP 完成网络通信。

第 **15** 章

Java Web编程

内容提要：

☑ Java Web 简介	☑ JSP 编程
☑ Web 前端技术	☑ 架构技术
☑ Servlet 编程	

在当今互联网世界中，Web应用无所不在，十分重要。Java Web是一种主流的Web应用开发技术。本章介绍Java Web编程所涉及的关键技术，包括Web前端技术、Servlet编程、JSP编程以及架构技术。

15.1 Java Web 简介

Web应用技术是指开发、部署和运行互联网应用的技术总称。Web应用是一种典型的分布式应用，由于信息交换需要涉及客户端和服务端，Web开发技术大体上也可划分出客户端技术和服务端技术两大类。

Java Web是一种主要采用Java来开发Web互联网领域应用的技术体系。在客户端应用方面，Java很早就提供了Applet技术，不过现在用得较少，目前客户端的开发主要采用HTML、CSS和JavaScript等通用技术。HTML是超文本标记语言，用于创建Web页面的结构和内容；CSS是层叠样式表，用于控制Web页面的样式和布局；JavaScript是一种脚本语言，用于创建交互式的Web页面，获得页面的动态效果。

Web服务端技术主要包括服务端脚本语言和数据库访问技术。Java提供了非常丰富、强大的服务端开发技术，例如，Servlet技术用于处理用户请求和业务逻辑；JSP技术用于创建动态Web页面；JDBC技术用于管理Web应用程序的数据库。

在开发Web应用时，前端开发主要进行Web页面的设计和交互效果处理，而后端开发则主要进行业务逻辑和数据的处理。对于大型的Web应用开发，前、后端开发工作通常由不同的开发人员负责，在开发过程中需要遵循良好的开发规范和流程，以确保Web应用程序的质量和开发效率。此外，在企业级Java Web应用开发时，往往需要依赖具有多层架构特征的 Java EE 平台,以便于简化系统开发,满足系统的性能需求。

15.1.1　Java Web 应用机制

Java Web 应用的基本工作机制如图 15.1 所示,主要涉及以下几方面。

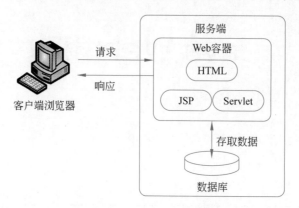

图 15.1　Java Web 应用的基本工作机制

(1) 客户端与服务端的交互。当客户端 Web 浏览器向服务器发送请求时,服务器会接收并处理这些请求,然后返回相应的响应。这个过程通常涉及对静态或动态页面的处理。

(2) 服务端编程。为了实现动态页面的请求处理,服务端需要使用一种或多种开发技术来创建动态内容。在 Java Web 中,Servlet 和 JSP 是常用的服务端编程技术。

(3) Web 容器。在 Java Web 应用中,Web 容器是一个重要的组成部分。它负责管理 Servlet 的生命周期,处理与客户端的连接,提供安全机制等。

(4) 请求和响应对象。在 Web 应用中,当客户端发送请求时,服务器会创建一个请求对象来封装这个请求的所有信息。同样,当服务器返回响应时,也会创建一个响应对象来封装响应的所有信息。

(5) 多线程处理。由于 Web 应用通常需要同时处理来自多个客户端的请求,多线程处理是 Web 应用中的一个重要机制。Web 容器负责管理和调度这些线程,以确保每个请求都能得到及时的处理。

总的来说,Java Web 应用机制涉及客户端和服务端的交互、服务端编程、Web 容器、请求和响应对象以及多线程处理等方面。这些机制共同协作,使得 Java Web 应用能够高效地处理和响应客户端的请求。

15.1.2　Java EE 框架技术

Java EE(Java Enterprise Edition,旧称 J2EE)即 Java 的企业版,是一组面向企业级 Web 开发的技术规范与指南,也是一种开发框架技术。最早由 Sun 公司制定并发布,后来由 Oracle 公司负责维护。在官方的 Java EE 平台中包含了十多项技术规范,包括 JNDI、EJB、RMI、Servlet、JSP、JMS、JPA、JTA、JavaMail 等。不过,这种所谓的经典 Java EE 技术在使用时被认为过于复杂,开发效率较低,并且很多技术需要依赖服务器中间件。在大量的工程项目实施过程中,人们倾向于采用轻量级的 Java EE 进行开发。

轻量级的 Java EE 保留了经典 Java EE 的部分技术规范,例如 Servlet、JSP、JPA、JTA、

JMS 和 JNDI 等,但整体框架更为简洁高效,开发和运行成本均更低。轻量级的 Java EE 通常部署在轻量级的 Web 容器中,如 Tomcat、Jetty 等,使之能够更快速地进行开发和部署。

目前流行的轻量级的 Java EE 框架包括 Spring 框架、Struts 框架、Hibernate 框架等。Spring 框架是一个功能强大的组件黏合剂,能够将所有的 Java 功能模块用配置文件的方式组合起来成为一个完整的应用。Struts 框架是一个功能强大的 MVC 架构,其优点包括类间的松散耦合、使用 OGNL 进行参数传递、强大的拦截器功能、易扩展的插件机制和易于测试。Hibernate 框架是一个功能强大的 ORM 工具,可以很方便地让数据库记录和 Java 的实体对象之间进行转换,而实体对象易于被 Java 所操作。

Java Web 和 Java EE 两个概念并非完全独立,Java EE 指 Java 平台的企业版,强调企业级应用程序的开发和部署,包含了 Java Web 的技术体系,同时还包括更多的技术和规范;而 Java Web 更关注于如何使用 Java 相关技术来构建 Web 应用,是 Java EE 的重要组成部分。

15.2　Web 前端技术

当前通用的 Web 前端技术主要包括 HTML、CSS、JavaScript 等基础技术和前端框架技术。这些技术具有跨平台的特性,也与衔接的 Web 服务端开发语言无关。

15.2.1　HTML

HTML(HyperText Markup Language,超文本标记语言)产生于 1990 年,1997 年 HTML 4 成为 W3C 推荐的互联网标准,并广泛应用于互联网应用的开发。2008 年正式发布的 HTML 5(简称 H5) 在 HTML 4.01 的基础上进行革新,以适应现代网络发展要求。2014 年 10 月,W3C 发布了 HTML 5 的最终版。HTML 5 是当前主流的 HTML 标准。

HTML 是构成网页的骨架,用于编写网页的结构和内容。HTML 是一种标记语言,通过不同的标记(或标签)来定义网页中的文本、图像、链接等元素。HTML 是与平台无关的语言,具备跨平台特性。

HTML 文档由 HTML 标签构成,每个标签可以包含一些内容或其他标签。标签代表特定语义,例如,<html>标签表示整个 HTML 文档,<head>标签包含文档的元数据(如标题和引用的样式表),而<body>标签包含实际的页面内容。HTML 标签可以包含一些属性,这些属性可以提供有关标签的更多信息。例如,<img>标签可以使用 src 属性来指定图像的 URL,<a>标签可以使用 href 属性来指定链接的 URL。

HTML 标签通常是成对出现的,即由开始标签和结束标签组成,例如,<p>为开始标签,</p>为对应的结束标签。有的标签并不是成对出现的,例如<img>、<input>等,称为自结束标签,有时对应也写作<img />和<input />。HTML 标签是大小写不敏感的,即大小写无关。

例 15.1 给出了一个简单的 HTML 页面代码,内含有多种常用的组件,该例在浏览器中显示的效果如图 15.2 所示。

图 15.2   HTML 页面

【例 15.1】   FirstPage.html

```
1:   <!DOCTYPE html>
2:   <html>
3:   <head>
4:   <title>我的网页</title>
5:   <meta charset="UTF-8">
6:   </head>
7:   <body>
8:       <h2>Hello!欢迎访问！</h2>
9:       <p>这是一个段落。</p>
10:      <ul>
11:          <li>列表项 1</li>
12:          <li>列表项 2</li>
13:      </ul>
14:      <hr>
15:      <label>请输入：</label>
16:      <input type="text" id="lname" name="lname">
17:      <input type="checkbox" name="gender" value="male">打钩选项
18:      <br>
19:      <input type="radio" name="yesno" value="yes">是
20:      <input type="radio" name="yesno" value="no">否
21:      <br>
22:      <button type="button">点我！</button>
23:      <a href="http://www.demo.com">这是一个链接</a>
24:      <img src="logo.png" alt="Java 图片">
25:  <!-- 注释内容 -->
26:  </body>
27:  </html>
```

本例的具体分析如下。

第 1 行的<!DOCTYPE html>标签是一个文档类型声明，表示该文档是一个 HTML 5 文档。第 2 行的<html>标签是个文档开始标签，表示整个 HTML 文档的开始，与其匹配的结束标签</html>在第 27 行。第 3 行的<head>标签包含了文档的元数据，如标题和字符集等。该例包含一个<title>标签和一个<meta>标签。第 4 行的<title>标签定义了文档的标题,它将显示在浏览器的标题栏或选项卡上。该例中定义了标题为"我的网页"。第 5 行的<meta>标签定义了文档的元数据,如字符集。该例中定义了字符集为 UTF-8。第 7 行开始的<body>标签包含了文档的实际内容,如标题、段落、列表、链接和图像等,与其匹配的结束标签</body>在第 26 行。该例<body>标签中包含了多个标签,如<h2>、<p>、<ul>、<a>和<img>等。第 8 行的<h2>标签定义了一个二级标题,以 24.5px 字号来显示文字。该例将在页面中显示"Hello! 欢迎访问!"标题。第 9 行的<p>标签定义了一个段落,它将以普通字体显示。第 10～13 行的<ul>和<li>标签定义了一个无序列表,每个列表项由<li>标签定义。第 14 行的<hr>标签用于绘制一条水平线。第 15 行的<label>标签是个文本标签,简单显示文字。第 16、17、19、20 行的<input>标签是输入标签,根据其 type 属性值的不同,可以表现为各种常用的输入组件。当标签的 type 属性值分别为 text、checkbox 和 radio 时,对应为文本输入框、复选框和单选框。name 属性值相同的单选框可以形成一个组,达到单选互斥效果。此外,如果 type 属性值为 button,则是一个按钮。第 18 行的
标签用于换行。第 22 行的<button>标签定义一个按钮。第 23 行的<a>标签定义了一个超链接,它将链接到一个指定的 URL。该例中,它链接到了一个名为 www.demo.com 的网站。第 24 行的<img>标签定义了一个图片对象,它将显示一个指定的图像文件。该例中,它显示了一个名为 logo.png 的图像文件,并使用 alt 属性提供了一个替代文本描述。第 25 行是 HTML 的注释,以<!--开始,以-->结束,内含有注释内容,可以跨行。注释内容不会显示在浏览器的页面上。

在编写 HTML 代码时,当标签有误时,例如标签名错误,或者成对的标签没有匹配时,一般会导致网页的显示问题,或者无法获得应有的显示效果。HTML 可以与其他 Web 前端技术,如 CSS 和 JavaScript 等结合使用,以实现更复杂和交互式的 Web 界面。

15.2.2　CSS

CSS(Cascading Style Sheet,层叠样式表)是用于描述网页上信息格式化和显示方式的样式表语言。它允许将样式信息与网页内容分离,使样式和内容可以独立变化。CSS 的主要目的是为 HTML 文档提供样式,包括字体、颜色、背景、整体排版等,这些样式规则由一个或多个样式属性和其对应的值组成,可以控制元素的外观和布局。CSS 的工作原理是,通过选择器选择目标元素,然后应用样式规则来对被选中的元素进行格式化。常用的 CSS 选择器包括:

(1)元素(名称)选择器。元素选择器根据 HTML 元素的名称来选择元素。例如,p 选择器会选择所有段落元素。

(2)类选择器。类选择器通过元素的 class 属性来选择元素。例如,.myclass 选择器会选择所有 class 为 myclass 的元素。注意,前面有个"."字符。

(3)ID 选择器。ID 选择器通过元素的 ID 来选择元素。例如,♯myid 选择器会选择 ID 为 myid 的元素。注意,前面有个"♯"字符。

(4)属性选择器。属性选择器根据元素的属性来选择元素。例如,input[type="text"]选择器会选择所有类型为 text 的输入框元素。

(5)伪类选择器。伪类选择器根据元素的特定状态来选择元素。例如,a:hover 选择器会选择鼠标悬停时的超链接元素。

（6）通配符选择器。通配符选择器可以选择所有的元素。例如，* 选择器会选择所有的元素。

（7）组合选择器。组合选择器可以通过组合上述所有选择器来创建更复杂的选择模式。例如，p.myclass 选择器会选择所有段落元素中 class 为 myclass 的元素。

CSS 选择器可以单独使用，也可以组合使用，以实现更精确或复杂的样式设计。CSS 既可以内嵌在 HTML 文档中，也可以作为外部文件单独使用，以便多个网页共享相同的样式。CSS 在 HTML 页面内定义时，可以在<head>部分通过<style>标签确定内部样式表。例 15.2 是一个使用了 CSS 的页面代码，该例在浏览器中的显示结果如图 15.3 所示。

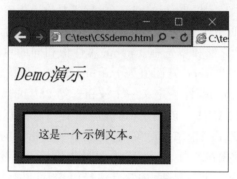

图 15.3　使用 CSS 的 HTML 页面

【例 15.2】　CSSdemo.html

```
1:    <!DOCTYPE html>
2:    <html>
3:    <head>
4:    <style type="text/css">
5:    .item1 { /* 类选择器 */
6:        background-color: yellow;
7:        padding: 20px;
8:        border: 3px solid black;
9:        margin: 10px;
10:   }
11:   #item2 { /* ID选择器 */
12:       background-color: red;
13:       border: 2px dotted green;
14:       width: 220px;
15:       height: 80px;
16:   }
17:   p { /* 元素(名称)选择器 */
18:       color: blue;
19:       font-style: italic;
20:       font-size: 25px;
21:   }
22:   </style>
23:   </head>
24:   <body>
25:       <p>Demo 演示</p>
```

```
26:          <div id="item2">
27:              <div class="item1">这是一个示例文本。</div>
28:          </div>
29:     </body>
30:     </html>
```

例 15.2 中的第 5~21 行定义了 3 个 CSS 选择器,分别属于 3 种不同类型的选择器。其中,item1 是一个类选择器;item2 是一个 ID 选择器,它们定义了不同的背景颜色、边距、边框和尺寸;p 是一个元素选择器,定义了文字颜色、斜体和字体大小。第 25 行的 p 元素将匹配 p 选择器;第 26 行的 div 元素将以 id 属性匹配 item2 选择器;第 27 行的 div 元素将以 class 属性匹配 item1 选择器。根据 CSS 的层叠规则,当同一个元素被多个样式定义时,会发生样式的覆盖和合并。在本例中,item1 和 item2 都对内部的 div 元素定义了背景颜色。由于 item1 的定义在 item2 之后,因此内部的 div 元素的背景颜色最终为黄色(item1 的属性值)。同时,内外两个 div 元素边距、边框和尺寸也会根据各自的定义进行渲染。通过该示例可以了解到:CSS 样式将根据选择器的优先级进行覆盖和合并,从而实现复杂的页面布局和样式效果。

对于例 15.2,改采用外部样式表方式实现:首先,把例 15.2 中第 5~21 行的 CSS 代码保存为一个全称为 mystyle.css 的 CSS 文件;然后,剩余的 HTML 页面代码改为例 15.3。主要的修改点在例 15.3 的第 4 行,利用<link>标签设置相关属性,其中 href 属性指向 CSS 文件。修改后在浏览器中可获得完全一致的显示结果。

【例 15.3】 CSSdemo2.html

```
1:    <!DOCTYPE html>
2:    <html>
3:    <head>
4:    <link rel="stylesheet" type="text/css" href="mystyle.css" />
5:    </head>
6:    <body>
7:        <p>Demo 演示</p>
8:        <div id="item2">
9:            <div class="item1">这是一个示例文本。</div>
10:       </div>
11:   </body>
12:   </html>
```

15.2.3 JavaScript

JavaScript 是互联网上广泛流行的一种脚本语言,用于实现网页的交互效果和动态功能。它可以操作 HTML 和 CSS 元素,响应用户事件,如鼠标的单击、滑动等,还可以与服务器进行通信,实现数据的动态加载和更新。需要注意的是,JavaScript 和 Java 是两种不同的编程语言,尽管它们的名字很相似,但它们的设计目的、语法和使用场景均不同,它们之间没有直接的关系。

与 CSS 的使用类似,在 HTML 页面设计时,通常有两种使用 JavaScript 的方式,其中一种是在 HTML 代码中,通过<script>标签引入 JavaScript 代码,例如:

```
<script type="text/javascript">
    //这里是 JavaScript 脚本代码
</ script >
```

另一种是将 JavaScript 代码保存为单独的.js 文件,然后在 HTML 文件中引入。例如,创建一个名为 script.js 的文件,并在 HTML 文件中引用,代码如下:

```
<script type="text/javascript" src="script.js"></ script >
```

例 15.4 给出了一个在 HTML 页面内使用 JavaScript 的例子。本例的运行结果如图 15.4 所示,单击左下角的"计算"按钮,将弹出一个消息对话框。

图 15.4 使用 JavaScript 的 HTML 页面

【例 15.4】 JSdemo.html

```
1:    <!DOCTYPE html>
2:    <html>
3:    <head>
4:    <meta charset="UTF-8">
5:    <script type="text/javascript">  <!-- 注意：JavaScript 脚本区分大小写 -->
6:        function calc() {
7:            var v = 12 * 5 + 8;
8:            document.getElementById("myText3").innerHTML = v
                //JavaScript 语句可以不用分号结束
9:            alert("计算结果是: " + v)
10:        }
11:   </script>
12:   </head>
13:   <body>
14:       <h3 id="timeTxt"></h3>
15:       <p id="myText1"></p>
16:       <p id="myText2"></p>
17:       <p id="myText3"></p>
18:       <button onclick="calc()">计算</button> <!-- 利用 onclick 事件,调用函数 -->
19:       <script type="text/javascript">
20:           timeTxt.innerHTML = new Date().toLocaleString()
21:           myText1.innerHTML = '【JavaScript 的演示】';
22:           var x = "";
```

```
23:                for(var i = 1; i < 5; i++) { //循环处理
24:                    if(i == 3)
25:                        x += "<hr>"
26:                    x = x + "<font size= "+i+">你好! Hello! size=" + i + "</font><br>"
27:                }
28:                document.getElementById("myText2").innerHTML = x;
29:        </script>
30: </body>
31: </html>
```

程序中第 6～10 行在 HTML 页面的 head 部分的 JavaScript 脚本区内,预先定义了一个计算函数 calc(),其中第 8 行中通过内置文档对象 document 定位到一个 ID 为 myText3 的元素(即第 17 行的<p>元素),把计算结果赋给该元素,即刷新元素的显示内容。第 9 行调用 alert()函数来弹出消息对话框。程序第 18 行的按钮属性中,利用 onclick 事件响应来调用 calc()函数。第 19～29 行是 HTML 页面的 body 部分的 JavaScript 脚本区,该区内的脚本将在页面加载时被执行。其中,第 20 行将把第 14 行<h3>元素的显示设置为当前日期和时间内容。第 22～27 行通过循环方式,获得一个字体信息字符串,在第 28 行把第 16 行 <p>元素的显示内容设置为该字符串。

15.2.4 前端框架及开发工具

前端框架是一种工具集,用于简化 Web 页面开发过程,提高开发效率。常见的前端框架包括 React、Vue、Angular 等。这些框架提供了丰富的组件和工具,可以帮助开发者快速构建复杂的前端应用。

常用的前端开发工具包括 Visual Studio Code、Sublime Text 和 WebStorm 等,开发者可根据项目需求和个人偏好选择一种合适的开发工具,以提高开发效率。

15.3 Servlet 编程

15.3.1 Servlet 简介

Servlet 是 Java Servlet 的简称,它是一种用 Java 编写的服务端程序,也被称为小服务程序或服务连接器。Servlet 具有独立于平台和协议的特性,主要功能在于交互式地浏览和生成数据,从而生成动态 Web 内容。Servlet 可以响应任何类型的请求,但大多数情况下,Servlet 主要用来扩展基于 HTTP 的 Web 服务器。与常用的 CGI(公共网关接口)实现的程序相比,Servlet 具有更好的性能。

Servlet 容器(或称为 Servlet 环境)用于执行 Servlet 的软件环境。Servlet 容器负责管理 Servlet 的生命周期,并提供一个运行环境,以及处理 Servlet 和用户的交互。常见的 Servlet 容器有 Apache Tomcat、Jetty、GlassFish 等,它们都能与 Java 应用程序一起工作,把 Java 应用程序的资源转换为 Web 服务器的资源。Servlet 容器内部运行着多个 Servlet,用户发送的 HTTP 请求将传给 Servlet 容器,然后 Servlet 容器根据请求信息来调用对应的 Servlet 处理请求,再返回处理结果给用户。Servlet 的基本工作机制:Servlet 运行在 Servlet 容器中,由 Servlet 容器来负责 Servlet 实例的查找、创建以及整个生命周期的管理,如图 15.5 所示。

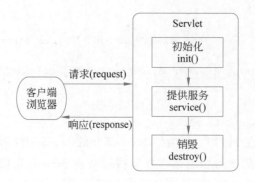

图 15.5　Servlet 的工作机制

Servlet 的生命周期包含以下几个阶段。

（1）加载和实例化阶段。当 Servlet 容器启动或者第一次请求某个 Servlet 时，将加载并创建 Servlet 对象实例。实例化时将调用 Servlet 的 init()方法进行初始化，可进行加载配置文件、建立数据库连接等操作。

（2）就绪与请求处理阶段。当 Servlet 初始化完成后，容器会将其放入就绪状态，表示已经准备好处理客户端请求。当客户端发起请求时，Servlet 容器会为每个请求创建一个新的线程，并调用 Servlet 的 service()方法处理请求。在 service()方法中读取请求数据、进行业务处理，并生成响应数据发送给客户端。

（3）销毁阶段。当 Servlet 容器关闭或者 Web 应用程序被卸载时，将调用 Servlet 的destroy()方法，执行一些清理工作，如关闭数据库连接、保存会话数据等。之后 Servlet 实例将被销毁并释放资源。

Servlet 规范是 Java Web 开发领域中的一个重要规范，也是 Java EE 规范的组成部分。Servlet 规范中定义了一些重要的接口和类，例如 Servlet、ServletRequest、ServletResponse、ServletConfig、HttpServletRequest、HttpServletResponse、GenericServlet、HttpServlet 等，这些接口和类放在 javax.servlet 与 javax.servlet.http 包内，主要的几个接口和类之间的关系如图 15.6 所示。

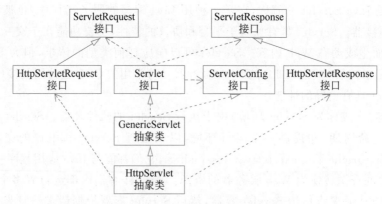

图 15.6　Servlet 中主要的接口与类

Servlet 接口是最核心的接口，它包含以下主要抽象方法。

（1）init(ServletConfig config)方法：由 Servlet 容器调用，进行初始化，把 Servlet 放入服务中。Servlet 容器在实例化 Servlet 之后只调用 init()方法一次。

（2）service(ServletRequest req,ServletResponse res)方法：由 Servlet 容器调用以允许 Servlet 响应请求。只有在 Servlet 的 init()方法成功完成后，才会调用此方法。

（3）destroy()方法：由 Servlet 容器调用，进行销毁，指示停止 Servlet 服务。只有在 Servlet 的服务方法中所有线程退出或超时后，才会调用此方法。

GenericServlet 和 HttpServlet 这两个抽象类实现了 Servlet 接口。在进行基于 HTTP 的 Web 应用开发时，大多数情况下，开发者只需要通过继承 HttpServlet 来设计自己的 Servlet 即可。设计的 HttpServlet 子类必须覆盖至少一个方法，通常是以下方法之一。

（1）doGet()方法：用于 HTTP GET 请求。

（2）doPost()方法：用于 HTTP POST 请求。

（3）doPut()方法：用于 HTTP PUT 请求。

（4）doDelete()方法：用于 HTTP DELETE 请求。

（5）init()和 destroy()方法：用于以管理 Servlet 生命周期中保留的资源。

（6）getServletInfo()方法：Servlet 用它来提供有关自身的信息。

由于 HttpServlet 类中的 service()方法通过将各种标准 HTTP 请求分派到每个 HTTP 请求类型的处理程序方法（上面列出的各 doXXX()方法）来处理这些请求，一般不要再重写 service()方法。

15.3.2　Servlet 的开发

Servlet 的开发是 Java Web 项目开发的重要组成部分。进行 Java Web 项目的开发需要两个基本环境：一个是运行环境，即 Web 服务器软件，一般可以选择主流开源的服务器，如 Tomcat；另一个是集成开发环境 IDE。开发者应选择合适的 IDE 进行开发，以提高开发效率。例如，选用企业开发版 Eclipse IDE，工程项目可以很方便地被直接部署到被关联的 Tomcat 服务器上，并在服务器上运行。有关运行环境和 IDE 的具体配置方法可以参考相关资料。本章实验使用的 Web 服务器为 Apache tomcat-8.5，而 IDE 选择企业开发版 Eclipse IDE Version：2020-03(4.15.0)。

Servlet 的开发过程包括创建、配置、部署和运行等步骤。

1. Servlet 的创建

以一个简单的 Servlet 的创建为例，该 Servlet 的功能是响应用户请求，输出一个 HTML 页面。程序如例 15.5 所示。

【例 15.5】　FirstServlet.java

```
1:    package demo;
2:    import java.io.*;
3:    import javax.servlet.*;
4:    import javax.servlet.http.*;
5:    public class FirstServlet extends HttpServlet {
6:        protected void doGet(HttpServletRequest request, HttpServletResponse
          response) throws ServletException, IOException {
7:            response.setContentType("text/html;charset=utf-8");
```

```
8:          PrintWriter out = response.getWriter();
9:          out.println("<HTML><HEAD><TITLE>第一个 Servlet</TITLE>
            </HEAD>");
10:         out.println("<BODY><h2>我的 Servlet 测试。Hello!</h2></BODY>
            </HTML>");
11:         out.flush();
12:         out.close();
13:     }
14:     protected void doPost(HttpServletRequest request, HttpServletResponse
        response) throws ServletException, IOException {
15:         doGet(request, response);
16:     }
17: }
```

该例中，创建自定义的 Servlet 类继承自 HttpServlet 类，类中重写了两个响应 HTTP 请求的主要方法 doGet()和 doPost()。

2. Servlet 的配置

Servlet 程序在部署到 Web 服务器之前必须进行配置。有如下两种常用的配置方式。

（1）使用 web.xml 配置文件。这是常用的传统配置方式，在工程项目的 web.xml 文件中，可以定义 Servlet 以及它们的各种设置。这种配置方式在应用启动时就会被读取并加载，而且所有的应用都可以访问这个配置文件。对于例 15.5 的配置部分信息如下：

```
<web-app ...>
...
    <servlet>
        <servlet-name>MyServlet</servlet-name>
        <servlet-class>demo.FirstServlet</servlet-class>
    </servlet>
    <servlet-mapping>
        <servlet-name>MyServlet</servlet-name>
        <url-pattern>/firstTest</url-pattern>
    </servlet-mapping>
</web-app>
```

即在 web.xml 文件的<web-app>元素内，添加<servlet>元素和<servlet-mapping>元素，分别指定 Servlet 的类为 demo.FirstServlet，URL 映射路径为/firstTest。

（2）使用@WebServlet 注解。自 Servlet 3.0 版本开始支持这种配置方式。该方式使用 Java 注解进行配置，与 XML 配置方式相比，它更加简洁，便于阅读。不过，其缺点是在应用启动时才被加载，因此对于一些在应用启动时就需要被执行的配置，就不适合采用这种方式。对于例 15.5 的配置采用如下注解方式：

```
import javax.servlet.annotation.WebServlet;
@WebServlet("/firstTest")
public class FirstServlet extends HttpServlet {
...
```

即在 Servlet 类的定义时使用@WebServlet 注解来指定这个 Servlet 的 URL 映射路径为/firstTest。使用注解时，需要引入 WebServlet 类。

3. Servlet 的部署

一般来说，可以把编译后的 Servlet 字节码，以及 web.xml 配置文件复制到服务器中

Web 应用程序所在的规定目录下,完成部署。也可以利用工具把程序资源打包后形成 WAR 安装包,再复制到服务器中规定目录下来完成部署。某些 Web 服务器还提供了应用程序管理界面,用户可以按管理界面的提示进行应用部署。

在开发和调试阶段,在企业开发版 Eclipse IDE 中,一种简单的部署及运行的方式是,直接选中要部署的 Servlet,然后右击,在弹出的快捷菜单中选择 Run As|Run On Server 选项,根据弹出的对话框运行服务,如图 15.7 所示。当未配置 Web 服务器时,首次运行将提示需要完成服务器配置。由于 IDE 集成了 Web 应用的快捷部署和运行功能,因此有效提高了开发和调试效率。

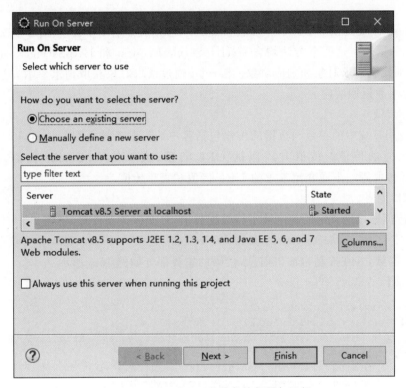

图 15.7　Eclipse IDE 中服务的部署与运行

4. Servlet 的运行

启动 Web 服务器并运行 Servlet 服务后,用户通过客户端浏览器来访问访问。对于本例,在客户端浏览器的地址栏内输入 URL 路径"http://localhost:8080/DemoServlet/firstTest"进行访问(注意字母大小写),页面显示结果如图 15.8 所示。

图 15.8　访问 Servlet 服务的结果

15.3.3　Servlet 相关技术要点

Servlet 服务过程中涉及多方面的技术要点,包括处理请求和响应、进行参数传值,以及控制的跳转等方面。

1. 请求与响应

GET 方式与 POST 方式是 HTTP 中最常见的两种请求方式。

（1）GET 方式：在请求行中提交数据，格式为：uri?param1＝value1&param2＝value2…。通过这种提交方式提交的数据会显示在浏览器地址栏上，安全性不够好；提交的数据长度有限制，且只能提交字符串数据。该方式只限于获取资源。

（2）POST 方式：在请求体中提交数据，数据参数不会在浏览器地址栏上显示，相对安全；提交数据没有长度限制，且可以提交任何数据，包括文件等。该方式可用于获取资源或修改资源。

HttpServlet 类提供的 doGet()方法和 doPost()方法分别用于处理 GET 方式的请求和 POST 方式的请求。这两个方法均含有 HttpServletRequest 和 HttpServletResponse 类型的参数，分别代表请求对象和响应对象。Servlet 通过请求对象获取请求参数，进行处理后，再通过响应对象返回响应。

2. 参数传值

Web 应用系统中的参数与数据的传输包括客户端与服务端之间的传值，以及服务端各服务单元之间的传值。传值方式包括 URL 传值、表单传值、Cookie 传值、Session 和 Application 传值等。下面介绍常见的 URL 传值和表单传值。

1）URL 传值

URL 传值通过网页中的超链接进行数据传值，提交服务器处理，举例如下。

创建一个名为 DemoServlet 的 Java Web 项目，定义一个 Servlet，用于获取 name 和 pwd 这两个参数，并在控制台输出信息，代码的主要部分如例 15.6 所示。

【例 15.6】　ValueServlet.java

```
1:   @WebServlet("/ValueServlet")
2:   public class ValueServlet extends HttpServlet {
3:       protected void doGet(HttpServletRequest request, HttpServletResponse
     response) throws ServletException, IOException {
4:           String name = request.getParameter("name");
5:           String pwd = request.getParameter("pwd");
6:           System.out.println("Servlet 获得参数值: name="+name+"; pwd="+pwd);
7:       }
8:       protected void doPost(HttpServletRequest request, HttpServletResponse
     response)
9:   throws ServletException, IOException {
10:          doGet(request, response);
11:      }
12: }
```

编写一个 HTML 页面程序，主要包含一个超链接，设置其 href 属性指向 Servlet 的服务路径，并给出需要传递的参数。代码如下：

```
<html>
<body>
<a href='ValueServlet?name=abc&pwd=123'>URL 传参数值</a>
</body>
</html>
```

在服务端启动运行该页面,若用户在页面单击链接,则在服务端的控制台输出"Servlet 获得参数值:name＝abc;pwd＝123"信息。

URL传值也可以通过在浏览器地址栏输入带参数的URL字符串,提交服务端。本例 的URL完整路径是"http://localhost:8080/DemoServlet/ValueServlet?name＝abc&pwd ＝123"。

2)表单传值

表单传值通过网页中的表单进行数据传值,提交服务端处理,举例如下。

Servlet仍使用例15.6的ValueServlet,不需要重新设计。编写一个HTML页面程序, 主要元素是一个表单(form),内含多个输入元素。代码如下:

```
<html>
<body>
<form action="ValueServlet" method='post'>
姓名: <input type='text' name='name'><br>
密码: <input type='text' name='pwd'><br>
<input type="submit" value='登录'>
</form>
</body>
</html>
```

由于例15.6中提供了对GET和POST请求方式的处理,因此<form>元素的method 属性可以是POST,也可以是GET。在服务端启动运行该页面,用户在"姓名"和"密码"文 本框内输入字串,提交服务端后,在服务端的控制台输出"Servlet获得参数值:name＝姓名 字串;pwd＝密码字串"信息。

3. 跳转

在某些情况下,需要在Servlet中执行一些业务逻辑后再将控制转移到另一个Servlet 或页面,即跳转。跳转通常可以采用以下两种方式。

1)请求转发

请求转发就是把请求的处理转发给另一个程序去处理,属于服务器内部资源的重分配。 请求转发需要通过HttpServletRequest对象执行getRequestDispatcher()方法以获取一个 请求转发对象,然后通过该对象执行forward()方法来实现转发。代码如下:

```
RequestDispatcher rd = request.getRequestDispatcher(转向目标的 URL);
rd.forward(request, response);
```

2)重定向

重定向指重新定向到一个新页面。重定向可以通过HttpServletResponse对象执行 sendRedirect()方法来实现。代码如下:

```
response.sendRedirect(转向目标的 URL);
```

请求转发和重定向是两种常见的业务逻辑跳转操作,它们的主要区别如下。

(1)请求次数。重定向是浏览器向服务器发送一个请求,收到响应后再次向一个新地 址发出请求;请求转发是服务器收到请求后为了完成响应跳转到一个新的地址。因此,重定 向至少请求两次,而请求转发则请求一次。

(2)地址栏变化。重定向的地址栏会发生变化,原因是浏览器需要向新的URL发出请求;请求转发的地址栏不会发生变化,原因是服务器直接对原始请求进行跳转。

(3)数据共享。重定向的两次请求不共享数据,因为它们是独立的请求;而请求转发的一次请求将共享数据,因为它们是针对同一个资源的请求。

(4)跳转限制。重定向可以跳转到任意 URL,没有特定限制;请求转发只能跳转本站点资源,无法跳转到其他外部站点。

(5)行为差异。重定向是客户端行为,需要浏览器的参与;转发是服务端行为,不需要浏览器的参与。

15.3.4　Servlet 应用实例

本小节通过用户登录基本功能的实现来介绍 Servlet 的应用。该实例中,为用户提供登录界面,用户输入信息后,由 Servlet 提供登录服务,结合 JDBC 技术进行数据库访问,而根据登录结果控制页面跳转。

为了便于初始化数据库连接信息,在 Web 工程项目的 web.xml 配置文件中以上下文参数 context-param 形式加入全局的数据库参数信息,代码如下:

```xml
<web-app ... >
    ...
<context-param>
    <param-name>db_driver</param-name>
    <param-value>com.mysql.cj.jdbc.Driver</param-value>
</context-param>
<context-param>
    <param-name>db_url</param-name>
    <param-value>jdbc:mysql://127.0.0.1:3306/demoDB</param-value>
</context-param>
<context-param>
    <param-name>db_name</param-name>
    <param-value>root</param-value>
</context-param>
<context-param>
    <param-name>db_pwd</param-name>
    <param-value></param-value>
</context-param>
</web-app>
```

接下来,首先设计一个实现登录功能的 Servlet,代码的主要部分如例 15.7 所示。

【例 15.7】　LoginServlet.java

```java
1:   @WebServlet("/myLogin")
2:   public class LoginServlet extends HttpServlet {
3:       private Connection con = null;
4:       public void init() {
5:           ServletContext application= getServletContext();
6:           String db_driver = application.getInitParameter("db_driver");
7:           String db_url = application.getInitParameter("db_url");
8:           String db_name = application.getInitParameter("db_name");
9:           String db_pwd = application.getInitParameter("db_pwd");
10:          try {
```

```
11:            Class.forName(db_driver);
12:            con = DriverManager.getConnection(db_url, db_name, db_pwd);
13:        } catch(SQLException | ClassNotFoundException e) {
14:            e.printStackTrace();
15:        }
16:    }
17:    private int checkLogin(String id, String name) {
18:        Statement state = null;
19:        ResultSet rs = null;
20:        try {
21:            state = con.createStatement();
22:            rs = state.executeQuery("select * from student where id='" +
                 id + "' and name='" + name + "'");
23:            if(rs.next()) return 1;
24:            else return 0;
25:        } catch(SQLException e) {
26:            e.printStackTrace();
27:            return -1;
28:        }
29:    }
30:    protected void doGet(HttpServletRequest request, HttpServletResponse
       response)
31:            throws ServletException, IOException {
32:        request.setCharacterEncoding("utf-8"); //防止传递中文参数时出现乱码
33:        String id = request.getParameter("id");
34:        String name = request.getParameter("name");
35:        int res = checkLogin(id, name);
36:        if(res == 1) {
37:            RequestDispatcher rd = request.getRequestDispatcher("welcome");
38:            rd.forward(request, response);
39:        }
40:        else response.sendRedirect("fail.html");
41:    }
42:    protected void doPost(HttpServletRequest request, HttpServletResponse
       response)
43:            throws ServletException, IOException {
44:        doGet(request, response);
45:    }
46: }
```

例 15.7 中第 1 行利用@WebServlet 注解进行 Web 部署声明。第 4～16 行重写了 Servlet 的初始化方法 init()，其中，第 5～9 行通过 ServletContext 对象来从 web.xml 配置文件获取各个初始化参数，用于建立数据库连接。第 17～29 行定义了 checkLogin()方法，用于根据学号(id)和姓名(name)来查询数据库中是否有相应记录，该方法在第 35 行被调用。第 30～41 行通过重写 doGet()方法为用户请求提供服务，其主要业务逻辑是根据用户请求的参数来查询数据库，若有记录则用请求转发的方式跳转到显示欢迎的 Servlet(第 37～38 行)，否则用重定向方式跳转到登录失败页面(第 40 行)。

接下来设计一个简单的 Servlet，用于登录成功后生成显示欢迎信息的页面。该 Servlet 从由 LoginServlet 转发过来的请求参数中获得姓名信息 name，再生成问候页面。主要代码如例 15.8 所示。

【例 15.8】　**WelcomeServlet.java**

```
1:   @WebServlet("/welcome")
2:   public class WelcomeServlet extends HttpServlet {
3:       protected void doGet(HttpServletRequest request, HttpServletResponse
     response)
4:           throws ServletException, IOException {
5:           String name = request.getParameter("name");
6:           response.setContentType("text/html;charset=utf-8");
7:           PrintWriter out = response.getWriter();
8:           out.println("<HTML><HEAD><TITLE>登录成功</TITLE></HEAD>");
9:           out.println("<BODY><h2>Hello!欢迎"+name+"!</h2></BODY>
            </HTML>");
10:          out.flush();
11:          out.close();
12:      }
13:      protected void doPost(HttpServletRequest request, HttpServletResponse
     response)
14:          throws ServletException, IOException {
15:          doGet(request, response);
16:      }
17:  }
```

另外设计一个简单的 HTML 页面程序 fail.html,用于显示当登录失败后的提示,代码如下:

```
<html>
<body>
<h3>登录信息有误! </h3>
</body>
</html>
```

最后,设计一个 HTML 页面程序作为登录界面,让用户输入信息进行登录。代码如例 15.9 所示。

【例 15.9】　**login.html**

```
1:   <html>
2:   <head>
3:   <meta charset="UTF-8">
4:   </head>
5:   <body>
6:   <h3>请登录: </h3>
7:   <form action="myLogin" method='GET'>
8:   学号: <input type='text' name='id'><br>
9:   姓名: <input type='text' name='name'><br>
10:  <input type="submit" value='登录'>
11:  </form>
12:  </body>
13:  </html>
```

系统在 Web 服务器上完成部署后运行,在客户端浏览器访问的效果如图 15.9 所示。首先用户在图 15.9(a)所示的登录界面输入信息,提交服务端后,若信息在数据库中有相应记录,则跳转到图 15.9(b)所示的欢迎界面;否则跳转到图 15.9(c)所示的界面。

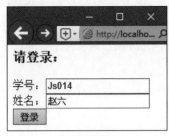

(a) 登录界面　　　　　　　(b) 欢迎界面　　　　　　(c) 登录失败后的提示

图 15.9　登录系统的运行界面

15.3.5　过滤器与监听器

过滤器(filter)和监听器(listener)是 Servlet 技术体系中的组成部分,也是 Java Web 应用程序中常用的工具,用于处理和监听请求,可以实现框架与业务逻辑的分离,提高代码的可维护性和可扩展性。与一般的 Servlet 类似,它们都可以通过配置文件或注解方式进行配置。

1. 过滤器

Servlet 2.3 版本之后提供了过滤器,用来完成一些特殊的通用操作,如编码的过滤、判断用户的登录状态等。过滤器在客户端请求到达 Servlet 资源以前被截获,在处理以后再发送给被请求的 Servlet 资源,而且还能够截获响应,修改以后再发送给用户。例如,过滤器可以拦截用户提交的数据,对数据格式进行验证、修正或转换;可以拦截请求并检查用户是否有访问特定资源的权限;可以拦截请求并输出相应的日志信息,用于系统运行时的监测与故障排除;还可以拦截响应并对其进行压缩或解密,以提高数据传输效率和安全性。

Servlet 规范提供了过滤器接口 javax.servlet.Filter,该接口内含有一个最重要的抽象方法 doFilter(),开发者可通过重写该方法来定义过滤业务逻辑。

2. 监听器

监听器用于监听 ServletContext、HttpServletRequest 和 HttpSession 等对象的创建和销毁事件,以及这些对象中属性的添加、删除和修改等事件。在监听到这些事件后,可以自动触发一些指定的操作。例如,通过来监听器来实时统计在线人数等。

在 javax.servlet 以及 javax.servlet.http 包内提供了各种对象的监听器接口,接口名称为 XXXListener,这里的 XXX 表示被监听的对象类型,如 ServletContext、HttpSession 等。例如,HttpSessionListener 是适用于监听 HttpSession 对象的接口,内含有针对 Session 对象的创建和销毁进行监听的抽象方法。

15.4　JSP 编程

15.4.1　JSP 简介

JSP(Java Server Pages)是一种业界广为应用的动态网页技术标准,也是 Java EE 技术规范的重要组成部分。JSP 部署在 Web 服务器上,用于响应客户端发送的请求,并根据请

求内容动态地生成 HTML、XML 或其他格式文档的 Web 网页,再返回给客户端。JSP 以
Java 语言作为脚本语言,为用户的 HTTP 请求提供服务,并能与服务器上的其他 Java 程序
共同处理复杂的业务需求。本质上,JSP 将 Java 代码嵌入静态的 HTML 页面中,实现以静
态页面为模板,动态生成部分页面内容。

JSP 文件在首次运行时会被其编译器转换为更原始的 Servlet 代码并编译,执行过程如
图 15.10 所示。整个过程包括以下步骤。

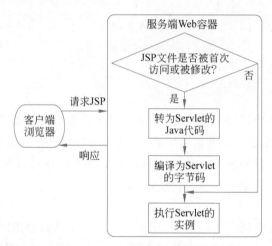

图 15.10 JSP 的执行过程

(1) 客户端发送请求到服务端。

(2) 服务端 Web 容器找到相应的 JSP 文件。

(3) JSP 文件被转译为 Servlet 的 Java 代码。

(4) Servlet 的 Java 代码被编译为 Servlet 的字节码。

(5) 执行 Servlet 的实例,生成 HTML 页面,然后发送回客户端。

JSP 技术具有以下显著特点。

(1) JSP 支持动态内容生成,可根据用户请求或会话状态来生成不同的页面。

(2) JSP 能够与 Servlet 进行无缝整合,提供了良好的可重用性和可维护性。

(3) JSP 拥有标签库(JSTL),支持开发者快速构建复杂的页面,而无须编写大量的 Java
代码。

15.4.2 JSP 语法

JSP 语法包括以下几部分。

(1) 指令(directive)。指令用于设置 JSP 页面相关的属性,例如导入包、错误处理、缓存
等。指令以<％@开头,以％>结尾。常见的指令包括 include、page 和 taglib。例如,一个
page 指令的使用如下:

```
<%@ page language="java" contentType="text/html; charset=UTF-8" %>
```

(2) 脚本元素(scriptlet)。脚本元素用于在 JSP 页面中嵌入 Java 代码。脚本元素以
<％开头,以％>结尾。脚本元素可以在 JSP 页面中的任何位置使用,用于实现页面逻辑。
例如,以下脚本用于在页面输出字符串信息:

```
<%out.println("Hello! 你好!"); %>
```

（3）JSP声明（declaration）。JSP声明用于在JSP页面中嵌入Java代码，可定义全局的变量，也可定义方法。声明以<%!开头，以%>结尾。例如，以下声明定义了一个变量 x 和一个方法 fun()：

```
<%! int x=100;
void fun(){ x+=111; }%>
```

（4）表达式（expression）。表达式用于在JSP页面中输出 Java 变量的值。表达式以<%=开头，以%>结尾。表达式会被解析并嵌入 JSP 页面的输出流中。例如，以下代码在页面输出学生姓名：

```
<%= student.getName() %>
```

（5）动作（action）。动作用于执行特定的任务，例如包含其他资源、重定向请求、调用JavaBean 等。动作以<jsp:开头，以/>结尾。动作包括 include、forward、param、plugin、useBean、setProperty 和 getProperty。例如，以下代码用 include 动作来包含另一个 JSP 页面：

```
<jsp:include page="header.jsp" />
```

（6）注释（comment）。注释用于在JSP页面中添加注释或临时移除代码。JSP中的注释包括 HTML 注释、JSP 注释和 Java 注释 3 种。HTML 注释是在标记符号<!--和-->之间加入注释内容。当 JSP 运行后，在客户端通过查看源代码方式，可以看到 HTML 注释的内容。JSP 注释是在标记符号<%--和--%>之间加入注释内容。JSP 注释的内容仅对服务端可见，不会被发送到客户端，因此客户端不可见。Java 注释则是在 JSP 的 Java 脚本元素中，注释形式和 Java 语言的一样。各种注释的示例如下：

```
<!-- 这里是 JSP 页面中 HTML 注释的内容 -->
<%-- 这里是 JSP 页面中 JSP 注释的内容 --%>
//这里是 JSP 页面中 Java 注释的内容
/* 这里是 JSP 页面中 Java 注释的内容 */
```

以上是 JSP 的基本语法元素，通过组合这些元素，可以创建动态的 Web 应用。尽管JSP 中可以灵活地加入 Java 代码，实现各种复杂功能，但在实际开发中，建议尽量减少在JSP 页面中嵌入过多的 Java 代码，而是尽量将负责业务逻辑的 Java 代码和界面代码分离，以提高代码的可维护性和可读性。

一个简单的 JSP 程序如例 15.10 所示。

【例 15.10】 FirstJsp.jsp

```
1:   <%@ page language="java" contentType="text/html; charset=UTF-8"
     pageEncoding="UTF-8"%>
2:   <!DOCTYPE html>
3:   <html>
4:   <head>
5:   <meta charset="UTF-8">
6:   <title>第一个 JSP 页面</title>
```

```
 7:    </head>
 8:    <body>
 9:        <%!int x = 100;
10:        void fun() { x += 111; }%>
11:        <h3><%="欢迎您! Welcome!"%></h3>
12:        <%fun();
13:        int y = 222;
14:        out.print("x=" + x + "; y=" + y); %>
15:    </body>
16:    </html>
```

　　JSP 程序总体上类似一个 HTML 程序,例 15.10 中第 1 行声明了 JSP 页面的基本性质。第 9、10 行是 JSP 声明,定义了全局的变量和方法。第 11 行是 JSP 表达式,在页面输出字符串。第 12~14 行是 JSP 脚本元素,其中,第 12 行进行方法调用;第 13 行定义一个局部变量;第 14 行在页面输出变量的值信息。

　　在 Web 服务器上部署一个包含 FirstJsp.jsp 程序的
Java Web 项目 DemoJSP,然后在客户端浏览器地址栏输
入"http://localhost:8080/DemoJSP/FirstJsp.jsp"来访
问 JSP 服务,结果如图 15.11 所示。

　　此时,在 Web 服务器的应用程序路径下,可以找到一
个与 FirstJsp.jsp 相对应的 Java 源程序 FirstJsp_jsp.java,
及其编译后的字节码文件 FirstJsp_jsp.class。这 是 由 于

图 15.11　FirstJsp.jsp 的运行结果

JSP 程序在 Web 服务端首次被执行时,将自动被转译为一个 Servlet 程序。FirstJsp_jsp.java 的程序框架如下:

```
 1:    package org.apache.jsp;
 2:    import javax.servlet.*;
 3:        ...
 4:    public final class FirstJsp_jsp extends org.apache.jasper.runtime.HttpJspBase
 5:            implements org.apache.jasper.runtime.JspSourceDependent,
            org.apache.jasper.runtime.JspSourceImports {
 6:        int x = 100;
 7:        void fun() {
 8:            x += 111;
 9:        }
10:        ...
11:        public void _jspInit() {
12:        }
13:        public void _jspDestroy() {
14:        }
15:        public void _jspService(final javax.servlet.http.HttpServletRequest request,
16:                final javax.servlet.http.HttpServletResponse response)
17:                throws java.io.IOException, javax.servlet.ServletException {
18:            ...
19:            fun();
20:            int y = 222;
21:            ...
22:        }
23:    }
```

该程序是一个 Servlet 程序,原因是 FirstJsp_jsp 类继承了 HttpJspBase 类,而 HttpJspBase 类又继承了 HttpServlet 类。不妨尝试在 FirstJsp_jsp 类声明(第 4 行)前面加上一个 Servlet 部署声明"@WebServlet("/jspServlet")",然后在 Web 服务器上完成部署后,再用 URL"http://localhost:8080/DemoJSP/jspServlet"来访问该 Servlet,可以发现运行结果与图 15.11 一致。

从以上程序片段可见,JSP 声明部分的变量和方法即为 Servlet 类中的成员变量和成员方法(第 6~9 行);而脚本元素中的 Java 语句成为_jspService 方法中的 Java 语句,其中脚本的变量成为_jspService 方法中的局部变量(第 20 行)。

15.4.3 内置对象

JSP 有 9 个常用的内置对象,也称为隐式对象。这些对象可以在 JSP 页面中直接使用,而无须声明,列举如下。

(1) request 对象。该对象用于获取客户端发送的请求信息。例如,可以用来获取参数、请求头、客户端的 IP 地址等。

(2) response 对象。该对象用于向客户端发送响应。例如,可以用来设置响应头、设置响应的 MIME 类型等。

(3) page 对象。该对象代表当前的 JSP 页面本身。可以用来调用在当前 JSP 页面中的其他方法。

(4) pageContext 对象。该对象提供了其他隐式对象的上下文,以及一些其他的功能。

(5) session 对象。该对象用于在多个页面之间共享数据,即会话跟踪。

(6) application 对象。该对象用于在整个 Web 应用程序范围内共享数据,即应用程序环境。

(7) out 对象。该对象用于向客户端发送响应。大多数情况下,需要使用这个对象来输出 HTML 或者其他格式的内容。

(8) config 对象。该对象用于获取 Servlet 的配置信息。在 JSP 中该对象的使用情况不多。

(9) exception 对象。该对象用于处理 JSP 页面中产生的异常,通常用在错误处理页面中。

由于这些内置对象在 JSP 页面中可以直接使用,而不需要声明,因此大大简化了 JSP 的开发工作。各个内置对象除了处理功能不同以外,它们的作用范围也不尽相同,参看表 15.1。

表 15.1 JSP 内置对象的类及作用范围

内置对象	类	作用范围
request	javax.servlet.http.HttpServletRequest	在整个 JSP 页面中有效,但不同的请求之间是不同的
response	javax.servlet.http.HttpServletResponse	在整个 JSP 页面中有效,但不能在不同页面之间共享

续表

内置对象	类	作 用 范 围
page	java.lang.Object	在整个 JSP 页面中有效,它代表了当前 JSP 页面
pageContext	javax.servlet.jsp.PageContext	在整个 JSP 页面中有效
session	javax.servlet.http.HttpSession	在整个会话期间有效,但不同会话之间是不同的;可在不同页面之间共享数据
application	javax.servlet.ServletContext	在整个应用中有效,即在整个 Web 应用范围内共享
out	javax.servlet.jsp.JspWriter	在整个 JSP 页面中有效
config	javax.servlet.ServletConfig	只在 JSP 页面初始化时有效
exception	javax.servlet.ServletException	在 JSP 页面的错误处理块中有效

以下是一个访问量计数的例子,当用户刷新一次页面,将计数一次,累计计数结果在页面上显示。JSP 程序如例 15.11 所示。

【例 15.11】 Counter.jsp

```
1:    <%@ page language="java" contentType="text/html; charset=UTF-8"
      pageEncoding="UTF-8"%>
2:    <html>
3:    <h3>#总访问量:
4:      <%
5:      Integer tvc = (Integer) session.getAttribute("total");
6:      int c;
7:      if(tvc == null) c = 1;
8:      else  c = tvc + 1;
9:      session.setAttribute("total", c);
10:     out.print(c);
11:     %>
12:   </h3>
13:   </html>
```

在服务端部署包含该 JSP 程序的 Web 项目 DemoJSP 后,启动服务。在客户端浏览器输入 URL"http://localhost:8080/DemoJSP/Counter.jsp"进行访问。尝试同时开启不同的浏览器分别进行访问,可以发现各个浏览器的计数是独立进行的。

例 15.11 中采用了会话(session)对象的属性来存储计数信息。会话是一种用于在用户与网页之间保持状态的方式,即使用户在不同的页面之间跳转,信息也可以在会话期间保持。但不同的客户端应用程序 session 对象是不同的,因此,不同浏览器的访问量计数是独立进行的。若把例 15.11 中使用的 session 对象(第 5、9 行)改为 application 对象,其余不变,重新部署和启动服务后,测试用不同的浏览器同时访问,这时可以发现计数是共享的,即仅有一个访问量计数结果。从该实验可了解 session 对象和 application 对象的作用范围的差异。

15.4.4 JSP 应用实例

本实例将利用 JSP 技术重新实现 15.3.4 节中描述的登录功能,展示如何利用 JSP,结合 JDBC 技术进行 Web 应用设计。本实例采用的数据库、项目配置文件 web.xml、静态登录页面 login.html,以及登录失败静态页面 fail.html 均与 15.3.4 节中的实例基本上一致,区别是 login.html 对应的例 15.9 中,第 7 行的 action 属性值需要由 myLogin 改为 LoginJsp.jsp,其余不变。

首先,设计用于登录功能服务的 JSP 程序,该程序提供了应用的主要功能,包括数据库的连接与查询、登录信息核对,以及控制页面跳转。代码如例 15.12 所示。

【例 15.12】 LoginJsp.jsp

```
1:  <%@ page language="java" contentType="text/html; charset=UTF-8"
    pageEncoding="UTF-8"%>
2:  <%@ page import="java.sql.*" %>
3:  <!DOCTYPE html>
4:  <html>
5:  <%!
6:  private Connection con = null;
7:  public void jspInit() {
8:      ServletContext application = getServletContext();
9:      String db_driver = application.getInitParameter("db_driver");
10:     String db_url = application.getInitParameter("db_url");
11:     String db_name = application.getInitParameter("db_name");
12:     String db_pwd = application.getInitParameter("db_pwd");
13:     try {
14:         Class.forName(db_driver);
15:         con = DriverManager.getConnection(db_url, db_name, db_pwd);
16:     } catch(SQLException | ClassNotFoundException e) {
17:         e.printStackTrace();
18:     }
19:  }
20:  private int checkLogin(String id, String name) {
21:      Statement state = null;
22:      ResultSet rs = null;
23:      try {
24:          state = con.createStatement();
25:          rs = state.executeQuery("select * from student where id='" + id +
             "' and name='" + name + "'");
26:          if(rs.next()) return 1;
27:          else return 0;
28:      } catch(SQLException e) {
29:          e.printStackTrace();
30:          return -1;
31:      }
32:  }
33:  %>
34:  <%
35:  request.setCharacterEncoding("utf-8");        //防止传递中文参数时出现乱码
36:  String id = request.getParameter("id");
37:  String name = request.getParameter("name");
38:  int res = checkLogin(id, name);
39:  if(res == 1) {
40:      RequestDispatcher rd = request.getRequestDispatcher("Welcome.jsp");
```

```
41:       rd.forward(request, response);
42:    }
43:    else response.sendRedirect("fail.html");
44:  %>
45:  </html>
```

该例中,主要包含 JSP 声明(第5~33 行)和 JSP 脚本元素(第34~44 行)两个部分。第 2 行用 page 指令引入 SQL 支持包。第7~19 行定义的 jspInit()方法,实质上是重写了 JSP 父类 HttpJspBase 中的 jspInit()方法,这保证了在 JSP 初始化时执行数据库连接操作。第 20~32 行定义的 checkLogin()方法用于登录验证,与例 15.7 的 LoginServlet 中定义的完全 一致。脚本元素内第35~43 行的 Java 代码则与 LoginServlet 的 doGet()方法中的代码类 似。第 40 行请求转发的目标 URL 是另一个 JSP 页面。

然后,设计一个登录成功后显示欢迎信息的 JSP 页面,如例 15.13 所示。该例中的第 8~10行用于获取转发来的 name 信息并生成问候的响应网页,这部分功能和例 15.8 的 WelcomeServlet 类中 doGet()方法所提供的功能类似,只不过代码上大为简化。

【例 15.13】 Welcome.jsp

```
1:   <%@ page language="java" contentType="text/html; charset=UTF-8"
     pageEncoding="UTF-8"%>
2:   <html>
3:   <head>
4:   <meta charset="UTF-8">
5:   <title>登录成功</title>
6:   </head>
7:   <%
8:   String name = request.getParameter("name");
9:   response.setContentType("text/html;charset=utf-8");
10:  out.println("<h2>Hello!欢迎"+name+"!</h2>");
11:  %>
12:  </html>
```

该系统的运行结果与 15.3.4 节中的实例一致(参看图 15.9),在此从略。

从编程的角度看,JSP 中描述业务逻辑的 Java 脚本与 Servlet 中的 Java 代码基本一致, 只是由于 JSP 程序中可以使用了内置对象,简化了变量的使用,而且页面代码和业务脚本 代码可以混合组织,编写较自由,因此与 Servlet 编程相比,JSP 编程较为简单。

JSP 编程中,由于展示页面的代码和描述业务逻辑 Java 脚本可以混合组织,导致程序 的结构比较混乱。可以通过结合 JavaBean 设计等方式,对页面代码和业务代码进行适当分 离,以提高程序结构的清晰度。对于中大型软件的开发,一般需要结合多层架构技术,使得 设计的系统中各组件的逻辑关系更为清晰,从而增强系统的可维护性、可扩展性和可重 用性。

15.5 架构技术

15.5.1 多层架构及框架技术

多层架构(multi-tier architecture)的设计思想是将一个系统或应用程序划分为多个独

立的、相互关联的层次或层级,每个层次具有特定的功能和职责。这种设计思想有助于简化系统的复杂性,提高软件的可维护性、可扩展性和可重用性,并有利于不同团队之间的协同开发。一般来说,Java Web多层架构包括以下层次。

(1) 表示层(或称 Web 层)。该层负责处理用户界面的展示,以及与用户的交互,可使用 HTML、CSS 和 JavaScript 等技术来编写用户界面,使用 Servlet、JSP、Thymeleaf、JSF 等技术来处理用户请求和响应。

(2) 业务逻辑层(或称 Service 层)。该层负责处理系统的核心业务逻辑,可由 JavaBean、EJB、Spring Bean 等组件来实现。

(3) 数据访问层(或称 DAO 层)。该层负责与数据库进行交互,可由 JDBC、Hibernate、MyBatis 等组件来实现。

(4) 连接层。该负责连接各个层次和组件之间的通信,可使用 Spring MVC 框架来实现。

(5) 模型层。该层负责封装系统的业务模型,可由 JavaBean、POJO 等组件来实现。

(6) 控制层。该层负责控制系统的流程和业务逻辑的执行,可由 Servlet、JSP、Thymeleaf 等技术来实现。

(7) 配置层。该层负责配置系统的各个组件和服务,可由 XML、properties 等文件来实现。

这些层次可以按照需要进行组合和调整,以满足不同应用系统的实际需求。同时,每个层次都可以使用不同的技术框架和工具来实现,以提高开发效率和代码质量。典型的三层架构指由表示层、业务层和数据访问层这三个主要层次所组成的应用架构,如图 15.12 所示。

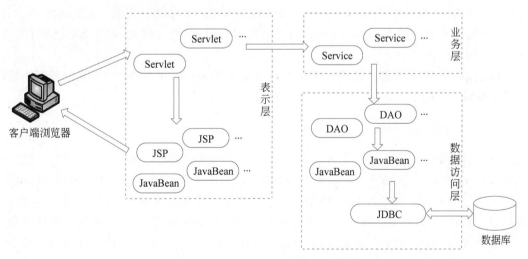

图 15.12 Java Web 应用的三层架构

软件的架构(architecture)是用来实现应用程序所需功能的总体设计方案,包括系统组件的选择、组件之间的关系、数据流的设计等,它可以帮助开发人员更好地组织和管理应用程序的代码和数据。而软件的框架(framework)提供了可在应用程序之间共享的可复用的公共结构,是一种经过检验的、具有特定功能的半成品软件,但又不是一套完整可以运行的软件。开发者需要在框架提供的功能或者架构基础上,加入具体的业务逻辑,从而开发出一套自己的软件。Java Web 常用的框架技术包括:

(1) Spring 框架。该框架是一个全面的编程和配置模型,用于简化 Java EE 应用程序的开发和部署。Spring 框架提供了许多子模块,包括 Spring MVC、Spring Boot 和 Spring Security 等。

(2) Spring MVC。该框架是一个基于 MVC 设计模式的请求驱动类型的轻量级 Web 框架。它实现了 MVC 设计模式,使得应用程序的输入、处理和输出流程更加清晰,易于维护。

(3) Struts 2。该框架是一个基于 MVC 设计模式的 Web 应用框架,它使用 Java Servlet 和 JSP 技术来实现 MVC 设计模式。它提供了一个简单易用的配置和实现方式,使得开发者能够更快地构建基于 MVC 设计模式的 Web 应用程序。

(4) Hibernate。该框架是一个功能强大的 Java 持久化框架,它提供了一种将 Java 对象映射到关系数据库的方式。通过 Hibernate,开发者可以使用标准的 Java API 来进行数据库访问,而无须编写大量的 SQL 语句。

(5) MyBatis。该框架是一个开源的 Java 持久化框架,它封装了 JDBC 访问数据库的操作,允许开发者使用简单的 XML 或注解来配置 SQL 语句,从而简化了烦琐的手动设置参数和获取结果集的过程。

一个完整的 Web 系统通常需要依赖多种框架的结合来完成设计,新兴技术也为 Web 开发带来新风潮,目前流行 Java Web 开发框架有:

(1) SSH 框架。即 Spring+Structs+Hibernate 组合的框架,该框架一度广泛流行,但与新兴技术对比,Structs 和 Hibernate 的技术较为复杂,开发和维护成本较高。

(2) SSM 框架。即 Spring+Spring MVC+MyBatis 组合的框架,由轻量的 Spring MVC 替代了 SSH 框架的 Structs,MyBatis 也比 Hibernate 更为轻量,因此 SSM 流行度逐渐超过 SSH。

(3) Spring Boot 框架。这是一个基于 Spring 框架进行应用系统快速开发的新型框架,该框架有效地简化了 Spring 应用系统的配置和部署过程。

15.5.2 多层架构应用实例

本小节以学生信息查询系统 StudentWeb 的设计为例,设计一个迷你版的基于三层架构的 Java Web 系统,其特点是功能简单,但结构完整,具备可扩展性。通过功能的扩展可形成一个满足基本设计规范的 Web 应用系统。该系统主要功能与第 12 章中 12.9 节的案例类似,所采用的数据源也一致。在客户端浏览器访问登录界面,输入学号和姓名进行登录,如图 15.13(a)所示。成功登录系统后,进入主界面,当在文本框输入关键字进行查询时,将显示查询结果;若输入的关键字为空,则查询结果为所有学生记录,如图 15.13(b)所示。

StudentWeb 系统按三层架构进行设计,其中数据访问层包含 DAO 接口、DAO 实现类、DAO 工厂类,以及 JDBC 工具类;业务层包含 Service 接口、Service 实现类、Service 工厂类;表示层包含 Servlet 控制器类和 JSP 页面。系统的 UML 类图如图 15.14 所示。

在 Eclipse IDE 开发环境中创建一个动态 Web 项目,其目录结构组织如图 15.15 所示。主要的业务逻辑代码放在 Java Resources\src 目录下,网页相关的代码放在 WebContent 目

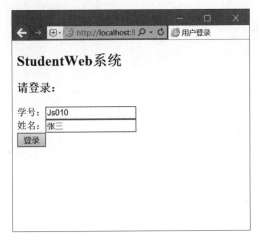 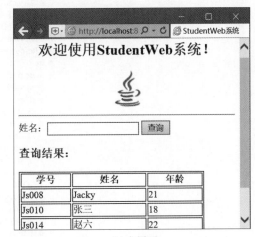

(a) 登录界面　　　　　　　　(b) 主界面

图 15.13　StudentWeb 系统的运行界面

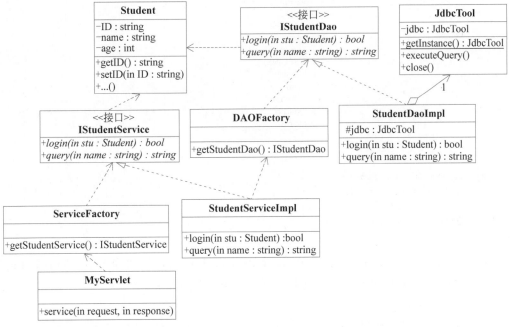

图 15.14　StudentWeb 系统的 UML 类图

录下。

1. 数据访问层的实现

在 demo\util 子目录处提供的操作数据库的通用工具类 JdbcTool，即第 12 章 12.9 节给出的工具类 JdbcTool。在 demo\bean 子目录处提供的学生实体类 Student，即第 12 章 12.9 节给出的实体类 Student。

首先，在 demo\dao 子目录处，设计一个操作学生数据表的 DAO 接口 IStudentDao，该接口包含用户登录的抽象方法 login()和按名字查询的抽象方法 query()，这些方法需要访问数据库。接口的代码如下：

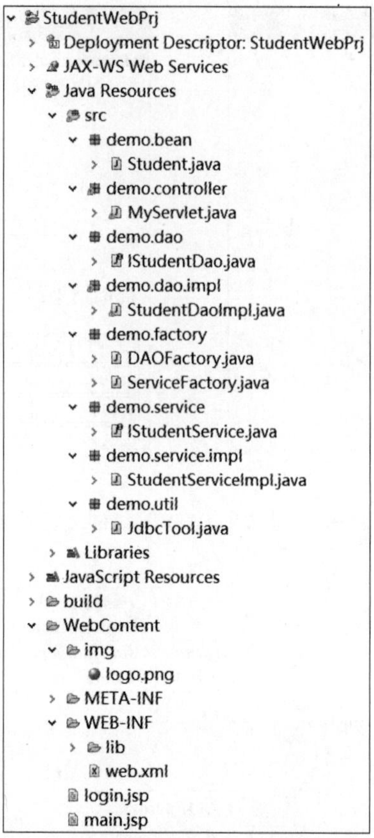

图 15.15　项目的目录结构

```
import demo.bean.Student;
public interface IStudentDao {
    boolean login(Student stu);
    String query(String name);
}
```

然后，在 demo\dao\impl 子目录处，设计 IStudentDao 接口的实现类 StudentDaoImpl，该类主要使用了 JdbcTool 类进行数据库的访问。其代码如下：

```
import java.sql.*;
import demo.bean.Student;
import demo.dao.IStudentDao;
import demo.util.JdbcTool;
public class StudentDaoImpl implements IStudentDao {
    JdbcTool jdbc = JdbcTool.getInstance();
    @Override
    public boolean login(Student stu) {
        boolean ret=false;
        String sql="select * from student where name='"+ stu.getName() +"' and
        id='"+ stu.getId()+"'";
        ResultSet rs=jdbc.executeQuery(sql);
        try {
            if(rs.next()) ret=true;
```

```
            else ret=false;
        } catch(SQLException e) {
            e.printStackTrace();
        }
        return ret;
    }
    @Override
    public String query(String name)   {
        String sql=null;
        if(name==null || name.equals(""))
            sql="select * from student";
        else sql="select * from student where name='"+name+"'";
        ResultSet rs=jdbc.executeQuery(sql);
        StringBuffer info=new StringBuffer();
        info.append("<table border=1><tr><th width=80>学号</th><th width=
120>"+ "姓名</th><th width=90>年龄</th></tr>");
        try {
            while(rs.next()) {
                String tmpId=rs.getString("id");
                String tmpName=rs.getString("name");
                int tmpAge=rs.getInt("age");
    info.append("<tr><td>"+tmpId+"</td><td>"+tmpName+"</td><td>"+tmpAge+
"</td></tr>");
            }
        } catch(Exception e) {
            e.printStackTrace();
        }
        info.append("</table>");
        return info.toString();
    }
}
```

最后，为了方便为上一层提供 DAO 访问服务，在 demo\factory 子目录处设计一个用于创建 DAO 对象的工厂类 DAOFactory。其代码如下：

```
import demo.dao.*;
import demo.dao.impl.*;
public class DAOFactory {
    public static IStudentDao getStudentDao() {
        return new StudentDaoImpl();
    }
}
```

2. 业务层的实现

首先，在 demo\service 子目录下创建服务接口 IStudentService，该接口包含包含用户登录的抽象方法 login()和按名字查询的抽象方法 query()，通过它们对外提供登录和查询服务。其代码如下：

```
import demo.bean.Student;
public interface IStudentService {
    boolean login(Student stu);
    String query(String name);
}
```

然后,在 demo\service\impl 子目录处,设计 IStudentService 接口的实现类 StudentServiceImpl,该类主要负责各种业务处理,涉及数据存取时,需要 DAO 服务的支持。其代码如下:

```
import demo.bean.Student;
import demo.factory.DAOFactory;
import demo.service.IStudentService;
public class StudentServiceImpl implements IStudentService{
    @Override
    public boolean login(Student stu) {
        //...业务处理
        return DAOFactory.getStudentDao().login(stu);
    }
    @Override
    public String query(String name) {
        //...业务处理
        return DAOFactory.getStudentDao().query(name);
    }
}
```

最后,为了方便给上一层提供 Service 访问服务,在 demo\factory 子目录处设计一个用于创建 Service 对象的工厂类 ServiceFactory。其代码如下:

```
import demo.service.*;
import demo.service.impl.*;
public class ServiceFactory {
    public static IStudentService getStudentService(){
        return new StudentServiceImpl();
    }
}
```

3. 表示层的实现

首先,在 demo\controller 子目录下,开发一个 Servlet 控制器 MyServlet,用于控制页面的跳转、参数的传递和业务逻辑的封装。其代码如下:

```
import java.io.IOException;
import javax.servlet.annotation.WebServlet;
import javax.servlet.http.*;
import demo.bean.Student;
import demo.factory.ServiceFactory;
@WebServlet({ "/mycontroller" })
public class MyServlet extends HttpServlet {              //控制器
    public void service(HttpServletRequest req, HttpServletResponse resp) {
        try {
            req.setCharacterEncoding("utf-8");        //防止 method=POST 时乱码
            resp.setContentType("text/html;charset=utf-8");  //防止输出乱码
            String method = req.getParameter("function");
            if(method.equals("login")) {              //登录功能
                fun_login(req, resp);
            } else if(method.equals("query")) {       //查询功能
                fun_query(req, resp);
            }
```

```
        } catch(IOException e) {
            e.printStackTrace();
        }
    }
    private void fun_login(HttpServletRequest req, HttpServletResponse resp)
throws IOException {
        String name = req.getParameter("name");
        String id = req.getParameter("id");
        Student stu = new Student(); //VO
        stu.setId(id);
        stu.setName(name);
        boolean ret = ServiceFactory.getStudentService().login(stu);
        //sdao.login(stu);
        if(ret) resp.sendRedirect("main.jsp");
        else resp.getWriter().print("<script>alert('登录出错,请重新登录! ');
        window.location.href='login.jsp';</script>");
    }
    private void fun_query(HttpServletRequest req, HttpServletResponse resp)
throws IOException {
        String name = req.getParameter("name");
        String result = ServiceFactory.getStudentService().query(name);
        req.getSession().setAttribute("queryResult", result); //会话里设置属性
        resp.sendRedirect("main.jsp");                        //跳转到主界面
    }
}
```

然后,在 WebContent 目录下设计两个 JSP 页面:一个作为用户登录界面;另一个作为系统主界面。用户登录界面程序 login.jsp 的代码如下。由于不含 Java 脚本等 JSP 语法元素,该页面也可以采用 HTML 实现。

```
<%@ page language="java" contentType="text/html; charset=UTF-8"
pageEncoding="UTF-8"%>
<!DOCTYPE html>
<html>
<head>
<meta charset="UTF-8">
<title>用户登录</title>
</head>
<body>
<h2>StudentWeb 系统</h2>
<h3>请登录: </h3>
<form action="mycontroller?function=login" method='POST'>
学号: <input type='text' name='id'><br>
姓名: <input type='text' name='name'><br>
<input type="submit" value='登录'>
</form>
</body>
</html>
```

系统主界面程序 main.jsp 的代码如下:

```
<%@ page language="java" contentType="text/html; charset=UTF-8"
pageEncoding="UTF-8"%>
<!DOCTYPE html>
<html>
<head>
<meta charset="UTF-8">
<title>StudentWeb 系统</title>
</head>
<body>
<div style="text-align:center">
<h2>欢迎使用 StudentWeb 系统！</h2>
<img src="img/logo.png">
</div><hr>
<form action="mycontroller?function=query" method='POST'>
姓名: <input type='text' name='name'>
<input type='submit' value='查询'>
</form>
<%
String info=(String)session.getAttribute("queryResult");
if(info!=null)
  out.print("<h3>查询结果: </h3>"+info);
%>
</body>
</html>
```

本例展示了一个基于多层架构的简单但结构相对完整的系统,作为架构原理的学习用途。在实际工程项目开发过程中,通常需要应用成熟的框架技术来完成系统设计与实施,以便最大限度地提高开发效率,保证项目的质量和经济性。有关 Java Web 框架技术的应用,可以参考相关资料进一步学习。

15.6 小结

Java Web 应用的开发主要以 Java 技术为基础,包含 Web 前端技术、Servlet 编程、JSP 编程以及 Web 架构等关键技术。其中,Web 前端技术用于开发 Web 用户界面,Servlet 和 JSP 技术用于开发业务和响应逻辑。开发 Web 工程项目时,往往需要运用 Web 架构技术,结合合适的框架进行设计,以提高 Web 应用系统的可维护性、可扩展性和可重用性。

习题

1. 编写一个 HTML 页面程序。界面含有一个一级标题<h1>标签,其内容为"HTML 测试"。还含有"设置标题颜色"按钮和"设置背景色"按钮,分别可以用来设置标题的文字颜色,以及设置页面背景。要求编写 JavaScript 函数来实现设置颜色的功能。

2. 编写一个 Servlet 程序,根据用户的称呼信息进行问候。例如用户从文本框输入"张

三",通过表单提交后,将获得"张三您好! 欢迎使用本系统!"的问候提示。要求采用两种配置方式:

(1) 在 Web.xml 中进行 Servlet 配置。

(2) 用注解配置 Servlet。

3. 编写 JSP 程序,实现以下功能。

(1) 通过 URL 传递参数,从页面输出该参数信息。

(2) 通过表单提交参数,从页面输出该参数信息。

(3) 在一个页面利用 session 设置属性信息,从另外一个页面读取并输出该属性信息。

4. 设计一个简单的商品管理程序。商品的属性包括货号、商品名称、价格、生产日期和产地。要求:

(1) 采用 JSP 和 JDBC 实现。

(2) 可实现对商品记录的查、增、删、改操作。

(3) 完成程序的配置和运行,记录运行结果。

5. 对题 4 的设计进行重构,按多层架构的形式重新组织代码。要求:

(1) 具有清晰完整的架构形式,包含数据访问层、业务层和表示层。

(2) 使用单例模式设计数据源。

(3) 绘制系统的 UML 类图。

(4) 完成系统的配置和运行,记录运行结果。

参 考 文 献

［1］ ECKEL B. Java 编程思想［M］. 陈昊鹏,译. 4 版. 北京：机械工业出版社,2007.

［2］ HORSTMANN C S. Java 核心技术 卷 I：基础知识［M］. 林琪,苏钰涵,译. 11 版. 北京：机械工业出版社,2019.

［3］ HORSTMANN C S. Java 核心技术 卷 II：高级特性［M］. 陈昊鹏,译. 11 版. 北京：机械工业出版社,2020.

［4］ BLOCH J. Effective Java 中文版［M］. 俞黎敏,译. 3 版. 北京：机械工业出版社,2019.

［5］ LIANG D. Java 语言程序设计(基础篇)［M］. 戴开宇,译. 12 版. 北京：机械工业出版社,2021.

［6］ LIANG D. Java 语言程序设计(进阶篇)［M］. 戴开宇,译. 12 版. 北京：机械工业出版社,2021.

［7］ GAMMA E,HELM R,JOHNSON R,et al. 设计模式：可复用面向对象软件的基础［M］. 李英军,马晓星,蔡敏,等译. 北京：机械工业出版社,2000.

［8］ 耿祥义,张跃平. Java 面向对象程序设计［M］. 3 版. 北京：清华大学出版社,2019.

［9］ 郑莉. Java 语言程序设计［M］. 3 版. 北京：清华大学出版社,2021.

［10］ 梁胜彬,乔保军. Java Web 应用开发与实践［M］. 2 版. 北京：清华大学出版社,2016.

［11］ Oracle Corporation. The Java Tutorials［EB/OL］. https://docs.oracle.com/javase/tutorial/.

［12］ Oracle Corporation. Java Platform,Standard Edition & Java Development Kit Version 11 API Specification［EB/OL］. https://docs.oracle.com/en/java/javase/11/docs/api/index. html.

［13］ James Gosling et al. The Java Language Specification (Java SE 11 Edition)［EB/OL］. https://docs.oracle.com/javase/specs/jls/se11/html/index. html.

［14］ Eclipse Foundation. Eclipse Platform User Guide［EB/OL］. https://help. eclipse. org/latest/index.jsp.

［15］ Oracle Corporation. MySQL 8.0 Reference Manual［EB/OL］. https://dev. mysql.com/doc/refman/8.0/en/.

［16］ Apache Software Foundation. Apache Tomcat 8 User Guide［EB/OL］. https://tomcat. apache.org/tomcat-8.5-doc/index.html.